LabVIEW

LabVIEW 2014
基础 实例教程

附微课视频

◎解璞 李瑞 编著

人民邮电出版社

北京

图书在版编目（CIP）数据

LabVIEW 2014基础实例教程：附微课视频 / 解璞，
李瑞编著. -- 北京：人民邮电出版社，2017.1（2022.6重印）
ISBN 978-7-115-43593-4

Ⅰ. ①L… Ⅱ. ①解… ②李… Ⅲ. ①软件工具—程序
设计—教材 Ⅳ. ①TP311.56

中国版本图书馆CIP数据核字(2016)第227001号

内 容 提 要

本书以理论与实例结合的方式，深入浅出地介绍了 LabVIEW 2014 的使用方法和使用技巧。全书共分 17 章，主要内容包括虚拟仪器技术概述、LabVIEW 概述、LabVIEW 的开发环境、LabVIEW 的设计方法、编辑 VI、数据类型、数据运算与程序运算、波形运算、文件操作与管理、数据采集、信号处理、通信技术，并通过数字滤波器设计实例、2D 图片旋转显示设计实例、车速实时记录仪设计实例、救护车呼救灯系统设计实例、课程设计，帮助读者在掌握 LabVIEW 的基础上学会虚拟仪器设计的一般方法和技巧。

本书可以作为 LabVIEW 初学者的入门教材，也可以作为电子设计及相关行业工程技术人员及各院校相关专业师生的学习参考书。

♦ 编　著　解　璞　李　瑞
　　责任编辑　税梦玲
　　责任印制　沈　蓉　彭志环

♦ 人民邮电出版社出版发行　　北京市丰台区成寿寺路 11 号
　　邮编　100164　　电子邮件　315@ptpress.com.cn
　　网址　http://www.ptpress.com.cn
　　北京九州迅驰传媒文化有限公司印刷

♦ 开本：787×1092　1/16
　　印张：18.75　　　　　　　　　2017 年 1 月第 1 版
　　字数：457 千字　　　　　　　2022 年 6 月北京第 8 次印刷

定价：49.80 元（附光盘）

读者服务热线：(010)81055256　印装质量热线：(010)81055316
反盗版热线：(010)81055315

虚拟仪器实际上是一个按照仪器需求组织的数据采集系统，它的研究中涉及的基础理论主要有计算机数据采集和数字信号处理。目前在这一领域内，使用较为广泛的计算机语言是美国 NI 公司的 LabVIEW。

虚拟仪器的起源可以追溯到 20 世纪 70 年代，那时计算机测控系统在国防、航天等领域已经有了相当快速的发展。PC 出现后，仪器级的计算机化成为可能，甚至在 Microsoft 公司的 Windows 诞生之前，NI 公司已经在 Macintosh 计算机上推出了 LabVIEW 2.0 之前的版本。

对虚拟仪器和 LabVIEW 长期、系统、有效的研究开发使 NI 公司成为业界公认的权威。LabVIEW 是图形化开发环境语言，又称 G 语言，它结合了图形化编程方式的高性能与灵活性，以及专为测试测量与自动化控制应用设计的高性能模块及其配置功能，能为数据采集、仪器控制、测量分析与数据显示等各种应用提供必要的开发工具。

LabVIEW 2014 简体中文版是 NI 发布的新一代 LabVIEW 中文版本，它为工程师提供了效率与性能俱佳的出色的开发平台。LabVIEW 2014 简体中文版适用于各种测量和自动化领域，并且它操作简单、易上手，无论工程师是否有丰富的开发经验，都能顺利使用该软件。

在本书的编写过程中，编者详细介绍了学习 LabVIEW 过程中所要注意的问题，使读者能深刻地理解各种函数与 VI，并以"知识点→实例→知识点→实例"的形式组织本书内容，以理论构建主干，以实例填补枝蔓，内容丰富全面，富有实战性，有利于锻炼读者的实际操作能力。

本书的 3 大特点介绍如下。

1. 内容全面，讲解细致

为了保证零基础的读者能够轻松上手，本书既简要介绍了 LabVIEW 开发环境和设计方法等基础知识，也详细讲解了各种数据和程序运算的相关知识。在介绍的过程中，编者根据自己多年的开发经验及教学心得，适当给出总结和相关提示，以帮助读者快捷地掌握所学知识。

2. 实例典型，步步为营

对于 LabVIEW 这类专业软件教材，编者力求避免空洞的介绍，而是将每个知识点都采用电子设计实例来进行讲解，以帮助读者在实例操作过程中牢固掌握软件功能。本书的实例种类非常丰富，有讲解知识点的小实例，有讲解几个知识点或全章知识点的综合实例，有用于练习提高的上机实例，还有完整实用的工程案例以及课程设计。例如：6.2.4 小节的课堂练习针对 6.2 节的知识点，6.7 节的课堂案例针对第 6 章所有知识点，6.8 节的课后习题用于第 6 章知识点的巩固练习；第 13～16 章的综合实例是对全书所有知识的综合应用；最后一章的课程设计用于读者检测和巩固所学知识。

3. 提供微课视频及光盘

为了帮助读者更快更好地学习 LabVIEW，本书附赠光盘中包含全书所有实例的源文件和微课视频，读者通过扫描书中二维码，可随时随地在线观看。除此之外，光盘中还提供了教学 PPT、考试模拟试卷等资料。

本书由解璞和李瑞编著，其中解璞编写了第 1～9 章，李瑞编写了第 10～17 章。另外，刘昌丽、康士廷、闫聪聪等参与了部分章节的编写，石家庄三维书屋文化传播有限公司的胡仁喜博士对全书进行了审校，在此对他们表示真诚的感谢。

由于时间仓促，加上编者水平有限，书中难免存在不足之处，望广大读者登录 www.sjzswsw.com 进行反馈，或联系 win760520@126.com，编者将不胜感激，也欢迎加入三维书屋图书学习交流群 QQ：379090620 进行交流探讨。

编者
2016 年 8 月

目录

第1章 虚拟仪器技术概述

内容指南

在学习 LabVIEW 之前，读者首先应该对虚拟仪器（Virtual Instrument，VI）有一个基本的认识。因此，本章首先介绍虚拟仪器的基本概念、组成与特点，然后介绍虚拟仪器技术的发展现状与展望，最后对虚拟仪器的软件环境进行介绍。

知识重点

- 📖 虚拟仪器的概念
- 📖 虚拟仪器的特征
- 📖 虚拟仪器的发展方向

1.1 虚拟仪器系统概述

仪器系统的发展经历了一段很长的历史。在其早期发展阶段，仪器系统指的是"纯粹"的模拟测量设备，例如 EEG 记录系统或示波器。作为一种完全封闭的专用系统，仪器系统包括电源、传感器、模拟-数字转换器和显示器等，并且需要手动设置，才能将数据显示到标度盘、转换器，或者将数据打印出来。在当时，如果要进一步使用数据，需要操作人员手动地将数据复写到笔记本上。

由于所有的事情都必须要人工操作，因此要对实际采集到的数据进行深入分析，或集成复杂的/自动化的测试步骤是很复杂的，甚至是不可能完成的工作。直到 20 世纪 80 年代，那些复杂的系统，例如化学处理控制应用等，才终于不需要占用到多台独立台式仪器，而是一起连接到中央控制面板，这个控制面板由一系列物理数据显示设备（例如标度盘、转换器等）以及多套开关、旋钮和按键组成，专用于仪器的控制。

仪器技术领域的各种创新积累使现代测量仪器的性能发生了质的飞跃，导致仪器的概念和形式发生了突破性的变化，出现了一种全新的仪器概念——虚拟仪器。

虚拟仪器把计算机技术、电子技术、传感器技术、信号处理技术、软件技术结合起来，除继承传统仪器的已有功能外，还增加了许多传统仪器所没有的先进功能。虚拟仪器的最大特点是灵活，用户在使用过程中可以根据需要添加或删除仪器功能，以满足各种需求和各种环境，并且能充分利用计算机丰富的软硬件资源，突破了传统仪器在数据处理、表达、传送以及存储方面的限制。

1.1.1 虚拟仪器的概念

虚拟仪器通过应用程序将计算机与功能化模块结合起来，用户可以通过友好的图形界面来操作这台计算机，就像在操作自己定义、自己设计的仪器一样，从而完成信息的采集、分析、处理、显示、存储和打印。它实际上是利用计算机显示器的显示功能来模拟传统仪器的控制面板，并以多种形式表达输出检测结果，如利用计算机强大的软件功能实现信号的运算、分析和处理，利用 I/O 接口设备完成信号的采集等，从而完成各种测试功能的一种计算机测试系统。使用者用鼠标或键盘操作虚拟面板，就如同使用一台专用测量仪器一样。因此，虚拟仪器的出现使测量仪器与计算机的界限模糊了。

虚拟仪器的"虚拟"两字主要包含以下两方面的含义。

（1）虚拟仪器面板上的各种"图标"与传统仪器面板上的各种"器件"所完成的功能是相同的：由各种开关、按钮、显示器等图标实现仪器电源的"通""断"，实现被测信号的"输入通道""放大倍数"等参数的设置，以及实现测量结果的"数值显示""波形显示"等。传统仪器面板上的器件都是实物，而且是手动操作的；虚拟仪器前面板是外形与实物相像的"图标"，每个图标的"通""断""放大"等动作由用户操作计算机鼠标或键盘来完成。因此，设计虚拟仪器前面板就是在前面板设计窗口中摆放所需的图标，然后对图标的属性进行设置。

（2）虚拟仪器是在以 PC 为核心组成的硬件平台的支持下，通过软件编程来实现仪器功能的，其测量功能通过对图形化软件流程图的编程来实现。因为可以通过不同测试功能软件模块的组合来实现多种测试功能，所以在硬件平台确定后，就有了"软件就是仪器"的说法。这也体现了测试技术与计算机深层次的结合。

1.1.2 虚拟仪器的优势

在所有测试应用软件中，虚拟仪器技术有着无法替代的优势。

1．虚拟仪器技术性能高

虚拟仪器技术是在 PC 技术的基础上发展起来的，所以完全"继承"了以现成即用的 PC 技术为主导的最新商业技术的优点，包括功能超卓的处理器和文件 I/O，使用户在数据高速导入磁盘的同时就能实时地进行复杂的分析。此外，不断发展的因特网技术和越来越快的计算机网络传输速度使得虚拟仪器技术能展现其更强大的优势。

2．虚拟仪器技术扩展性强

虚拟仪器的软硬件工具使得工程师和科学家们不再局限于当前的技术。得益于软件的灵活性，用户只需更新计算机或测量硬件，就能以最少的硬件投资和极少的甚至无需软件上的升级即可改进整个系统。在利用最新科技的时候，用户可以把它们集成到现有的测量设备，最终以较少的成本加速产品上市的时间。

3．虚拟仪器技术的开发时间短

在驱动和应用两个层面上，VI 高效的软件构架能与计算机、仪器仪表和通信等最新技术结合在一起。VI 软件构架的设计初衷就是为了方便用户的操作，其灵活性和强大的功能，使用户可以轻松地配置、创建、发布、维护和修改高性能、低成本的测量和控制解决方案。

4．虚拟仪器技术可实现无缝集成

虚拟仪器技术从本质上说是一个集成的软硬件概念。随着产品在功能上不断地趋于复杂，工程师们通常需要集成多个测量设备来满足完整的测试需求，而连接和集成这些不同设备总是要耗费大量的时间。虚拟仪器软件平台为所有的 I/O 设备提供了标准的接口，帮助用户轻松地将多个测量设备集成到同一系统，从而减少了任务的复杂性。

1.1.3　虚拟仪器的特点

虚拟仪器的突出优点是不仅可以利用 PC 组建出灵活的虚拟仪器，更重要的是它可以通过各种不同的接口总线，组建不同规模的自动测试系统。它可以通过与不同的接口总线的通信，将虚拟仪器、带总线接口的各种电子仪器或各种插件单元调配并组建成为中小型甚至大型的自动测试系统。与传统仪器相比，虚拟仪器有以下特点。

（1）传统仪器的面板只有一个，面板上布置着种类繁多的显示单元与操作元件，容易导致许多识别与操作错误。而虚拟仪器可通过在几个分面板上的操作来实现比较复杂的功能，这样在每个分面板上就实现了功能操作的单纯化与面板布置的简捷化，从而提高操作的正确性与便捷性。同时，虚拟仪器面板上的显示单元和操作元件的种类与形式不受"标准件"和"加工工艺"的限制，它们由编程来实现，设计者可以根据用户的要求设计仪器面板。

（2）在通用硬件平台确定后，由软件取代传统仪器中的硬件连接，来完成仪器的各种功能。

（3）仪器的功能是用户根据需要由软件来定义的，而不是事先由厂家定义好的。

（4）仪器性能的改进和功能扩展只需更新相关软件设计，而不需购买新的仪器。

（5）研制周期较传统仪器大为缩短。

（6）虚拟仪器开放、灵活，可与计算机同步发展，与网络及其他周边设备互联。

决定虚拟仪器具有传统仪器不可能具备的特点的根本原因在于"虚拟仪器"软件可编程，表 1-1 给出了虚拟仪器与传统仪器的比较。

表 1-1　　　　　　　　　　　　虚拟仪器与传统仪器的比较

虚拟仪器	传统仪器
开发维护费用低	开发维护费用高
技术更新周期短	技术更新周期长
关键是软件	关键是硬件
价格低、可复用、可重新配置性强	价格昂贵
用户定义仪器功能	厂商定义仪器功能
开放、灵活，可与计算机技术保持同步发展	封闭、固定
是与网络及其他周边设备方便互联的面向应用的仪器系统	功能单一、互联有限的独立设备

1.2　虚拟仪器的特征

虚拟仪器技术是测试技术和计算机技术相结合的产物，是两门学科最新技术的结晶，融

合了测试理论、仪器原理和技术、计算机接口技术、高速总线技术以及图形软件编程技术。

1.2.1 虚拟仪器的分类

虚拟仪器的分类方法可以有很多种，但随着计算机技术的发展和采用的总线方式的不同，虚拟仪器可以分为 5 种类型。

1. PC-DAQ 插卡式虚拟仪器

这种方式用数据采集卡配以计算机平台和虚拟仪器软件，便可构成各种数据采集和虚拟仪器系统。它充分利用了计算机的总线、机箱、电源以及软件的便利性，其关键在于 A/D 转换技术。这种方式受 PC 机箱、总线限制，存在电源功率不足，机箱内噪声电平较高、无屏蔽，插槽数目不多、尺寸较小等缺点。但随着基于 PC 的工业控制计算机技术的发展，PC-DAQ 方式存在的缺点正在被克服。

由于个人计算机数量非常庞大，插卡式仪器价格最便宜，特别适合工业测控现场、实验室和教学单位使用。

2. 并行口式虚拟仪器

并行口式虚拟仪器是一系列可连接到计算机并行口的测试装置，其硬件集成在一个采集盒里或探头上，软件装在计算机上，可以完成各种 VI 功能。它最大的好处是可以与笔记本计算机相连，方便野外作业，又可与台式 PC 相连，实现台式和便携式两用，非常方便。由于其价格低廉，特别适合研发部门和各种教学实验室应用。

3. GPIB 总线方式虚拟仪器

GPIB 技术是 EEE488 标准的 VI 早期的发展阶段。它的出现使电子测量由独立的单台手工操作向大规模自动测试系统发展。典型的 GPIB 系统由一台 PC、一块 GPIB 接口卡和若干台 GPIB 仪器通过 GPIB 电缆连接而成。在标准情况下，一块 GPIB 接口卡可带多达 14 台的仪器，电缆长度可达 20m。GPIB 技术可以用计算机实现对仪器的操作和控制，代替传统的人工操作方式，很方便地把多台仪器组合起来，形成大的自动测试系统。GPIB 测试系统的结构和命令简单，造价较低，主要用于台式仪器市场，适合精确度要求高，但对计算机速率和总线控制实时性要求不高的传输场合。

4. VXI 总线方式虚拟仪器

VXI 总线是高速计算机总线 VME 在 VI 领域的扩展，它具有稳定的电源、强有力的冷却能力和严格的 RFI/EMI 屏蔽功能。由于它有标准开放、结构紧凑、数据吞吐能力强、定时和同步精确、模块可重复利用，还有众多仪器厂家支持等优点，很快得到了广泛的应用。经过多年的发展，VXI 系统的组建和使用越来越方便，有其他仪器无法比拟的优势，适用于组建大中规模自动测量系统以及对速度、精度要求高的场合，但 VXI 总线要求有机箱、插槽管理器及嵌入式控制器，造价比较高。

5. PXI 总线方式虚拟仪器

PXI 这种新型模块化仪器系统是在 PCI 总线内核技术上增加了成熟的技术规范和要求后形成的，包括多板同步触发总线技术，增加了用于相邻模块的高速通信的局部总线。并具有高度的可扩展性等优点，适用于大型高精度集成系统。

无论是哪种虚拟仪器系统，都是将硬件设备搭载到台式 PC、工作站或笔记本电脑等各种计算机平台上，然后加上应用软件而构成的，最终实现基于计算机的全数字化的采集测试分析。因此虚拟仪器的发展完全跟计算机的发展同步，这也显示出虚拟仪器的灵活性。

1.2.2　虚拟仪器的组成

从功能上来说，虚拟仪器通过应用程序将通用计算机与功能化硬件结合起来，完成对被测量对象的采集、分析、处理、显示、存储、打印等，因此，与传统仪器一样，虚拟仪器同样划分为数据采集、数据分析处理、结果表达三大功能模块。虚拟仪器以透明的方式把计算机资源和仪器硬件的测试能力结合起来，实现了仪器的功能。图 1-1 所示为其内部功能框图。

图 1-1　虚拟仪器构成方式

图 1-1 中数据采集模块主要完成数据的调理采集；数据分析处理模块对数据进行各种分析处理；结果表达模块则将采集到的数据和分析后的结果表达出来。

虚拟仪器由通用仪器硬件平台（简称硬件平台）和应用软件两大部分构成，其结构框图如图 1-2 所示。

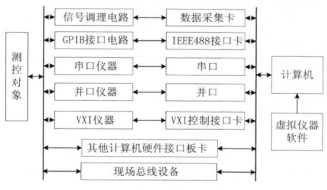

图 1-2　虚拟仪器结构框图

1．硬件平台

虚拟仪器的硬件平台由计算机和 I/O 接口设备组成。

（1）计算机是硬件平台的核心，一般为一台 PC 或者工作站。

（2）I/O 接口设备主要完成被测输入信号的放大、调理、模数转换、数据采集。可根据实际情况采用不同的 I/O 接口硬件设备，如数据采集卡（DAQ）、GPIB 总线仪器、VXI 总线仪器、串口仪器等。虚拟仪器构成方式有 5 种，如图 1-3 所示。无论哪种 VI 系统，都通过应用软件将仪器硬件与通用计算机相结合。

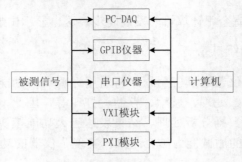

图 1-3　虚拟仪器构成方式

2. 软件平台

虚拟仪器软件将可选硬件（如 DAQ、GPIB、RS232、VXI、PXI）和可以重复使用源码库函数的软件结合起来，实现模块间的通信、定时与触发，源码库函数为用户构造自己的 VI 系统提供了基本的软件模块。当用户的测试要求变化时，可以由用户自己来增减软件模块，或重新配置现有系统以满足其测试要求。

虚拟仪器软件包括应用程序和 I/O 接口设备驱动程序。

（1）应用程序

① 实现虚拟仪器前面板功能的软件程序，即测试管理层，是用户与仪器之间交流信息的纽带。虚拟仪器在工作时利用软面板去控制系统。与传统仪器前面板相比，虚拟仪器软面板的最大特点是软面板由用户自己定义。因此，不同用户可以根据自己的需要组成灵活多样的虚拟仪器控制面板。

② 定义测试功能的流程图软件程序，利用计算机强大的计算能力和虚拟仪器开发软件功能强大的函数库，极大地提高了虚拟仪器的数据分析处理能力。如 HP-VEE 可提供 200 种以上的数学运算和分析功能，从基本的数学运算到微积分、数字信号处理和回归分析。LabVIEW 的内置分析能力可以对采集到的信号进行平滑、数字滤波、频域转换等分析处理。

（2）I/O 接口设备驱动程序

用来完成特定外部硬件设备的扩展、驱动与通信。

1.2.3　虚拟仪器的发展方向

随着计算机、通信、微电子技术的日益完善，以及以因特网为代表的计算机网络时代的到来和信息化要求的不断提高，传统的通信方式突破了时空限制和地域限制，大范围的通信变得越来越容易，对测控系统的组建也产生了越来越大的影响。

工程师眼下面对的挑战与 20 年前截然不同——现在已经不再是单纯地实现自动化，而是如何满足系统的复杂性。系统的复杂性急速增加，越来越多的特性功能集成到单一的设备中，并且每年不断有新技术涌现出来。这种复杂性的增加迫使工程师们要去尽快学习和采用新的工具应对挑战，以确保公司在市场上的竞争力。

这里介绍两个典型的例子：多核处理器和 FPGA。

多核处理器解决了传统方式下功耗的限制，并遵循摩尔定律继续推进处理器技术的发展。正因为有许多应用能够从并行执行的方式中受益颇多，所以多核技术正在为工业应用带来巨大的机会。

　　同样的，FPGA 是另一个很好的范例。虽然 FPGA 称不上是一个新兴技术，不过近几年来它在诸多领域得到了快速而广泛的使用。究其原因正是因为上文提到的行业挑战，随着产品复杂性的增加，通过编程去快速改变硬件功能的方式让工程师不再需要重新设计硬件就可以增加额外的特性。

　　和以 PC 为核心的虚拟仪器相比，网络化为虚拟仪器的发展带来了一次革命，网络化虚拟仪器把单台虚拟仪器实现的三大功能（数据采集、数据分析及图形化显示）分开处理，分别使用独立的基本硬件模块实现传统仪器的三大功能，并以网线相连接，实现信息资源的共享。"网络就是仪器"概念的确立，使人们明确了今后仪器仪表的研发战略，促进并加速了现代测量技术手段的发展与更新。

1.3　课后习题

　　1．什么是虚拟仪器系统？
　　2．虚拟仪器的概念是什么？
　　3．虚拟仪器有什么特点？
　　4．简述虚拟仪器的分类。

第 **2** 章　LabVIEW 概述

✋ 内容指南

本章主要介绍虚拟仪器软件 LabVIEW 及 LabVIEW 2014 的新功能和新特性，最后讲解如何使用 LabVIEW 的网络资源。

📖 知识重点

　　📖　LabVIEW 基础知识
　　📖　LabVIEW 2014 概述

2.1　LabVIEW 基础知识

本节主要介绍图形化编程语言 LabVIEW，并对 LabVIEW 相比于其他虚拟软件的优势和工程应用进行介绍。

2.1.1　LabVIEW 的概念

LabVIEW 是实验室虚拟仪器集成环境（Laboratory Virtual Instrument Engineering Workbench）的英文缩写，是美国国家仪器公司（NATIONAL INSTRUMENTS，NI）的创新软件产品，也是目前应用最广、发展最快、功能最强的图形化软件开发集成环境，又称为 G 语言。与 Visual Basic、Visual C++、Delphi、Perl 等基于文本型程序代码的编程语言不同，LabVIEW 采用图形模式的结构框图构建程序代码。因此，在使用这种语言编程时，基本上不写程序代码，取而代之的是用图标、连线构成的流程图。LabVIEW 尽可能地利用了开发人员、科学家、工程师所熟悉的术语、图标和概念，因此，它是一个面向最终用户的工具。LabVIEW 可以增强用户构建自己的科学和工程系统的能力，提供了实现仪器编程和数据采集系统的便捷途径。使用它进行原理研究、设计、测试并实现仪器系统时，可以大大提高工作效率。

LabVIEW 是一个工业标准的图形化开发环境，它结合了图形化编程方式的高性能与灵活性，以及专为测试、测量与自动化控制应用设计的高端性能与配置功能，能为数据采集、仪器控制、测量分析与数据显示等各种应用提供必要的开发工具。因此，LabVIEW 通过降低应用系统开发时间与项目筹建成本来帮助科学家与工程师们提高工作效率。

LabVIEW 的功能非常强大，它是可扩展函数库和子程序库的通用程序设计系统，不仅可以用于一般的 Windows 桌面应用程序设计，而且还提供了用于 GPIB 设备控制、VXI 总线控制、串行口设备控制，以及数据分析、显示和存储等的应用程序模块，其强大的专用函数库使得它非常适合编写用于测试、测量以及工业控制的应用程序。LabVIEW 可方便地调用 Windows 动态链接库和用户自定义的动态链接库中的函数，还提供了 CIN（Code Interface Node）节点使得用户可以使用由 C 或 C++语言（如 ANSI C）等编译的程序模块，这使得 LabVIEW 成为一个开放的开发平台。LabVIEW 还直接支持动态数据交换（DDE）、结构化查询语言（SQL）、TCP 和 UDP 网络协议等。此外，LabVIEW 还提供了专门用于程序开发的工具箱，使得用户可以很方便地设置断点，动态地执行程序，来非常直观形象地观察数据的传输过程，而且可以方便地进行调试。

当我们困惑于基于文本模式的编程语言，陷入函数、数组、指针、表达式，乃至对象、封装、继承等枯燥的概念和代码中时，用户迫切需要一种代码直观、层次清晰、简单易用却不失功能强大的语言。G 语言就是这样一种语言，而 LabVIEW 则是 G 语言的杰出代表。LabVIEW 基于 G 语言的基本特征——用图标和框图产生块状程序，这对于熟悉仪器结构和硬件电路的硬件工程师、现场工程技术人员及测试技术人员来说，编程就像是设计电路图一样。因此，硬件工程师、现场技术人员及测试技术人员们学习 LabVIEW 驾轻就熟，在很短的时间内就能够学会并应用 LabVIEW。

从运行机制上看，LabVIEW 的运行机制从宏观上看已经不再是传统的冯·诺依曼计算机体系结构的执行方式了。传统的计算机语言（如 C 语言）中的顺序执行结构在 LabVIEW 中被并行机制所代替。从本质上看，它是一种带有图形控制流结构的数据流模式（Data Flow Mode），这种方式确保了程序中的函数节点（Function Node）只有在获得它的全部数据后才能够被执行。也就是说，在这种数据流程序的概念中，程序的执行是数据驱动的，它不受操作系统、计算机等因素的影响。

LabVIEW 的程序是数据流驱动的。数据流程序设计规定，一个目标只有当它的所有输入都有效时才能执行；而目标的输出，只有当它的功能完成时才是有效的。这样，LabVIEW 中被连接的方框图之间的数据流控制着程序的执行次序，而不像文本程序受到行顺序执行的约束。因此，用户可以通过相互连接功能方框图快速简洁地开发应用程序，甚至还可以有多个数据通道同步运行。

2.1.2 LabWindows/CVI 的概念

LabWindows/CVI 是基于 ANSI C 的交互式 C 语言集成开发平台。美国国家仪器有限公司（National Instruments，NI）于 2014 年发布了 NI LabWindows/CVI 2014，该软件可基于验证过的 ANSI C 测试测量软件平台，提供更高的开发效率，并简化 FPGA 通信的复杂度。此外，NI 还发布了 LaWindows/CVI 2014 Linux Run-Time 模块和 LabWindows/CVI 2014 实时模块，可扩展开发环境至 Linux 和实时操作系统中。其具有以下主要特点。

（1）并行运行引擎功能，通过将应用程序绑定到某特定运行引擎的版本，防止受限行业的开发者的已验证的代码进行不需要的更新。

（2）执行评测能够提供运行时每个线程和函数所花费时间的图形化信息，从而找到代码的瓶颈所在。

（3）拥有超过 100 个新的射频应用高级分析函数，包括信号噪音发生函数、窗口函数、滤波器设计与分析函数、信号运算函数等。

（4）改进的 LabWindows/CVI 实时模块，提高了实时目标的定时和控制功能。

2.1.3　LabVIEW 的应用

LabVIEW 被广泛应用于各种行业中，包括汽车、半导体、航空航天、交通运输、高效实验室、电信、生物医药与电子等。无论在哪个行业，工程师与科学家们都可以使用 LabVIEW 创建功能强大的测试、测量与自动化控制系统，在产品开发中进行快速原型创建与仿真工作。在产品的生产过程中，工程师们也可以利用 LabVIEW 进行生产测试，监控各个产品的生产过程。总之，LabVIEW 可用于各行各业产品开发的阶段。

LabVIEW 有很多优点，在某些特殊领域其特点尤其突出。

（1）测试测量：LabVIEW 最初就是为测试测量而设计的，因而测试测量也就是现在 LabVIEW 最广泛的应用领域。经过多年的发展，LabVIEW 在测试测量领域获得了广泛的承认。现今，大多数主流的测试仪器、数据采集设备都拥有专门的 LabVIEW 驱动程序，使用 LabVIEW 可以非常便捷地控制这些硬件设备。

（2）控制：控制与测试是两个相关度非常高的领域，从测试领域起家的 LabVIEW 自然而然地首先拓展至控制领域。LabVIEW 拥有专门用于控制领域的模块——LabVIEW DSC。

（3）仿真：LabVIEW 包含了多种多样的数学运算函数，特别适合进行模拟、仿真、原型设计等工作。在设计机电设备之前，可以先在计算机上用 LabVIEW 搭建仿真原型，验证设计的合理性，找到潜在的问题。

（4）儿童教育：由于图形外观漂亮，容易吸引儿童的注意力，同时图形比文本更容易被儿童接受和理解，所以 LabVIEW 非常受少年儿童的欢迎。除了应用于玩具，LabVIEW 还有专门用于中小学生教学的版本。

（5）快速开发：根据一些项目统计，完成一个功能类似的大型应用软件，熟练的 LabVIEW 程序员所需的开发时间大概只是熟练的 C 程序员所需时间的 1/5 左右。

（6）跨平台：如果同一个程序需要运行于多个硬件设备之上，也可以优先考虑使用 LabVIEW。LabVIEW 具有良好的平台一致性。LabVIEW 的代码不需任何修改就可以运行在常见的三大台式机操作系统上——Windows、Mac OS 及 Linux。除此之外，LabVIEW 还支持各种实时操作系统和嵌入式设备，比如常见的 PDA、FPGA 以及运行 VxWorks 和 PharLap 系统的 RT 设备。

2.2　LabVIEW 2014 概述

LabVIEW 2014 是 NI 公司推出的 LabVIEW 软件的新版本，是目前功能最为强大的 LabVIEW 系列软件之一，也是 NI 公司推出的第一个简体中文版本的 LabVIEW 软件。

2.2.1　LabVIEW 2014 的安装

在安装 LabVIEW 2014 之前，用户首先需要了解其对个人计算机软硬件的基本配置要求。

系统要求如下。

➢　Windows 运行引擎、开发环境。

➢　处理器：Pentium 4M 或同等处理器。

➢　内存：1 GB。

➢　屏幕分辨率：1024 像素×768 像素。

➢　操作系统：Windows 8/7/Vista（32 位或 64 位）。

➢　Windows XP SP3（32 位）。

➢　Windows Server 2008 R2（64 位）。

➢　Windows Server 2003 R2（32 位）。

➢　磁盘空间：3.67 GB（包括 NI 设备驱动程序 DVD 中的默认驱动程序）。

➢　颜色选板：N/A。LabVIEW 和 LabVIEW 帮助包含了 16 位彩色图形，因此 LabVIEW 至少需要 16 位彩色配置。

➢　临时文件目录：N/A。LabVIEW 使用专用的目录存放临时文件，NI 建议预留磁盘空间存放临时文件。

➢　Adobe Reader：N/A。如需搜索 PDF 格式的 LabVIEW 用户手册，必须安装 Adobe Reader。

安装的 NI 产品依赖于 Microsoft 的.NET 4.0，因此在启动 NI 软件安装之前，.NET 安装程序会首先启动并在完成后提示重启。如需避免上述情况，可在安装 NI 软件之前单独安装.NET 4.0。

注：从 2016 年 7 月 1 日起，LabVIEW 将不再支持 Microsoft Windows Vista、Windows XP 和 Windows Server 2003。也就是说，2016 年 7 月 1 日以后发布的新版本 LabVIEW 将无法在 Windows Vista、Windows XP 或 Windows Server 2003 上安装运行。

从 LabVIEW 2014 对计算机软、硬件配置的要求来看，目前的主流计算机都可以比较顺畅地运行这套软件。安装 LabVIEW 2014 的过程也相对比较简单。下面对 LabVIEW 2014 在 Windows 7 中的安装过程进行详细演示。

（1）插入 LabVIEW 2014 的安装光盘，光盘会自动运行安装程序，安装程序的启动界面如图 2-1 所示。

图 2-1　LabVIEW 2014 安装程序的启动界面

（2）单击【下一步】按钮，显示用户信息，使用默认信息，单击【下一步】，提示输入用户信息及序列号，如图 2-2 所示。可利用注册机获取序列号，如图 2-3 所示。

图 2-2　提示输入用户信息　　　　　　　图 2-3　提示输入序列号

（3）输入序列号，将其输入到图 2-3 中，继续执行安装步骤。

（4）单击【下一步】按钮，提示选择目标安装路径，如图 2-4 所示。

（5）单击【下一步】按钮，提示对需要安装的组件进行选择，如图 2-5 所示。

图 2-4　选择安装目标目录　　　　　　　图 2-5　选择所需要安装的组件

（6）单击【下一步】按钮，提示用户已经选择的配置信息，如图 2-6 所示。

（7）依次单击【下一步】按钮，弹出 NI 软件使用许可协议。只有选择同意才可继续，如图 2-7 所示。

（8）弹出的对话框对用户所选择的安装资源进行提示。单击【下一步】按钮进行安装，单击【上一步】重新配置资源，如图 2-8 所示。

（9）将显示开始复制 LabVIEW 2014 到本地硬盘，在图 2-9 所示的窗口中显示复制文件的进度。

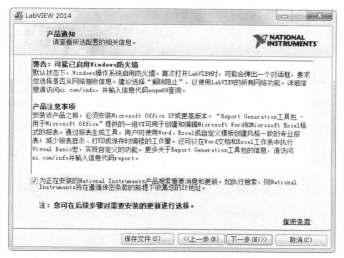

图 2-6　已经选择的配置信息

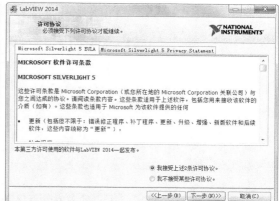

图 2-7　NI 软件使用许可协议

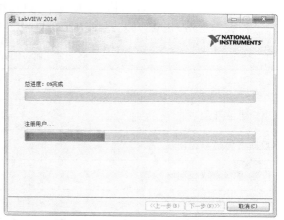

图 2-8　安装摘要　　　　　　　　　图 2-9　LabVIEW 2014 中文版的安装进度

文件复制结束后，安装程序会弹出图 2-10 所示的窗口，显示安装完成。单击【下一步】按钮，弹出"NI 激活向导"对话框，如图 2-11 所示。要采用其他方法激活软件，单击【取消】按钮，弹出图 2-12 所示的提示对话框，提示用户是否重新启动计算机以便完成 LabVIEW 2014 的安装。

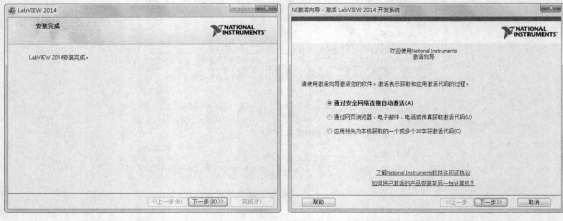

图 2-10 提示安装完成　　　　　　　　　　　　图 2-11 NI 激活向导

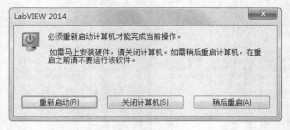

图 2-12 提示重启

（10）这里用户有 3 种选择，分别是重新启动、关闭计算机和稍后重启。

（11）单击"重新启动"按钮，关闭对话框，重启计算机。

（12）重新启动计算机后，用户就可以启动 LabVIEW 2014 进行程序设计了。

各版本 LabVIEW 开发系统的比较见表 2-1。

表 2-1　　　　　　　　　　　　各版本 LabVIEW 开发系统的比较

	基础版	完整版	专业版	开发者套件
用户界面开发	√	√	√	√
数据采集函数和向导	√	√	√	√
仪器控制函数和向导	√	√	√	√
报告生成和数据存储	√	√	√	√
调用外部代码	√	√	√	√

续表

	基础版	完整版	专业版	开发者套件
模块化和面向对象的开发	√	√	√	√
网络通信	√	√	√	√
随附的 LabVIEW SignalExpress	×	√	√	√
数学分析和信号处理	×	√	√	√
事件驱动型编程	×	√	√	√
应用发布	×	×	√	√
软件工程工具	×	×	√	√
随附的生产力工具包（Productivity Toolkit）	×	×	×	√

2.2.2 LabVIEW 2014 的新功能

LabVIEW 2014 优化了性能，改进了生成优化机器代码的后台编译器，使得执行速度提高了 60%。启动速度比 2013 版更快。

与原来的版本相比，LabVIEW 2014 有以下一些主要的新功能和更改。

1．在 LabVIEW 中安装和更新数据插件

在 LabVIEW 的早期版本中，用户只能从 ni.com/dataplugins 手动下载与安装数据插件。在 LabVIEW 2014 中，用户可使用"存储/数据插件"选板下的 VI 直接搜索、安装和更新数据插件。

2．程序框图的改进

程序框图有以下 2 点改进。

（1）将隧道替换为分支选择器：在 LabVIEW 2014 中，可将条件结构上的输入隧道转换为分支选择器。此时，在隧道上单击鼠标右键，从快捷菜单中选择【替换为分支选择器】命令，LabVIEW 将把该隧道转换为分支选择器。改变连接至分支选择器的输入数据将改变选择器标签上可用的分支。将隧道替换为分支选择器后，LabVIEW 2014 将把原分支选择器转换为隧道。

（2）自动连线 VI 对象：在 LabVIEW 2014 中，可使用快速放置键盘快捷方式来连接程序框图上的多个对象。首先，选中一行或多行对象，按组合键<Ctrl+Shift+Space>打开"快速放置"对话框。"快速放置"对话框出现后，按组合键<Ctrl+W>，LabVIEW 将自动连线选中的对象。此外，还可直接按组合键<Ctrl+Shift+Space+W>连接程序框图上的一行或多行对象并清理选中的对象代码。

3．前面板的改进

银色样式控件：LabVIEW 2014 在"银色"选板下新增了"修饰"选板，用户可便捷地

访问银色样式修饰面板。

4．编程环境的改进

编程环境做了以下 2 点改进。

（1）解决由于缺失子 VI 引起的错误：在 LabVIEW 2014 中，可使用错误列表窗口或即时帮助窗口来确定缺失的子 VI 位置。而在 LabVIEW 的早期版本中，错误列表窗口可显示缺失了某子 VI，但却不能提供该子 VI 的位置详情。LabVIEW 2014 中，错误列表窗口将列出包含该缺失子 VI 的驱动、工具包或模块，并提供解决错误的帮助信息。此外，即时帮助窗口也将显示缺失的子 VI 的路径。

（2）检查和更新自定义类型实例：LabVIEW 2013 及更早版本中，修改某自定义类型后，从该自定义类型更新自定义类型实例时，LabVIEW 可能丢失或不能正确保存实例的默认值。

多数情况下，LabVIEW 可在正确保留各实例默认值的同时从自定义类型更新。如某实例无法自动更新，LabVIEW 将把该实例列入未解决状态，直到用户使用"从自定义类型检查并更新"对话框手动更新。

在未解决状态的实例上单击鼠标右键并选择【从自定义类型检查和更新】，可打开"从自定义类型检查和更新"对话框。LabVIEW 2014 中的"从自定义类型检查和更新"快捷菜单替换了 LabVIEW 2013 及更早版本中的"从自定义类型更新"快捷菜单。

5．对话框的改进

从错误对话框调试错误代码：在 LabVIEW 2014 中，可从"解释错误"对话框和"简易错误处理器 VI"对话框轻松定位错误代码的调试信息。单击新增的【在 ni.com 上搜索错误信息】超链接可在默认浏览器中显示 ni.com 上搜索错误信息的结果。此外，该超链接还默认在通用错误处理器 VI 对话框中显示。超链接仅在开发环境中显示。

6．新增和改动的 VI、函数和节点

（1）通过编程获取或设置程序生成规范的版本信息

"应用程序生成器"选板新增了下列 VI，用于显示应用程序的版本。

① 获取程序生成规范版本：获取程序生成规范的版本信息。

安装程序的生成规范仅包含主、次和修正版本号。如尝试读取压缩文件的版本信息，该 VI 将返回错误。

该 VI 可用于获取独立应用程序、安装程序、NET 互操作程序集、打包库、共享库或源代码发布的版本信息。

---

② 设置程序生成规范版本：设置程序生成规范的版本信息。仅当连线至该 VI 的是项目路径时，LabVIEW 才自动保存版本信息。如连线项目引用至该 VI，设置版本信息后需手动保存项目。

（2）从用于 Mac OS X 的 LabVIEW 与外部应用程序通信

LabVIEW 2014（Mac OS X）在下列选板中包含新增 VI，用于与 LabVIEW 之外的 OS X 应用程序通信。

①"库与可执行程序"选板包含 Run AppleScript Code VI。该 VI 执行 AppleScript 代码，用于与 LabVIEW 之外的 OS X 应用程序进行通信。在 LabVIEW 2013 和前期版本中，通过 Apple Event VI 与 LabVIEW 之外的 OS X 应用程序通信。LabVIEW 2014 只能使用 Run AppleScript Code VI 与 LabVIEW 之外的 OS X 应用程序通信。

②"字符串"选板包含标准化行结束符 VI。该 VI 转换指定字符串的行结束为指定格式的行结束格式。如未指定行结束格式，VI 将转换字符串的行结束为当前系统平台命令行支持的行结束。该 VI 可使字符串为不同系统平台或当前系统平台的命令行所识别。

③"路径/数组/字符串转换"选板包含下列 VI。

➢ 路径至命令行字符串转换：将路径转换为描述该路径的字符串。该 VI 使用当前系统平台的标准命令行路径格式对路径字符串进行格式化。发送命令至当前系统平台的命令行前，可使用该 VI 对路径进行格式化。

➢ 命令行字符串至路径转换：将指定的字符串转换为路径。输入字符串必须使用当前操作系统的标准命令行路径格式描述路径。该 VI 可用于格式化从当前系统平台命令行接收的路径，以便在 LabVIEW 中使用。

（3）操作者框架 VI

LabVIEW 2014 的"操作者框架"选板上包含下列新增 VI。

①"操作者：启动根操作者"：启动一个为操作者处理任务和消息的异步运行 VI。该 VI 返回一个待入队列的引用，可用于发送消息给新启动的操作者。

②"操作者：启动嵌套操作者"：启动一个为嵌套操作者处理任务和消息的异步运行 VI。该 VI 可用于启动嵌套操作者，它将返回一个待入队列的引用，可用于发送消息给新启动的操作者。

③"发送启动嵌套操作者消息"：将包含一个操作者的消息发送给另一操作者。消息接收方将把搭载的操作者作为嵌套操作者启动。该 VI 仅适用于操作者给本身发送消息。

（4）改进的 VI 和函数

LabVIEW 2014 中对以下 VI 和函数进行了改进。

① 存储/数据插件 VI。

➢ 打开数据存储：该"Express VI 配置"对话框的"从 ni.com/dataplugins 获取更多数据"插件已被替换为"安装/更新数据插件"按钮。单击【安装/更新数据】插件启动"安装/更新数据插件"对话框，可在 NI 网站（ni.com/dataplugins）搜索、安装和更新数据插件。

➢ 罗列数据插件：该 VI 包含新增的源输入端，可指定 LabVIEW 是否罗列本机或 NI 网站的数据插件。

➢ 注册数据插件：该 VI 包含新增的"按名称安装数据插件"实例。使用该实例可从 ni.com/dataplugins 安装数据插件至本机。

② 其他 VI 和函数的改动。

➢ 自类名获取类层次结构：使用继承自"通用"的指定类名返回一个降序排列的类名

数组。假设类名为 WhileLoop，该 VI 返回下列数组：[Generic, GObject, Node, Structure, Loop, WhileLoop]。

➤ 高精度相对秒钟：返回定时器的值。该 VI 与"时间计数器"函数类似，但提供精度更高的时间标识。使用该 VI 可对代码进行高精度的实时性确认。

➤ 为路径且非空：如路径为"非空路径"和"非法路径"以外的值时，该 VI 返回 TRUE。否则，VI 返回 FALSE。

➤ 变体常量：用于传递空变体至程序框图。使用该 VI 时，LabVIEW 总是放置一个空变体，该变体的值不允许编辑。

➤ 发送错误报告：该 VI 用于向操作者发送错误。错误将由操作者的错误处理 VI 进行处理。如错误在该处得不到处理，操作者将停止运行。

➤ TDMS 设置属性：该函数包含对 NI_MinimumBufferSize 属性的改进，允许用户在组级或文件级设置.tdms 文件的最小缓冲区大小。

➤ 清除错误：该 VI 包含新增的清除指定错误代码输入端，仅清除连线至该输入端的特定错误代码。该 VI 还包含新增的"指定错误已清除？"输出端，指示清除指定错误代码所引用的错误是否已被清除。

7. 应用程序生成器的改进

应用程序生成器做了以下 5 点改进。

（1）部署安装程序至 Windows Embedded Standard 终端：可部署生成的安装程序至运行 Windows Embedded Standard 操作系统的终端。在"项目浏览器"中，右键单击 Windows Embedded Standard 终端下的【程序生成规范】并选择【部署】或【安装】。

（2）加载相同库版本打包项目库和共享库的改进：较早版本的 LabVIEW 中在用户交叉链接共享库或打包项目库时会打开加载警告摘要对话框，为简化从相同版本的 VI 或打包项目库加载共享库，LabVIEW 2014 对该对话框进行了压缩。交叉链接发生于从两个不同位置的 VI 或打包项目库加载相同名称的共享库，且首先加载的共享库仍在内存中。在第 2 个位置加载共享库时，LabVIEW 将链接至第 1 个位置加载的共享库。相同版本的共享库或打包项目库是指两者拥有相同的版本号。

（3）从程序生成规范排除非独立打包项目库和共享库：LabVIEW 2014 中在创建含相同库的多个版本输出时可减少 LabVIEW 复制的文件数量。此时，可指定从程序生成规范中排除非独立打包库和共享库，而让 LabVIEW 保留被排除文件的源位置的相对链接。否则，LabVIEW 将在每个版本输出中包含这些打包项目库和共享库的副本。要排除这些库，请在"程序生成规范属性"对话框的"附加排除项"页上启用【不包括非独立打包库】和【不包括非独立共享库】。

（4）设置程序生成规范中包含的打包项目库和共享库目标：LabVIEW 2014 可指定在程序生成规范配置中包含的非独立打包项目库和共享库的目标。如需指定非独立文件的目标，请在程序生成规范的源文件设置页选择依赖关系。然后，启用【为包含的所有项设置目标】和【为打包库和共享库设置目标】，并在下拉菜单中选择目标。

（5）管理源代码发布的已编译代码：在 LabVIEW 2013 及更早版本中，如要减少源代码发布的大小，可启用"属性"对话框"附加排除项"页上的【删除已编译代码】。LabVIEW 2014为管理已编译代码提供了以下更多选择。

① 保留已编译代码：保留所有文件的已编译代码。

② 保留各 VI 或库的文件设置：保留各文件保存的设置。

8. 新 LabVIEW 套件

为满足可视化、分析、发布及软件工程的需要，帮助用户游刃有余地创建系统，LabVIEW套件在 NI 最受欢迎的应用软件和附加软件之外还集合了 LabVIEW 专业版。下列 3 个 LabVIEW套件将充分满足各项应用领域的需求。

① LabVIEW 2014 Automated Test Suite。

② LabVIEW 2014 Embedded Control and Monitoring Suite。

③ LabVIEW 2014 HIL and Real-Time Test Suite。

9. 触摸面板功能的改进

触摸面板功能做了以下 3 点改进。

（1）使用写过滤器 VI 保护数据不被更改：LabVIEW 2014 的高级文件 VI 和"函数"选板上包含了写过滤器 VI。写过滤器通过重定向写操作至其他位置或重叠，避免对其进行不必要的修改。请使用增强型写过滤器（EWF）保护卷，并将写操作重定向至其他卷的磁盘位置或 RAM。请使用基于文件的写过滤器（FBWF）保护卷中的文件和文件夹，并将写操作重定向至内存缓存。

之前版本中，使用写过滤器 VI 需要安装 LabVIEW Touch Panel 模块。LabVIEW 2014中，当"项目浏览器"窗口中的项目是触摸面板应用程序项目时，可以使用写过滤器 VI。开发触摸面板应用程序需要 LabVIEW 应用程序生成器，该生成器已包含于 LabVIEW 专业版开发系统。

（2）使用触摸面板项目模板和触摸面板 VI 模板：触摸面板项目模板用于帮助创建项目，该项目针对运行 Windows Embedded Standard 7 操作系统的触摸面板设备。项目模板中的 VI 模板可修改用于特定的触摸面板应用程序。【选择文件】→【创建项目】，浏览触摸面板项目模板。使用"创建项目"对话框配置项目设置，包括触摸面板终端和 VI 模板。关于如何修改项目的详细信息，可参考"项目浏览器"窗口中的 Project Documentation 文件夹。

还可添加触摸面板 VI 模板至现有触摸面板终端。LabVIEW 包含纵向和横向模板，其用户界面预设为触摸面板设备。模板包含了触摸面板应用程序中常用的控件。右键单击触摸面板终端并在弹出菜单中选择【新建 VI 模板】，可加载触摸面板 VI 至终端，出现"选择模板"对话框。选择要在终端使用的 VI 模板。

（3）使用触摸面板终端：LabVIEW 2014 支持开发、调试和部署 LabVIEW 应用程序至运行 Windows Embedded Standard 7 操作系统的触摸面板终端。在之前版本中开发、调试和部署触摸面板应用程序需要安装 LabVIEW Touch Panel 模块。在 LabVIEW 2014 中，可在主机上开发和调试触摸面板应用程序，并可从主机部署触摸面板应用程序至触摸面板终端。触摸面板终端的支持需要 LabVIEW 应用程序生成器。LabVIEW 专业版开发系统中含有应用程序生成器。

2.2.3　使用网络资源

LabVIEW 2014 不仅为用户提供了丰富的本地帮助资源，在网络上还有更加丰富的学习 LabVIEW 的资源，这些资源成为学习 LabVIEW 的有力助手和工具。

NI 的官方网站无疑是最权威的学习 LabVIEW 的网络资源，它为 LabVIEW 提供了非常全面的帮助支持。NI 的 LabVIEW 主页如图 2-13 所示。

图 2-13　产品与服务

在 NI 官网的 LabVIEW 主页 http://www.ni.com/products/zhs/ 上有关于 LabVIEW 2014 非常详细的介绍，从这里也可以找到关于 LabVIEW 编写程序的非常详尽的帮助资料。

另外，在 NI 的网站上还有一个专门讨论 LabVIEW 相关问题的 LabVIEW 社区，如图 2-14 所示。在这里用户可以找到学习 LabVIEW 的各种资源，并且可以和来自世界各地的 LabVIEW 程序员讨论有关 LabVIEW 的具体问题。

图 2-14　NI 在线社区

2.3　课后习题

1．简述 LabVIEW 的概念。
2．列举 LabVIEW 的应用领域。
3．如何安装 LabVIEW 2014？
4．如何使用 LabVIEW 的网络资源？

第 **3** 章 **LabVIEW 的开发环境**

✋ 内容指南

本章将对 LabVIEW 2014 简体中文版的图形界面进行详细介绍，并对其中的菜单栏、选项板、控件进行一一介绍，让读者能很快熟悉图形界面，为后面的虚拟程序操作打下基础。

🖋 知识重点

📖 LabVIEW 图形界面
📖 LabVIEW 操作模板
📖 菜单栏
📖 前面板控件

3.1 LabVIEW 图形界面

启动 LabVIEW 时将出现启动窗口。在这个窗口中可创建项目、打开现有文件、查找驱动程序和附加软件，查看社区和支持及欢迎使用 LabVIEW 的文字信息。同时还可查阅 LabVIEW 新闻、搜索功能信息。

3.1.1 启动窗口

安装 LabVIEW 2014 后，在"开始"菜单中便会自动生成启动 LabVIEW 2014 的快捷方式——NI LabVIEW 2014。单击该快捷方式图标启动 LabVIEW，如图 3-1 所示。

LabVIEW 2014简体中文专业版的启动界面如图 3-2 所示。启动后的程序界面如图 3-3 所示。

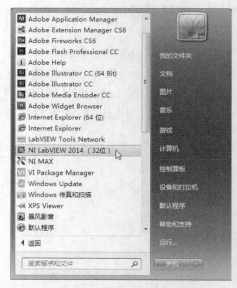

图 3-1 "开始"菜单中的 LabVIEW 快捷方式

利用启动界面的菜单命令，可以创建新 VI、选择最近打开的 LabVIEW 文件、查找范例以及打开 LabVIEW 帮助；同时还可查看各种信息和资源，如《用户手册》、帮助主题以及 National Instruments 网站 ni.com 上的各种资源等。

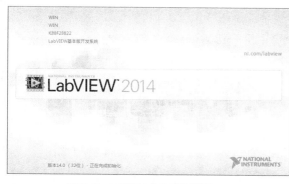

图 3-2　LabVIEW 启动时的界面

图 3-3　LabVIEW 启动后的界面

打开现有文件或创建新文件后，启动窗口就会消失；关闭所有已打开的前面板和程序框图后启动窗口会再次出现；也可在前面板或程序框图中选择【查看】→【启动窗口】，从而显示启动窗口。

在启动界面中，单击【创建项目】按钮，弹出"创建项目"对话框，如图 3-4 所示。该对话框主要分为左右两部分，分别是文件和资源。在这个界面上，用户可以选择新建空白 VI、空的项目、简单状态机，并且可以打开已有的程序。同时，用户可以从这个界面获得帮助支持，例如可以查找 LabVIEW 2014 的帮助文件、互联网上的资源以及 LabVIEW 2014 的程序范例等。

图 3-4　"创建项目"对话框

在 LabVIEW 2014 的启动界面上有文件、操作、工具和帮助 4 个菜单项，在下一节中将详细介绍 LabVIEW 2014 的菜单功能。

选择启动界面上的新建 VI，可以建立一个空白的 VI。

（1）单击启动界面中"文件"菜单下的【新建】按钮，打开图 3-5 所示的"新建"对话框。在这里，可以选择多种方式来建立文件。

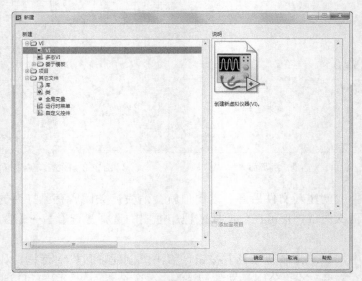

图 3-5　LabVIEW "新建" 对话框

（2）利用"新建"对话框，可以创建 3 种类型的文件，分别是 VI、项目和其他文件。

① 新建 VI 是经常使用的功能，包括新建空白 VI、创建多态 VI 以及基于模板创建 VI。如果选择【VI】，将创建一个空的 VI，VI 中的所有空间都需要用户自行添加。如果选择【基于模板】，有很多种程序模板供用户选择，如图 3-6 所示。

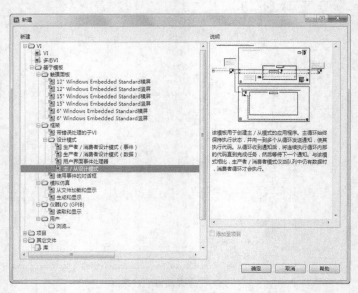

图 3-6　"基于模板" 选项的新建文件

② 新建项目包括空白项目文件和基于向导的项目。

③ 创建其他文件包括库、类、全局变量、运行时菜单、自定义控件。

用户根据需要可以选择相应的模板进行程序设计，在各种模板中，LabVIEW 已经预先设置了一些组件构成了应用程序的框架，用户只需要对程序进行一定程度的修改和功能上的增减就可以在模板的基础上构建自己的应用程序了。

3.1.2　"项目浏览器"窗口

"项目浏览器"窗口用于创建和编辑 LabVIEW 项目。选择【文件】→【创建项目】，打开"创建项目"对话框，如图 3-7 所示，选择【项目】模板，单击【完成】按钮，即可打开"项目浏览器"窗口；也可选择【文件】→【新建】，打开"新建"对话框，双击【项目】选项，打开"项目浏览器"窗口，如图 3-8 所示。

图 3-7　"创建项目"对话框

图 3-8　"新建"对话框

默认情况下，"项目浏览器"窗口包括以下各项。

（1）"我的电脑"：表示可作为项目终端使用的本地计算机。

（2）"依赖关系"：用于查看某个终端下 VI 所需的项。

（3）"程序生成规范"：包括对源代码发布编译配置以及 LabVIEW 工具包和模块所支持的其他编译形式的配置。如已安装 LabVIEW 专业版开发系统或应用程序生成器，可使用程序生成规范配置独立应用程序（EXE）、动态链接库（DLL）、安装程序及 Zip 文件。

在项目中添加其他终端时，LabVIEW 会在"项目浏览器"窗口中创建代表该终端的项。各个终端也包括依赖关系和程序生成规范，在每个终端下可添加文件。

可将 VI 从"项目浏览器"窗口中拖放到另一个已打开 VI 的程序框图中。在"项目浏览器"窗口中选择需作为子 VI 使用的 VI，并把它拖放到其他 VI 的程序框图中即可。

使用项目属性和方法，可通过编程配置和修改项目以及"项目浏览器"窗口，如图 3-9 所示。

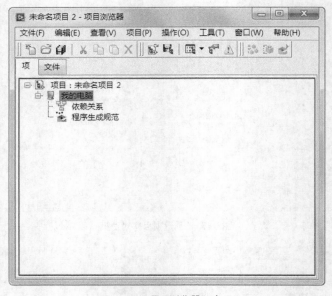

图 3-9 "项目浏览器"窗口

3.2 LabVIEW 操作模板

在 LabVIEW 的用户界面上，应特别注意它提供的操作模板，包括"工具"模板、"控件"模板和"函数"模板。这些模板集中反映了该软件的功能与特征。

3.2.1 "控件"选板

"控件"选板仅位于前面板。"控件"选板包括创建前面板所需的输入控件和显示控件。根据不同输入控件和显示控件的类型，将控件归入不同的子选板中。

如需显示"控件"选板，请选择【查看】→【控件选板】或在前面板活动窗口单击鼠标右键。LabVIEW 将记住"控件"选板的位置和大小，因此当 LabVIEW 重启时选板的位置和大小保持不变。在"控件"选板中可以进行内容修改。

"控件"选板中包括了用来创建前面板对象的各种控制量和
显示量，是用户设计前面板的工具，LabVIEW 2014 中的"控件"
选板如图 3-10 所示。

在"控件"选板中，按照所属类别，各种控制量和显示量被
分门别类地安排在不同的子选板中。

图 3-10　"控件"选板

3.2.2　"工具"选板

在前面板和程序框图中都可看到"工具"选板。"工具"选
板上的每一个工具都对应于鼠标的一个操作模式。光标对应于选
板上所选择的工具图标。可选择合适的工具对前面板和程序框图
上的对象进行操作和修改。

如果【自动工具选择】已打开，当光标移到前面板或程序框
图的对象上时，LabVIEW 将自动从"工具"选板中选择相应的工
具。打开"工具"选板后，LabVIEW 将记住"工具"选板的位置和大小，因此当 LabVIEW
重启时选板的位置和大小保持不变。

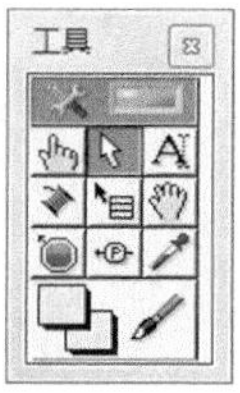

LabVIEW 2014 简体中文版的"工具"选板如图 3-11 所示。利用"工
具"选板可以创建、修改 LabVIEW 中的对象，并对程序进行调试。"工
具"选板是 LabVIEW 中对象进行编辑的工具，按<Shift>键并单击鼠标
右键，光标所在位置将出现"工具"选板。

图 3-11　"工具"选板　　　"工具"选板中各种不同工具的图标及其相应的功能说明如下。

➢　自动选择工具 ▨▨▨▨ ：如已经打开【自动工具选择】，光标移到前面板或程序框图的
对象上时，LabVIEW 将从工具选板中自动选择相应的工具；也可禁用【自动工具选择】，手
动选择工具。

➢　操作值工具 🖑：改变控件值。

➢　定位/调整大小/选择工具 ▸：定位、选择或改变对象大小。

➢　编辑文本工具 Ａ：用于输入标签文本或者创建标签。

➢　进行连线工具 ▨：用于在前面板中连接两个对象的数据端口，当用连线工具接近对
象时，会显示出其数据端口以供连线之用。如果打开了帮助窗口时，那么当用连线工具置于
某连线上时，会在帮助窗口显示其数据类型。

➢　对象快捷菜单工具 ▨：当用该工具单击某对象时，会弹出该对象的快捷菜单。

➢　滚动窗口工具 🖐：使用该工具，无须滚动条就可以自由滚动整个图形。

➢　设置/清除断点工具 ⬤：在调试程序过程中设置断点。

➢　探针数据工具 ⦿：在代码中加入探针，用于在调试程序过程中监视数据的变化。

➢　获取颜色工具 ✎：从当前窗口中提取颜色。

➢　设置颜色工具 ▨✎：用来设置窗口中对象的前景色和背景色。

3.2.3　"函数"选板

"函数"选板仅位于程序框图。"函数"选板中包含创建程序框图所需的 VI 和函数。按

照 VI 和函数的类型，将 VI 和函数归入不同子选板中。

如需显示"函数"选板，选择【查看】→【函数选板】或在程序框图活动窗口单击鼠标右键。LabVIEW 将记住函数选板的位置和大小，因此当 LabVIEW 重启时选板的位置和大小不变。在"函数"选板中可以进行内容修改。

在"函数"选板中，按照功能分门别类地存放着一些函数、VI 和 Express VI。

LabVIEW 2014 简体中文专业版的"函数"选板如图 3-12 所示，在后面的章节中将详细介绍该选板中的各函数。

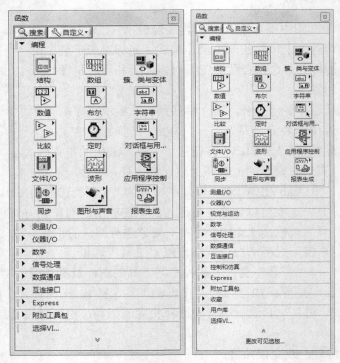

图 3-12 "函数"选板

3.2.4 选板可见性设置

使用"控件"和"函数"选板工具栏上的下拉按钮，可查看、配置选板，搜索控件、VI和函数，如图 3-13 所示。

图 3-13 查看选板

➢ 返回所属选板 ⇧ ：转到选板的上级目录。单击该按钮并保持光标位置不动，将显示一个快捷菜单，列出当前子选板路径中包含的各个子选板。单击快捷菜单上的子选板名称进入子选板。只有当选板模式设为图标及图标和文本这两种模式时，才会显示该按钮。

➢ 搜索 🔍搜索：用于将选板转换至搜索模式，通过文本搜索来查找选板上的控件、VI

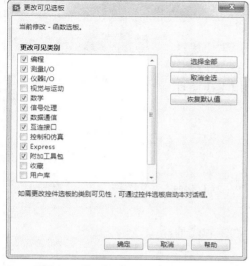

图 3-14 "更改可见选板"对话框

或函数。选板处于搜索模式时，可单击【返回】按钮，退出搜索模式，显示选板。

➢ 自定义 ✎自定义▾：用于选择当前选板的视图模式，显示或隐藏所有选板目录，在文本和树形模式下按字母顺序对各项排序。在快捷菜单中选择选项，可打开选项对话框中的"控件/函数选板"页，为所有选板选择显示模式。只有当单击选板左上方的图钉标识将选板锁定时，才会显示该按钮。

➢ 恢复选板大小 ⬜：将选板恢复至默认大小。只有单击选板左上方的图钉标识锁定选板，并调整控件或函数选板的大小后，才会出现该按钮。

➢ 调整大小 更改可见选板...：调整选板大小。单击此按钮，系统弹出"更改可见选板"对话框，如图 3-14 所示，在其中可更改选板类别可见性。

3.3 菜单栏

VI 窗口顶部的菜单为通用菜单，同样适用于其他程序，如打开、保存、复制和粘贴，以及其他 LabVIEW 的特殊操作。另外，某些菜单选项还有快捷键。

要想熟练地使用 LabVIEW 编写程序，了解其编程环境是非常必要的，在 LabVIEW 2014 中，菜单是其编程环境的重要组成部分，本节将介绍 LabVIEW 2014 中的菜单栏。

3.3.1 "文件"菜单

LabVIEW 2014 的"文件"菜单囊括了对其程序（即 VI）操作的几乎所有命令，如图 3-15 所示。

➢ "新建 VI"：用于新建一个空白的 VI 程序。

➢ "新建"：选择该命令，将打开"创建项目"对话框，可以新建空白 VI、根据模板创建 VI 或者创建其他类型的 VI。

➢ "打开"：用来打开一个 VI。

➢ "关闭"：用于关闭当前 VI。

➢ "关闭全部"：关闭打开的所有 VI。

➢ "保存"：保存当前编辑过的菜单。

➢ "另存为"：另存为其他 VI。

➢ "保存全部"：保存所有修改过的 VI，包括子 VI。

➢ "保存为前期版本"：为了能在前期版本中打开现在所编写的

图 3-15 "文件"菜单

程序，可以保存为前期版本的 VI。

➤ "创建项目"：用于新建项目。

➤ "打开项目"：用于打开项目。

➤ "页面设置"：用于设置打印当前 VI 的一些参数。

➤ "打印"：打印当前 VI。

➤ "VI 属性"：用来查看和设置当前 VI 的一些属性。

➤ "近期项目"：最近曾经打开过的一些项目，用来快速打开曾经打开过的项目。

➤ "近期文件"：最近曾经打开过的一些文件，用来快速打开曾经打开过的 VI。

➤ "退出"：用于退出 LabVIEW 2014。

3.3.2 "编辑"菜单

"编辑"菜单中列出了几乎所有对 VI 及其组件进行编辑的命令，如图 3-16 所示。

➤ "撤销"：用于撤销上一步操作，回复到上一次编辑之前的状态。

➤ "重做"：执行和撤销相反的操作，再次执行上一次"撤销"所做的修改。

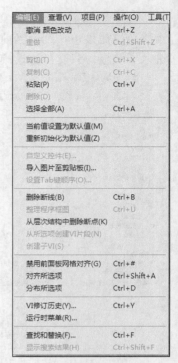

图 3-16 "编辑"菜单

➤ "剪切"：删除所选定的文本、控件或者其他对象，并将其放到剪贴版中。

➤ "复制"：用于将选定的文本、控件或者其他对象复制到剪贴板中。

"粘贴"：用于将剪贴板中的文本、控件或者其他对象从剪贴板中放到当前光标位置。

➤ "删除"：用于删除当前选定的文本、控件或者其他对象。和剪切不同的是，删除不把这些对象放入剪贴板中。

➤ "选择全部"：选择全部对象。

➤ "当前值设置为默认值"：将前面板设置为默认值，将当前前面板上的对象的取值设置为该对象的默认值，这样当下一次打开该 VI 时，该对象将被赋予该默认值。

➤ "重新初始化为默认值"：将前面板上对象的取值初始化为原来的默认值。

➤ "自定义控件"：用于定制前面板中的控件。

➤ "导入图片至剪贴板"：用来从文件中导入图片。

➤ "设置 Tab 键顺序"：设定<Tab>键切换顺序，可以设定用<Tab>键切换前面板上对象时的顺序。

➤ "删除断线"：用于除去 VI 后面板中由于连线不当造成的断线。

➤ "整理程序框图"：重新整理对象和信号并调整大小，提高可读性。

➤ "从所选项创建 VI 片段"：在出现的对话框中，选择要保存 VI 片段的目录。

➤ "创建子 VI"：用于创建一个子 VI。

➤ "禁用前面板网格对齐"：前面板栅格对齐功能失效，禁用前面板上面的对齐网格，单击该菜单项，该项变为"启用前面板网格对齐"，再次单击该菜单项将显示前面板上面的对齐网格。

- ➢ "对齐所选项"：将所选对象对齐。
- ➢ "VI 修订历史"：用于记录 VI 的修订历史。
- ➢ "运行时菜单"：用于设置程序运行时的菜单项。
- ➢ "查找和替换"：查找和替换菜单。
- ➢ "显示搜索结果"：显示搜索到的结果。

3.3.3 "查看"菜单

LabVIEW 2014 的"查看"菜单包括了程序中所有与显示操作有关的命令，如图 3-17 所示。

- ➢ "控件选板"：用来显示 LabVIEW 的"控件"选板。
- ➢ "函数选板"：用来显示 LabVIEW 的"函数"选板。
- ➢ "工具选板"：用来显示 LabVIEW 的"工具"选板。
- ➢ "快速放置"：显示"快速放置"对话框，依据名称指定选板对象，并将对象置于程序框图或前面板上。
- ➢ "断点管理器"：显示"断点管理器"窗口，该窗口用于在 VI 的层次结构中启用、禁用或清除全部断点。
- ➢ "探针检测窗口"：可打开"探针检测"窗口。右键单击连线，在快捷菜单中选择【探针】或【使用探针工具】，可显示该窗口。使用"探针查看"窗口管理探针。
- ➢ "错误列表"：显示错误列表，用于显示 VI 程序的错误。
- ➢ "加载并保存警告列表"：显示"加载并保存警告"

图 3-17　"查看"菜单

对话框，通过该对话框可查看要加载或保存的项的警告详细信息。
- ➢ "VI 层次结构"：显示 VI 的层次结构，用于显示该 VI 与其调用的子 VI 之间的层次关系。
- ➢ "LabVIEW 类层次结构"：类浏览器，用于浏览程序中使用的类。
- ➢ "浏览关系"：浏览 VI 类之间的关系，用来浏览程序中所使用的所有 VI 之间的相对关系。
- ➢ "ActiveX 控件属性浏览器"：用于浏览 ActiveX 控件的属性。
- ➢ "启动窗口"：启动图 3-17 中的启动窗口。
- ➢ "导航窗口"：显示"导航窗口"菜单，用于显示 VI 程序的"导航"窗口。
- ➢ "工具栏"：设置显示的工具栏选项。

3.3.4 "项目"菜单

LabVIEW 2014 简体中文版的"项目"菜单中包含了 LabVIEW 中所有与项目操作相关的命令，如图 3-18 所示。

- ➢ "创建项目"：用于新建一个项目文件。
- ➢ "打开项目"：用于打开一个已有的项目文件。
- ➢ "保存项目"：用于保存一个项目文件。
- ➢ "关闭项目"：用于关闭项目文件。

图 3-18　"项目"菜单

➢ "添加至项目"：将 VI 或者其他文件添加到现有的项目文件中。

➢ "文件信息"：当前项目的信息。

➢ "解决冲突"：打开"解决项目冲突"对话框，可通过重命名冲突项，或使冲突项从正确的路径重新调用依赖项解决冲突。

➢ "属性"：显示当前项目属性。

3.3.5 "操作"菜单

LabVIEW 2014 简体中文版的"操作"菜单中包括了对 VI 操作的基本命令，如图 3-19 所示。

➢ "运行"：用于运行 VI 程序。

➢ "停止"：用来终止 VI 程序的运行。

➢ "单步步入"：单步执行进入程序单元。

➢ "单步步过"：单步执行完成程序单元。

➢ "单步步出"：单步执行出程序单元。

➢ "调用时挂起"：当 VI 被调用时，挂起程序。

➢ "结束时打印"：在 VI 运行结束后打印该 VI。

➢ "结束时记录"：在 VI 运行结束后记录运行结果到记录文件。

图 3-19 "操作"菜单

➢ "数据记录"：单击"数据记录"菜单可以打开它的下级菜单，从中可设置记录文件的路径等。

➢ "切换至运行模式"：当用户单击该菜单项时，LabVIEW 将切换为运行模式，同时该菜单项变为"切换至编辑模式"，再次单击该菜单项，则切换至编辑模式。

➢ "连接远程前面板"：与远程前面板连接，单击该菜单项将弹出图 3-20 所示的"连接远程面板"对话框，可以设置与远程 VI 的连接、通信。

➢ "调试应用程序或共享库"：对应用程序或共享库进行调试。单击该选项会弹出"调试应用程序或共享库"对话框，如图 3-21 所示。

图 3-20 "连接远程前面板"对话框

图 3-21 "调试应用程序或共享库"对话框

3.3.6 "工具"菜单

LabVIEW 2014 简体中文版的"工具"菜单中包括了编写程序的几乎所有工具，以及一些主要工具和辅助工具，如图 3-22 所示。

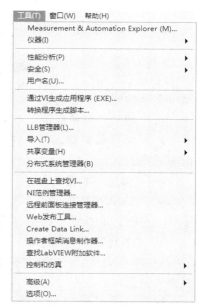

➢ "Measurement & Automation Explor：打开 MAX 程序。

➢ "仪器"：选择连接 NI 的仪器驱动网络或者导入 CVI 仪器驱动程序。

➢ "性能分析"：对 VI 的性能即占用资源的情况进行比较。

➢ "安全"：对用户所编写的程序进行保护，如设置密码等。

➢ "用户名"：对用户的姓名进行设置。

➢ "通过 VI 生成应用程序"：通过打开的 VI 生成独立的应用程序。

➢ "转换程序生成脚本"：将程序生成脚本文件 ".bld" 的设置由前期 LabVIEW 版本转换为新项目中的程序生成规范。

➢ "LLB 管理器"：对 VI 库文件进行管理，打开库文件管理器，可对库文件进行新建、复制、重命名、删除和转换等操作。

图 3-22 "工具"菜单

➢ "导入"：向当前程序导入 ".net" 控件、"ActiveX" 控件和共享库等。

➢ "共享变量"：包含共享变量函数。

➢ "在磁盘上查找 VI"：搜索磁盘上指定路径下的 VI 程序。

➢ "NI 范例管理器"：查找 NI 为用户提供的各种范例。

➢ "远程前面板连接管理器"：管理远程 VI 程序的远程连接。

➢ "Web 发布工具"：网络发布工具菜单项，单击此菜单项可以打开"网络发布工具管理器"窗口，从中可设置通过网络访问用户的 VI 程序。

➢ "高级"：高级子菜单项，单击此菜单项可以打开它的下级菜单，其中包含一些对 VI 进行操作的高级工具。

➢ "选项"：设置 LabVIEW 以及 VI 的一些属性和参数。

3.3.7 "窗口"菜单

利用"窗口"菜单可以打开 LabVIEW 2014 简体中文版的各种窗口，例如"前面板"窗口、"程序框图"窗口以及"导航"窗口。LabVIEW 2014 简体中文版的"窗口"菜单如图 3-23 所示。

➢ "左右两栏显示"：用来将 VI 的前面板和程序框图左右（横向）排布。

➢ "上下两栏显示"：用来将 VI 的前面板和程序框图上下（纵向）排布。

图 3-23 "窗口"菜单

另外，在"窗口"菜单的最下方显示了当前打开的所有 VI 的前面板和程序框图，因此，可以从"窗口"菜单的最下方直接进入那些 VI 的前面板或程序框图。

3.3.8 "帮助"菜单

LabVIEW 2014 简体中文版提供了功能强大的帮助系统，集中体现在它的"帮助"菜单上。LabVIEW 2014 简体中文版的"帮助"菜单如图 3-24 所示。

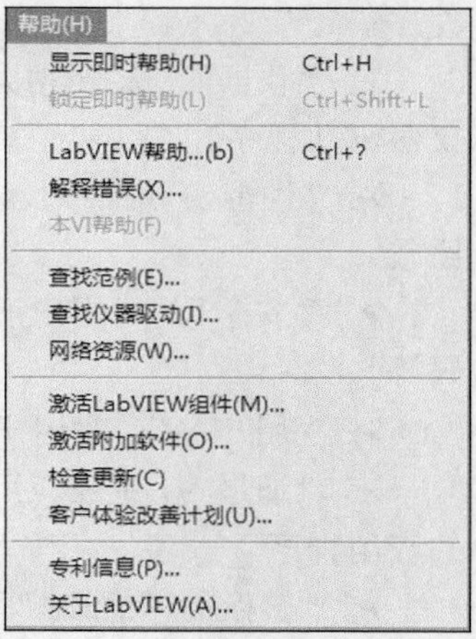

1. "帮助"菜单选项

➢ "显示即时帮助"：选择是否显示"即时帮助"窗口以获得即时帮助。

➢ "锁定即时帮助"：用于锁定"即时帮助"窗口。

➢ "LabVIEW 帮助"：显示 VI、函数以及如何获取"帮助"菜单，在打开的帮助文档中可搜索帮助信息。

➢ "解释错误"：提供关于 VI 错误的完整参考信息。

➢ "本 VI 帮助"：直接查看 LabVIEW 帮助中关于 VI 的完整参考信息。

图 3-24 "帮助"菜单

➢ "查找范例"：用于查找 LabVIEW 中带有的所有范例。

➢ "查找仪器驱动"：显示 NI 仪器驱动查找器，查找和安装 LabVIEW 即插即用仪器驱动。该选项在 Mac OS 上不可用。

➢ "网络资源"：打开 NI 公司的官方网站，在网络上查找 LabVIEW 程序的帮助信息。

➢ "激活 LabVIEW 组件"：显示 NI 激活向导，用于激活 LabVIEW 许可证。该选项仅在 LabVIEW 试用模式下出现。

➢ "激活附加软件"：通过该向导可激活第三方附加软件。依据自动或手动激活一个或多个附件。

➢ "检查更新"：显示"NI 更新服务"窗口，该窗口通过 ni.com 显示可用的更新。

➢ "专利信息"：显示 NI 公司的所有相关专利。

➢ "关于 LabVIEW"：显示 LabVIEW 的相关信息。

为了让用户更快地掌握 LabVIEW，更好地理解 LabVIEW 的编程机制，并用 LabVIEW 编写出优秀的应用程序，LabVIEW 的各个版本都提供了丰富的帮助信息和完善的帮助系统。

下面将介绍如何获取 LabVIEW 2014 的帮助，这对于初学者快速掌握 LabVIEW 是非常重要的，对于一些高级用户也是很有好处的。

2. 使用目录和索引查找在线帮助

即时帮助固然方便，并且可以实时显示帮助信息，但是它的帮助不够详细，有些时候不能满足编程的需要，这时就需要用帮助文件的目录和索引来查找在线帮助。

选择菜单栏中的【帮助】→【LabVIEW 帮助】命令，可以打开 LabVIEW 的帮助文件，如图 3-25 所示，在这里用户可以使用目录、搜索和索引来查找在线帮助。

在这里用户可以根据索引查看某个感兴趣的对象的帮助信息，也可以打开搜索页，直接用关键词搜索帮助信息。

同时在这里用户可以找到最为详尽的关于 LabVIEW 中每个对象的使用说明及其相关对象说明的链接，可以说 LabVIEW 的帮助文件是学习 LabVIEW 的最为有力的工具之一。

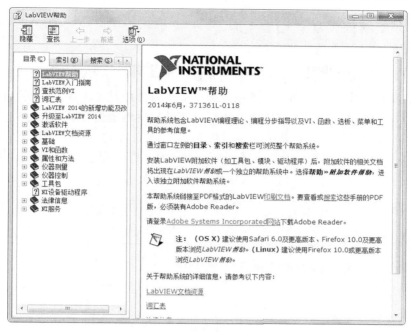

图 3-25　查看 LabVIEW 的帮助文件

3.　查找 LabVIEW 范例

学习和借鉴 LabVIEW 中的例程不失为一种快速、深入学习 LabVIEW 的好方法。通过菜单【帮助】→【查找范例】可以查找 LabVIEW 的范例。范例按照任务和目录结构分门别类地显示出来，方便用户按照各自的需求查找和借鉴，如图 3-26 所示。

另外，也可以利用搜索功能用关键字来查找例程，甚至在 LabVIEW 2014 中可以向 "NI 在线社区" 提交自己编写的程序作为范例。单击图 3-26 左侧所示的【搜索】选项卡，单击【提交范例】按钮，即可连接到 NI 的官方网站提交范例。

图 3-26　利用 "NI 范例查找器" 搜索例程

3.3.9　菜单属性设置

1．菜单编辑器

菜单是图形用户界面中的重要和通用的元素，几乎每个具有图形用户界面的程序都包含菜单，流行的图形操作系统也都支持菜单。菜单的主要作用是使程序功能层次化，而且用户在掌握了一个程序菜单的使用方法之后，可以没有任何困难地使用其他程序的菜单。

建立和编辑菜单的工作是通过"菜单编辑器"来完成的。在"前面板"或"程序框图"窗口的主菜单里选择【编辑】→【运行时菜单】，打开图 3-27 所示的"菜单编辑器"对话框。

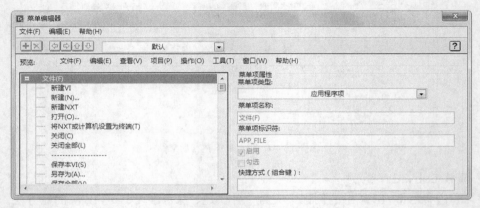

图 3-27　"菜单编辑器"对话框

2．菜单选项

菜单编辑器本身的菜单栏有"文件""编辑"和"帮助"3 个菜单项。菜单栏下面是工具栏，在工具栏的左边有 6 个按钮：第 1 个按钮在被选中菜单项的后面插入生成一个新的菜单项；第 2 个按钮删除被选中的菜单项；第 3 个按钮把被选中的菜单项提高一级，使得被选中的菜单项后面的所有同级菜单项成为被选中菜单项的子菜单项；第 4 个按钮把被选中的菜单项降低一级，使得被选中的菜单项成为前面最接近的统计菜单项的子菜单项；第 5 个按钮把被选中菜单项向上移动一个位置；第 6 个按钮把被选中菜单项向下移动一个位置。对于第 5、6 个按钮的移动动作，如果该选项是一个子菜单，则所有子菜单项将随之移动。

在工具栏按钮的右侧是"菜单类型"下拉列表，包括 3 个列表项："默认""最小化"和"自定义"，它们决定了与当前 VI 关联的运行时菜单的类型。"默认"选项表示使用 LabVIEW 提供的标准默认菜单；"最小化"选项是在"默认"菜单的基础上进行简化而得到；"自定义"选项表示完全由程序员生成菜单，这样的菜单保存在扩展名为.rtm 的文件里。

工具栏的"预览"给出了当前菜单的预览；菜单结构列表框中给出了菜单的层次结构显示。

3．菜单项属性

在"菜单项属性"区域内可设定被选中菜单项或者新建菜单项的各种参数。"菜单项类型"下拉列表中定义了菜单项的类型，可以是"用户项""分隔符"和"应用程序项"三者之一。
（1）"用户项"表示用户自定义的选项，必须在程序框图中编写代码，才能响应这样的选项。每一个"用户项"菜单选项都有选项名和选项标记符两个属性，这两个属性在"菜单项名称"和"菜单项标识符"文本框中指定。"菜单项名称"作为菜单项文本出现在运行时的菜单里，"菜单项标识符"作为菜单项的标识出现在程序框图上。在"菜单项名称"文本框中输入菜单项文本时，菜单编辑器会自动把该文本复制到"菜单项标识符"文本框中，即在默认情况下菜单选项的文本和框图表示相同。可以修改"菜单项标识符"文本框的内容，使之不同于"菜单项名称"的内容。

（2）"分隔符"选项建立菜单里的分割线，该分割线表示不同功能菜单项组合之间的分界。

（3）"应用程序项"实际上是一个子菜单，在里面包含了所有系统预定义的菜单项。可以在"应用程序项"菜单里选择单独的菜单项，也可以选中整个子菜单。类型为"应用程序项"的菜单项的"菜单项名称""菜单项标识符"属性都不能修改，而且不需要在框图上对这些菜单项进行响应，因为它们都是定义好的标准动作。

4．菜单项名称和菜单项标示符

"菜单项名称"和"菜单项标识符"文本框分别定义菜单项文本和菜单项标识。"菜单项名称"中出现的下划线具有特殊的意义，即在真正的菜单中，下划线将显示在"菜单项名称"文本中紧接在下划线后面的字母下面，在菜单项所在的菜单里按下这个字符，将会自动选中该菜单项。如果该菜单项是菜单栏上的最高级菜单项，则按下<Alt+字符>键将会选中该菜单项。例如可以自定义某个菜单项的名字为"文件（_F）"，这样在真正的菜单里显示的文本将为"文件（F）"。如果菜单项没有位于菜单栏中，则在该菜单项所在菜单里按下<F>键，将自动选择该菜单项。如果"文件（F）"是菜单栏中的最高级菜单项，则按下<Alt+F>键将打开该菜单项。所有菜单项的"菜单项标识符"必须不同，因为"菜单项标识符"是菜单项在程序框图代码中的唯一标识符。

"启用"复选框指定是否禁用菜单项，"勾选"复选框指定是否在菜单项左侧显示对号确认标记。"快捷方式"文本框中显示了为该菜单项指定的快捷键，单击该文本框之后，可以按下适当的按键，定义新的快捷键。

3.4 前面板控件

前面板是 VI 的用户界面，如图 3-28 所示。

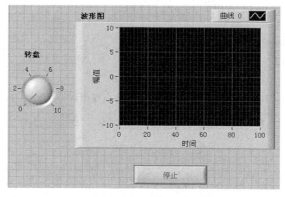

图 3-28 VI 的前面板

前面板由输入控件和显示控件组成。这些控件是 VI 的输入输出端口。输入控件是指旋钮、按钮、转盘等输入装置；显示控件是指图表、指示灯等显示装置。输入控件模拟仪器的输入装置，为 VI 的程序框图提供数据；显示控件模拟仪器的输出装置，用以显示程序框图获取或生成的数据。本节将对前面板上的控件及使用方法进行较为详细的介绍。

3.4.1 控件样式

1. 新式、经典及银色控件

许多前面板对象具有高彩外观。为了获取对象的最佳外观，显示器至少应设置为 16 色位。位于"新式"面板上的控件也有相应的低彩对象。"经典"选板上的控件适于创建在 256 色和 16 色显示器上显示的 VI。3 种选板如图 3-29 所示。

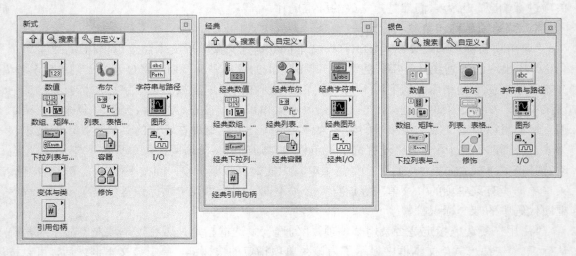

图 3-29 "控件"选板上的新式、经典和银色控件

2. 系统控件

位于"系统"选板上的系统控件可用在用户创建的对话框中。系统控件专为在对话框中使用而特别设计，包括下拉列表与旋转控件、数值滑动杆、进度条、滚动条、列表框、表格、字符串与路径控件、选项卡控件、树形控件、按钮、复选框、单选按钮和自动匹配对象背景色的不透明标签。这些控件仅在外观上与前面板控件不同，颜色与系统设置的颜色一致，如图 3-30 所示。

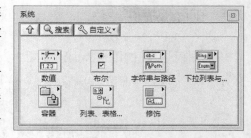

图 3-30 系统控件

系统控件的外观取决于 VI 运行的平台，因此在 VI 中创建的控件外观应与所有 LabVIEW 平台兼容。在不同的平台上运行 VI 时，系统控件将改变其颜色和外观，与该平台的标准对话框控件相匹配。

3.4.2 数值型控件

位于"数值"和"经典数值"选板上的数值对象可用于创建滑动杆、滚动条、旋钮、转盘和数值显示框。其中，"经典"选板上还有颜色盒和颜色梯度，用于设置颜色值；其余选板上还有时间标识，用于设置时间和日期值。数值对象用于输入和显示数值。LabVIEW 2014简体中文版的新式数值对象如图 3-31 所示。

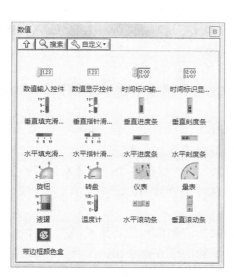

(a) 新式

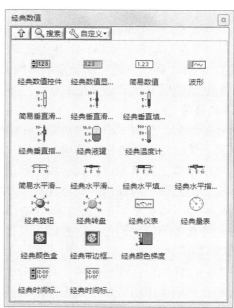

(b) 经典

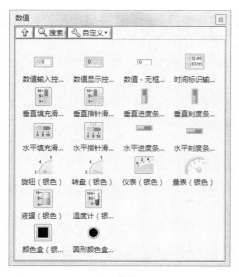

(c) 银色

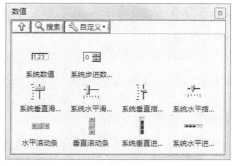

(d) 系统

图 3-31　数值型控件选板

1．数值控件

数值控件是输入和显示数值数据的最简单方式。这些前面板对象可在水平方向上调整大小，以显示更多位数。使用下列方法可以改变数值控件的值。

（1）用操作工具或标签工具单击数字显示框，然后通过键盘输入数字。

（2）用操作工具单击数值控件的递增或递减箭头。

（3）用操作工具或标签工具将光标放置于需改变的数字右边，然后在键盘上按向上或向下箭头键。

（4）默认状态下，LabVIEW 的数字显示和存储与计算器类似。数值控件一般最多显示 6 位数字，超过 6 位自动转换为以科学计数法表示。右键单击数值对象并从快捷菜单中选择【格式与精度】，打开"数值属性"对话框的"格式与精度"选项卡，从中配置 LabVIEW 在切换到科学计数法之前所显示的数字位数。

2．滑动杆控件

滑动杆控件是带有刻度的数值对象。滑动杆控件包括垂直和水平滑动杆、液罐和温度计。可使用下列方法改变滑动杆控件的值。

（1）使用操作工具单击或拖曳滑块至新的位置。

（2）与数值控件中的操作类似，在数字显示框中输入新数据。

滑动杆控件可以显示多个值。右键单击该对象，在快捷菜单中选择【添加滑块】，可添加更多滑块。带有多个滑块的控件的数据类型为包含各个数值的簇。

3．滚动条控件

与滑动杆控件相似，滚动条控件是用于滚动数据的数值对象。滚动条控件有水平和垂直滚动条两种。使用操作工具单击或拖曳滑块至一个新的位置、单击向上（↑）和向下（↓）箭头，或单击滑块和箭头之间的控件都可以改变滚动条的值。

4．旋转型控件

旋转型控件包括旋钮、转盘、量表和仪表。旋转型对象的操作与滑动杆控件相似，都是带有刻度的数值对象。可使用下列方法改变旋转型控件的值。

（1）用操作工具单击或拖曳指针至一个新的位置。

（2）与数值控件中的操作类似，在数字显示框中输入新数据。

旋转型控件可显示多个值。右击该对象，在快捷菜单中选择【添加指针】，可添加新指针。带有多个指针的控件的数据类型为包含各个数值的簇。

5．时间标识控件

时间标识控件用于向程序框图发送或从程序框图获取时间和日期值。可使用下列方法改变时间标识控件的值。

（1）单击【时间/日期浏览】按钮 ，显示"设置时间和日期"对话框，如图 3-32 所示。

（2）右击该控件并从快捷菜单中选择【数据操作】→【设置时间和日期】，显示"设置时间和日期"对话框。

（3）右击该控件，从快捷菜单中选择【数据操作】→【设置为当前时间】。

图 3-32　"设置时间和日期"对话框

3.4.3　布尔型控件和单选按钮

位于新式、经典、银色及系统"布尔"选板上的布尔控件可用于创建按钮、开关和指示灯。LabVIEW 2014 简体中文版的新型、经典及布尔控件如图 3-33 所示。布尔控件用于输入并显示布尔值（TRUE/FALSE）。例如，监控一个实验的温度时，可在前面板上放置一个布尔指示灯，当温度超过一定水平时，即发出警告。

  (a) 新式   (b) 经典

  (c) 银色   (d) 系统

图 3-33 布尔控件

  布尔输入控件有 6 种机械动作。自定义布尔对象，可创建运行方式与现实仪器类似的前面板。快捷菜单可用来自定义布尔对象的外观，以及单击这些对象时它们的运行方式。

  单选按钮控件向用户提供一个列表，每次只能从中选择一项。如允许不选任何项，右键单击该控件然后在快捷菜单中选择【允许不选】，该菜单项旁边将出现一个勾选标志。单选按钮控件为枚举型，所以可用单选按钮控件选择条件结构中的条件分支。

3.4.4 字符串与路径控件

  位于新式、经典、银色和系统"字符串与路径"选板上的字符串和路径控件可用于创建文本输入框和标签，输入或返回文件或目录的地址。LabVIEW 2014 简体中文版的新式、经典、银色及系统字符串和路径控件如图 3-34 所示。

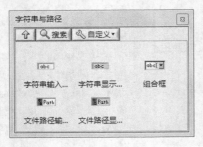

(a) 新式

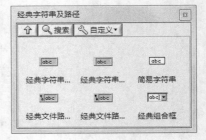

(b) 经典

(c) 银色

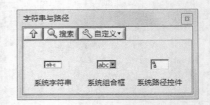

(d) 系统

图 3-34　字符串和路径控件

1．字符串控件

操作工具或标签工具可用于输入或编辑前面板上字符串控件中的文本。默认状态下，新文本或经改动的文本在编辑操作结束之前不会被传至程序框图。运行时，单击面板的其他位置，切换到另一窗口，单击工具栏上的【确定输入】按钮，或按数字键区的<Enter>键，都可结束编辑状态。在主键区按<Enter>键将输入回车符。右键单击字符串控件可为其文本选择显示类型，如以密码形式显示或十六进制数显示。

2．组合框控件

组合框控件可用来创建一个字符串列表，在前面板上可循环浏览该列表。组合框控件类似于文本型或菜单型下拉列表控件。但是，组合框控件是字符串型数据，而下拉列表控件是数值型数据。

3．路径控件

路径控件用于输入或返回文件或目录的地址。（Windows 和 Mac OS）如允许运行时拖放，则可从 Windows 浏览器中拖曳一个路径、文件夹或文件放置在路径控件中。

路径控件与字符串控件的工作原理类似，但 LabVIEW 会根据用户使用操作平台的标准句法将路径按一定格式处理。

3.4.5　课堂练习——"银色"面板的使用

"银色"选板是从 LabVIEW 2012 版开始新增的重点内容，下面演示"银

"银色"面板的
使用

色"选板中控件的使用方法。

操作提示：

（1）新建一个 VI。打开程序的前面板，从"银色"子选板中选择控件，放置效果如图 3-35 所示。

（2）修改控件名称与属性，结果如图 3-36 所示。

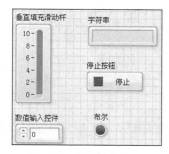

图 3-35　放置控件效果

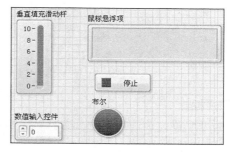

图 3-36　修改后的前面板控件

3.4.6　数组、矩阵和簇控件

位于新式、经典、银色，以及系统"数组、矩阵和簇"选板上的数组、矩阵和簇控件可用来创建数组，矩阵和簇。数组是同一类型数据元素的集合；簇将不同类型的数据元素归为一组；矩阵是若干行列实数或复数数据的集合，用于线性代数等数学操作。LabVIEW 2014 的新式，经典及银色"数组、矩阵与簇"选板如图 3-37 所示。

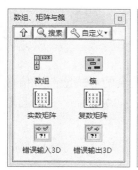

(a) 新式

(b) 经典

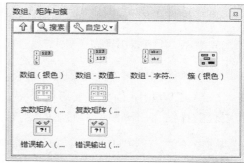

(c) 银色

图 3-37　"数组、矩阵与簇"选板

3.4.7　列表框、树形控件和表格

位于新式、经典、银色及系统"列表、表格和树"选板上的列表、表格和树控件，用于向用户提供一个可供选择的项列表。LabVIEW 2014 简体中文版的新式、经典、银色及系统的"列表、表格和树"选板如图 3-38 所示。

(a) 新式   (b) 经典

(c) 银色   (d) 系统

图 3-38 "列表、表格和树"选板

1．列表框

列表框可配置为单选或多选。多选列表可显示更多条目信息，如大小和创建日期等。

2．树形控件

树形控件用于向用户提供一个可供选择的层次化列表。用户将输入树形控件的项组织为若干组项或若干组节点。单击节点旁边的展开符号可展开节点，显示节点中的所有项。单击节点旁的符号还可折叠节点。

 只有在 LabVIEW 完整版和专业版开发系统中才可创建和编辑树形控件。所有 LabVIEW 软件包均可运行含有树形控件的 VI，但不能在基础软件包中配置树形控件。

3．表格

表格控件可用于在前面板上创建表格。

3.4.8 图形和图表

位于"图形"和"经典图形"选板上的图形控件可用于以图形和图表的形式绘制数值数据。LabVIEW 2014 简体中文版的新型、经典及银色"图形"选板如图 3-39 所示。关于图形和图表的详细介绍请参见本书后面章节。

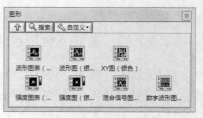

(a) 新式   (b) 经典   (c) 银色

图 3-39 "图形"选板

3.4.9　下拉列表和枚举控件

位于新式、经典、银色及系统"下拉列表与枚举"选板上的下拉列表与枚举控件可用来创建可循环浏览的字符串列表。LabVIEW 2014 简体中文版的新式、经典、银色及系统下拉列表与枚举控件如图 3-40 所示。

(a) 新式

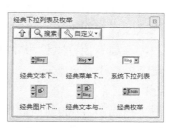

(b) 经典

(c) 银色

(d) 系统

图 3-40　下拉列表与枚举控件

1．下拉列表控件

下拉列表控件是将数值与字符串或图片建立关联的数值对象。下拉列表控件以下拉菜单的形式出现，用户可在循环浏览的过程中做出选择。下拉列表控件可用于选择互斥项，如触发模式。例如，用户可在下拉列表控件中从连续、单次和外部触发中选择一种模式。

2．枚举控件

枚举控件用于向用户提供一个可供选择的项列表。枚举控件类似于文本或菜单下拉列表控件，但是，枚举控件的数据类型包括控件中所有项的数值和字符串标签的相关信息，下拉列表控件则为数值型控件。

3.4.10　容器控件

位于新式、经典、银色和系统"容器"选板上的容器控件可用于组合控件，或在当前 VI 的前面板上显示另一个 VI 的前面板。（Windows）容器控件还可用于在前面板上显示.NET 和 ActiveX 对象。LabVIEW 2014 简体中文版的新式、经典、银色及系统的容器控件如图 3-41 所示。

(a) 新式

(b) 经典

(c) 系统

图 3-41　容器控件

1. 选项卡控件

选项卡控件用于将前面板的输入控件和显示控件重叠放置在一个较小的区域内。选项卡控件由选项卡和选项卡标签组成。选项卡控件的特性包括两个方面：将前面板对象放置在选项卡控件的每一个选项卡中，并将选项卡标签作为显示不同页的选择器；使用选项卡控件组合在操作某一阶段需用到的前面板对象。例如，某 VI 在测试开始前可能要求用户先设置几个选项，然后在测试过程中允许用户修改测试的某些方面，最后允许用户显示和存储相关数据。在程序框图上，选项卡控件默认为枚举控件。选项卡控件中的控件接线端与程序框图上的其他控件接线端在外观上是一致的。

2. 子面板控件

子面板控件用于在当前 VI 的前面板上显示另一个 VI 的前面板。例如，子面板控件可用于设计一个类似向导的用户界面。在顶层 VI 的前面板上放置"上一步"和"下一步"按钮，并用子面板控件加载向导中每一步的前面板。

 只有 LabVIEW 完整版和专业版系统才具有创建和编辑子面板控件的功能。所有 LabVIEW 软件包均可运行含有子面板控件的 VI，但不能在基础软件包中配置子面板控件。

3.4.11 I/O 控件

位于新式、经典和银色"I/O"选板上的 I/O 名称控件可将所配置的 DAQ 通道名称，VISA 资源名称和 IVI 逻辑名称传递至 I/O VI，与仪器或 DAQ 设备进行通信。I/O 名称常量位于"函数"选板上。常量是在程序框图上向程序框图提供固定值的接线端。LabVIEW 2014 简体中文版的新式、经典及银色 I/O 控件如图 3-42 所示。

(a) 新式   (b) 经典   (c) 银色

图 3-42 I/O 控件

1. 波形控件

波形控件可用于对波形中的单个数据元素进行操作。波形数据类型包括波形的数据、起始时间和时间间隔（deltat）。

关于波形数据类型的详细信息请参见图形和图表中的波形数据类型一节。

2. 数字波形控件

数字波形控件可用于对数字波形中的单个数据元素进行操作。

3. 数字数据控件

数字数据控件显示行列排列的数字数据。数字数据控件可用于创建数字波形或显示从数字波形中提取的数字数据。将数字波形数据输入控件连接至数字数据显示控件，可查看数字波形的采样和信号。

3.4.12　修饰控件

位于"修饰"选板上的修饰控件可对前面板对象进行组合或分隔。这些对象仅用于修饰，并不显示数据。

在前面板上放置修饰后，使用"重新排序"下拉菜单可对层叠的对象重新排序，也可在程序框图上使用修饰。LabVIEW 2014 简体中文版的"修饰"选板如图 3-43 所示。

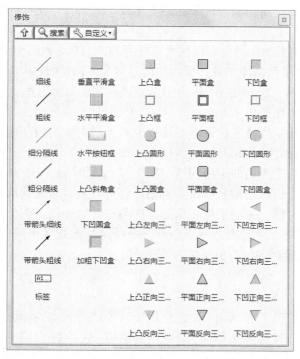

(a) 新式

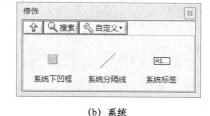

(b) 系统

图 3-43　"修饰"选板

3.4.13　对象和应用程序的引用

位于"引用句柄"和"经典引用句柄"选板上的引用句柄控件可用于对文件、目录、设备和网络连接进行操作。控件引用句柄用于将前面板对象信息传送给子 VI。LabVIEW 2014 简体中文版的"引用句柄"选板如图 3-44 所示。

(a) 新式   (b) 经典

图 3-44 "引用句柄"选板

引用句柄是对象的唯一标识符，这些对象包括文件、设备或网络连接等。打开一个文件、设备或网络连接时，LabVIEW 会生成一个指向该文件、设备或网络连接的引用句柄。对打开的文件、设备或网络连接进行的所有操作均使用引用句柄来识别每个对象。引用句柄控件用于将一个引用句柄传进或传出 VI。例如，引用句柄控件可在不关闭或不重新打开文件的情况下修改其指向的文件内容。

由于引用句柄是一个打开对象的临时指针，因此它仅在对象打开期间有效。如关闭对象，LabVIEW 会将引用句柄与对象分开，引用句柄即失效。如再次打开对象，Lab VIEW 将创建一个与第一个引用句柄不同的新引用句柄。LabVIEW 将为引用句柄所指的对象分配内存空间。关闭引用句柄，该对象就会从内存中释放出来。

由于 LabVIEW 可以记住每个引用句柄所指的信息，如读取或写入的对象的当前地址和用户访问情况，因此可以对单一对象执行并行但相互独立的操作。如一个 VI 多次打开同一个对象，那么每次的打开操作都将返回一个不同的引用句柄。VI 结束运行时 LabVIEW 会自动关闭引用句柄，但如果用户在结束使用引用句柄时就将其关闭，将可以最有效地利用内存空间和其他资源，这是一个良好的编程习惯。关闭引用句柄的顺序与打开时相反。例如，如对象 A 获得了一个引用句柄，然后在对象 A 上调用方法以获得一个指向对象 B 的引用句柄，在关闭时应先关闭对象 B 的引用句柄然后再关闭对象 A 的引用句柄。

3.4.14 .NET 与 ActiveX 控件

位于".NET"与"ActiveX"选板上的.NET 和 ActiveX 控件用于对常用的.NET 或 ActiveX 控件进行操作。可添加更多.NET 或 ActiveX 控件至该选板，供日后使用。选择【工具】→【导入】→【.NET 控件至选板】，弹出"添加.NET 控件至选板"对话框，如图 3-45 所示。或选择【工具】→【导入】→【ActiveX 控件至选板】，弹出"添加 ActiveX 控件至选板"对话框，如图 3-46 所示。可分别转换.NET 或 ActiveX 控件集，自定义控件并将这些控件添加至.NET 与 ActiveX 选板。

注意　创建.NET 对象并与之通信需安装.NET Framework 1.1 Service Pack 1 或更高版本。建议只在 LabVIEW 项目中使用.NET 对象。如装有 Microsoft .NET Framework 2.0 或更高版本，可使用应用程序生成器生成.NET 互操作程序集。

图 3-45 "添加.NET 控件至选板"对话框

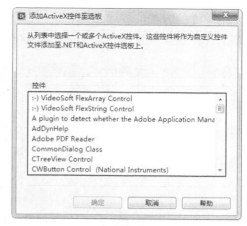

图 3-46 "添加 ActiveX 控件至选板"对话框

3.5 课堂案例——数值控件的使用

数值控件的使用

通过对上面内容的学习,读者应该对前面板中的基本控件有了大致的了解,学习本实例可加深读者对不同选板中控件使用方法的理解。

1. 设置工作环境

(1)新建 VI。选择菜单栏中的【文件】→【新建 VI】命令,新建一个 VI。一个空白的 VI 包括前面板及程序框图。

(2)保存 VI。选择菜单栏中的【文件】→【另存为】命令,输入 VI 名称为"数值控件的使用"。

2. 放置控件

(1)打开程序的前面板,并从"控件"选板的【新式】→【数值】子选板中选取控件,并放置在前面板的适当位置,同时进行合理布局,程序前面板如图 3-47 所示。

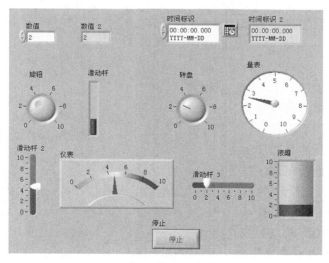

图 3-47 数值型控件演示程序前面板

（2）用同样的方法，在"银色"选板、"经典"选板、"系统"选板中选择数值控件，练习使用方法。控制面板及程序框图如图 3-48～图 3-50 所示。

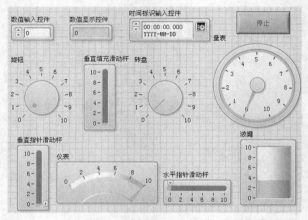

图 3-48 "银色"选板中的数值控件

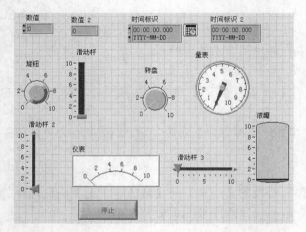

图 3-49 "经典"选板中的数值控件

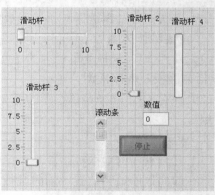

图 3-50 "系统"选板中的数值控件

3.6 课后习题

1. 练习设置操作模板的不同显示模式。
2. 练习设置菜单栏的属性显示。
3. 如何打开操作面板？
4. 操作面板的功能分别是什么？
5. 如何切换前面板与程序框图？
6. 对比银色控件、新式控件，简述它们的区别。
7. 熟悉前面板控件的设置。
8. 熟悉控件所代表的仪器与功能。
9. 放置图 3-51 所示的控件。

练习 9

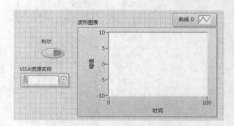

图 3-51 放置控件的效果

第 4 章 LabVIEW 的设计方法

内容指南

本章主要介绍 LabVIEW 的设计方法。设计的一般流程为：创建和编辑 VI→运行和调试 VI。因此本章将对 VI 的创建和编辑方法进行简单介绍。最后以实例讲解 VI 的创建、编辑、运行和调试。

本章主要为初学者提供一个基本的编程思路和简单指导，为深入学习 LabVIEW 编程原理和技巧打下基础。

知识重点

- 创建 VI
- 创建子 VI
- 运行 VI
- 调试 VI

4.1 创建 VI

VI 可作为用户界面，也可以是程序中一项常用操作。了解如何创建前面板和程序框图后，即可开始编辑图标，完成程序的设计。

一个完整的 VI 是由前面板、框图程序、图标和连接端口组成的，如图 4-1 所示。LabVIEW 允许前面板对象没有名称，并且允许重命名。

下面介绍 VI 中各种对象的功能。

➤ 数值 和 数值 2 是数字输入量，用户可以将数据输入到这两个控件中。

➤ 数值 3 是数字量输出控件，用于显示运算的结果。

➤ ▷ 是算术运算节点，实现两个数的相加。

➤ N 是程序框图，实现程序的循环操作。

➤ 是连线，表示数据流的连接。

"函数"面板与"控件"面板前面已经讲解，这里不再赘述。

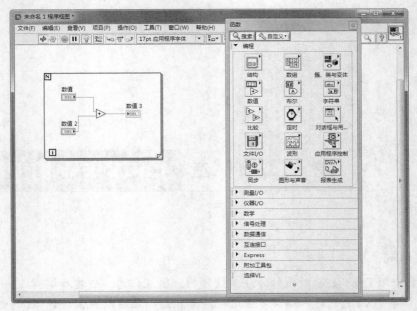

图 4-1　VI 的组成

4.1.1　创建 VI

创建 VI 是 LabVIEW 编程应用中的基础，下面详细介绍如何创建 VI。

1. 创建一个新的 VI

在 LabVIEW 主窗口中选择【新建】→【新建 VI】，出现图 4-2 所示的 VI 窗口。前面是 VI 的前面板窗口，后面是 VI 的程序框图窗口，在两个窗口的右上角是默认的 VI 图标/连线板。

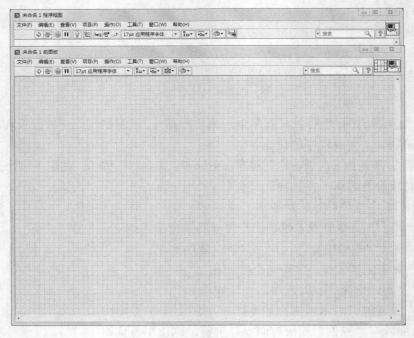

图 4-2　新建 VI 窗口

2．创建 VI 前面板

（1）在 VI 前面板窗口的空白处单击鼠标右键，或者选择菜单栏中的【查看】→【控件选板】，弹出"控件"选板。

（2）在"控件"选板中，选择【新式】→【数值】→【数值输入控件】，并将其放在前面板窗口的适当位置上。用文本编辑工具 Ⓐ 单击数值输入控件的标签，把名称修改为 A，如图 4-3 所示。

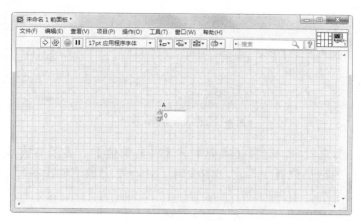

图 4-3　创建数值输入控件 A

（3）此时，在程序框图中就会出现一个名称为 A 的端口图标与输入量 A 相对应，如图 4-4 所示。

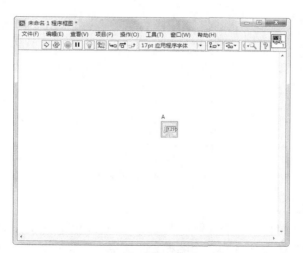

图 4-4　数值输入控件 A 的端口图标

（4）在"控件"选板中，选择【银色】→【数值】→【数值输入控件】，并将其放在前面板窗口的适当位置上。用文本编辑工具 Ⓐ 单击数值输入控件的标签，把名称修改为 B，创建数值输入控件 B。

（5）同时，在框图中就会出现一个名称为 B 的端口图标与输入量 B 相对应，如图 4-5 所示。

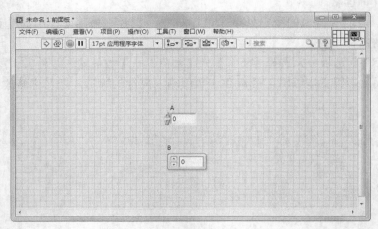

图 4-5　创建数值输入控件 B

（6）在"控件"选板中，选择【经典】→【经典数值】→【经典数值显示控件】，将其放置在前面板窗口的适当位置上，用文本编辑工具Ⓐ单击数值输出控件的标签，把名称修改为 C。

（7）此时，就完成了 VI 前面板的创建，如图 4-6 所示。

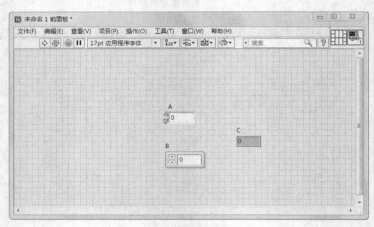

图 4-6　创建好的 VI 前面板

3．创建程序框图

在前面板窗口的菜单栏中选择【窗口】→【显示程序框图】，将前面板窗口切换到程序框图窗口，此时在程序框图中会看到 3 个名称分别为 A、B 和 C 的端口图标，如图 4-7 所示。这 3 个端口图标与前面板的 3 个对象一一对应。

在程序框图窗口中的空白处单击鼠标右键，或在框图程序窗口的菜单栏中选择【查看】→【函数选板】，弹出"函数"选板。

在"函数"选板中选择【编程】→【数值】→【乘】节点。用鼠标将"乘"节点的图标拖到程序框图窗口的适当位置。这样，就完成了一个"乘"节点的创建工作，如图 4-8 所示。

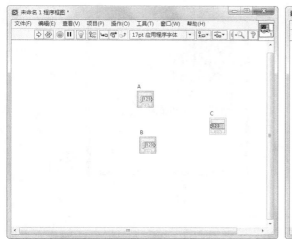

图 4-7 前面板对象的端口图标

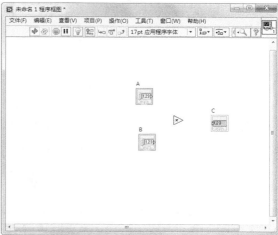

图 4-8 创建 "乘" 节点

完成了框图程序所需的端口和节点的创建之后，下面的工作就是用数据连线将这些端口和图标连接起来，形成一个完整的框图程序。

用连线工具将端口 A 和 B 分别连接到 "乘" 节点的两个输入端口 x 和 y 上，将端口 C 连接到 "乘" 节点的输出端口 x*y 上。完成了数据连线的创建之后，将光标切换到对象操作工具状态，适当调整各图标及数据连线的位置，使之整齐美观。完成的程序框图如图 4-9 所示。

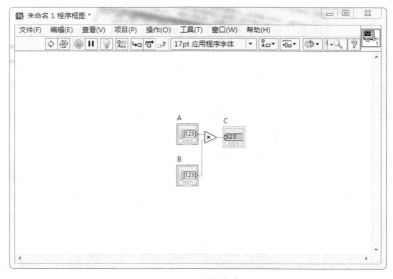

图 4-9 连接线路

4．创建 VI 图标

双击前面板窗口或框图程序窗口右上角的 VI 图标，或在 VI 图标出单击鼠标右键，并在弹出的快捷菜单中选择【编辑图标】，弹出一个 "图标编辑器" 对话框，如图 4-10 所示。

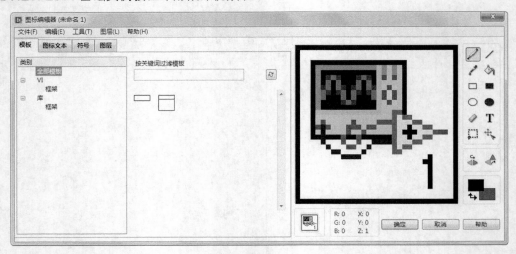

图 4-10 "图标编辑器"对话框

该对话框包括以下部分。

➢ "模板"：显示作为图标背景的图标模板。显示 LabVIEW Data\Icon Templates 目录中的所有.png、.bmp 和.jpg 文件。

➢ "图标文本"：指定在图标中显示的文本。

➢ "符号"：显示图标中可包含的符号。"图标编辑器"对话框可显示 LabVIEW Data\Glyphs 中所有的.png、.bmp 和.jpg 文件。默认情况下，该页包含 ni.com 上图标库中所有的符号。选择【工具】→【同步 ni.com 图标库】，打开"同步图标库"对话框，从中可使 LabVIEW Data\Glyphs 目录与最新的图标库保持同步。

➢ "图层"：显示图标图层的所有图层。如未显示该页，选择【图层】→【显示所有图层】可显示该页。

➢ "图标"：显示图标的实际大小预览。图标可显示通过"图标编辑器"对话框进行的更改。

➢ "预览"：显示图标的放大预览。预览可显示通过"图标编辑器"对话框进行的更改。

➢ "RGB"：显示光标所在位置像素的 RGB 颜色组成。

➢ "XYZ"：显示光标所在位置像素的 X-Y 位置。Z 值为图标的用户图层总数。

➢ "工具"：显示用于手动修改图标的编辑工具。如使用编辑工具时单击鼠标左键，LabVIEW 将使用线条颜色工具；如使用编辑工具时单击鼠标右键，LabVIEW 将使用填充颜色工具。

如需创建自定义编辑环境，可修改"图标编辑器"对话框。在修改"图标编辑器"对话框前，应保存位于 labview\resource\plugins 的原有文件 lv_icon.vi 和 NIIconEditor 文件夹。创建自定义图标编辑器时，可使用 labview\resource\plugins\IconEditor\Discover Who Invoked the Icon Editor.vi 目录中的"搜索图标库调用方"VI 获取当前编辑项图标的名称、路径和应用程序引用。通过该信息可自定义图标。

5. 保存 VI

在前面板窗口或程序框图窗口的菜单栏中选择【文件】→【保存】，然后在弹出的"保存文件"对话框中选择适当的路径和文件名保存该 VI。如果一个 VI 在修改后没有存盘，那么在 VI 的前面板和程序框图窗口的标题栏中就会出现一个"*"，提示用户注意存盘，参见图 4-1。

4.1.2　课堂练习——设置乘法图标

本小节将演示 VI 的图标设置。

设置乘法图标

 操作提示：

双击前面板右上角的图标，弹出图 4-10 所示的"图标编辑器"对话框。框选删除右侧黑色边框内部的图标，如图 4-11 所示。

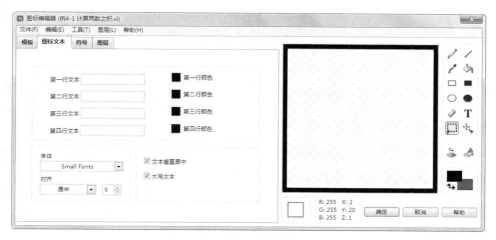

图 4-11　删除图标

（1）选择【图标文本】选项卡，在"第一行"文本栏中输入"A×B"，其余参数保持默认设置，如图 4-12 所示。

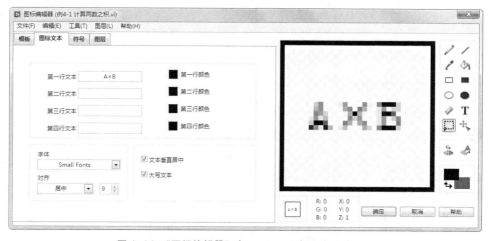

图 4-12　"图标编辑器"窗口——"图标文本"选项卡

（2）前面板与程序框图结果如图 4-13 所示。

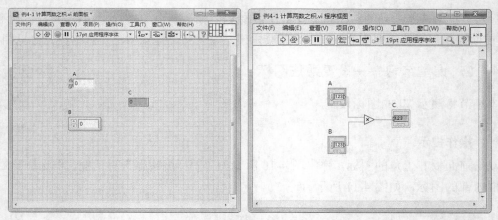

图 4-13　完整的 VI 框图程序

4.1.3　程序框图

由框图组成的图形对象共同构造出通常所示的源代码。框图（类似于流程图，如图 4-14 所示）与文本编程语言中的文本行相对应。事实上，框图是实际的可执行的代码。框图是通过将完成特定功能的对象连接在一起构建出来的。

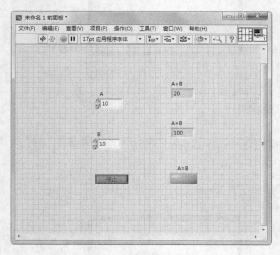
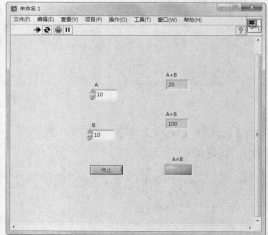

(a) 默认状态　　　　　　　　　　　　　　(b) 运行状态

图 4-14　框图演示程序的前面板

如图 4-15 所示，框图程序由下列 3 种组件构建而成。

（1）节点：是程序框图上的对象，具有输入输出端，在 VI 运行时进行运算。节点相当于文本编程语言中的语句、运算符、函数和子程序。

LabVIEW 有以下类型的节点。

➢ 函数：内置的执行元素，相当于操作符、函数或语句。

➢ 子 VI：用于另一个 VI 程序框图上的 VI，相当

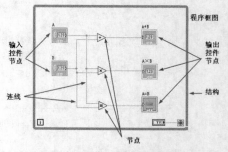

图 4-15　框图演示程序的程序框图

于子程序。

➤ Express VI：协助常规测量任务的子 VI。Express VI 是在"配置"对话框中配置的。

➤ 结构：执行控制元素，如 For 循环、While 循环、条件结构、平铺式和层叠式顺序结构、定时结构和事件结构。

➤ 公式节点和表达式节点：公式节点是可以直接向程序框图输入方程的结构，其大小可以调节；表达式节点是用于计算含有单变量表达式或方程的结构。

➤ 属性节点和调用节点：属性节点是用于设置或寻找类的属性的结构；调用节点是设置对象执行方式的结构。

➤ 通过引用节点调用：用于调用动态加载的 VI 的结构。

➤ 调用库函数节点：调用大多数标准库或 DLL 的结构。

➤ 代码接口节点（CIN）：调用以文本编程语言所编写的代码的结构。

（2）接线端：用以表示输入控件或显示控件的数据类型。在程序框图中可将前面板的输入控件或显示控件显示为图标或数据类型接线端。默认状态下，前面板对象显示为图标接线端。

（3）连线：程序框图中对象的数据传输通过连线实现。每根连线都只有一个数据源，但可以与多个读取该数据的 VI 和函数连接。不同数据类型的连线有不同的颜色、粗细和样式。断开的连线显示为黑色的虚线，中间有个红色的 X。出现断线的原因有很多，如试图连接数据类型不兼容的两个对象时就会产生断线。

4.1.4　课堂练习——乘法运算

本小节将演示如何新建一个 VI，使读者理解 VI 的前面板与程序框图的关系。本例利用简单的求两数之积的函数将前面板中的控件与程序框图中的函数关系联系起来。

乘法运算

操作提示：

（1）打开前面板，在"控件"选板中自"新式""银色""经典"子面板中选择数值控件，并修改控件名称分别为 A、B、C，如图 4-16（a）所示。

（2）打开程序框图，单击鼠标右键，在"函数"选板下【数值】子选板中选择【乘】函数▷，同时在函数接线端分别连接控件图标的输出端与输入端，结果如图 4-16（b）所示。

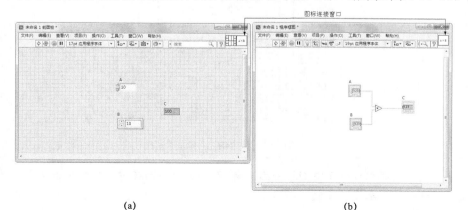

(a)　　　　　　　　　　　　　　　　　　　(b)

图 4-16　VI 的前面板及程序框图

4.2 创建子 VI

子 VI 相当于常规编程语言中的子程序，在 LabVIEW 中，用户可以把任何一个 VI 当做子 VI 来调用。因此在使用 LabVIEW 编程时，也应与其他编程语言一样，尽量采用模块化编程的思想，有效地利用子 VI，简化 VI 框图程序的结构，使其更加简单，易于理解，以提高 VI 的运行效率。

子 VI 利用连接端口与调用它的 VI 交换数据。实际上，创建完成一个 VI 后，再按照一定的规则定义好 VI 的连接端口，该 VI 就可以作为一个子 VI 来使用了。

4.2.1 设置连线端口

按照 LabVIEW 的定义，与输入控件相关联的连线端口作为输入端口。在子 VI 被其他 VI 调用时，只能向输入端口中输入数据，而不能从输入端口中向外输出数据。当某一个输入端口没有连接数据连线时，LabVIEW 就会将与该端口相关联的那个输入控件中的数据默认值作为该端口的数据输入值。相反，与输入控件相关联的连线端口都作为输出端口，只能向外输出数据，而不能向内输入数据。

下面讲解端口的设置方法。

1．选择端口模式

（1）接线端口位于前面板的右上角，图标位于前面板窗口及程序框图窗口的右上角，连接端口在图标左侧。

（2）将前面板置为当前，将光标放置在前面板右上角的连线端口图标上方，光标变为连线工具状态。

（3）单击鼠标右键，在弹出的快捷菜单中选择【模式】命令，同时在下一级菜单中显示接线端口模式，选择第 1 行第 5 个模式，如图 4-17 所示。

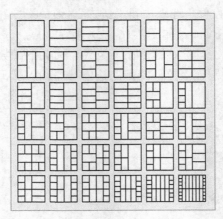

图 4-17 "模式"下拉菜单

接线端口位于前面板的右上角，图标位于前面板窗口及程序框图窗口的右上角，连接端口在图标左侧。

2．对应端口与接线端

（1）将光标移动至连线板左侧上方的端口上，单击这个端口，端口变为黑色，如图 4-18 所示。

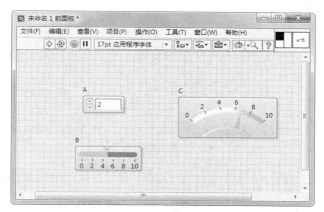

图 4-18　选中输入端口

（2）用光标在输入控件 A 上单击一下，选中输入控件 A，此时输入控件 A 的图标周围会出现一个虚框，同时，黑色架线端口变为棕色。此时，这个端口就建立了与输入控件 A 的关联关系，端口的名称为 A，颜色为棕色，如图 4-19 所示。

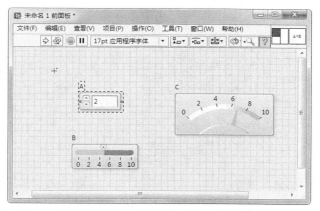

图 4-19　建立连线端口与输入控件 A 的关联关系

　　当其他 VI 调用这个子 VI 时，从这个连线端口输入的数据就会输入到输入控件 A 中，然后程序从输入控件 A 在程序框图中所对应的端口中将数据取出，进行相应的处理。

（3）用同样的方法连接控件 B、C，结果如图 4-19 所示。

端口的颜色是由与之关联的前面板对象的数据类型来确定的，不同的数据类型对应不同的颜色，例如，与布尔量相关联的端口的颜色是绿色。

建立前面板中其他输入或输出控件与连线端口关系的方法与之相同。定制好的 VI 连线端口如图 4-20 所示。

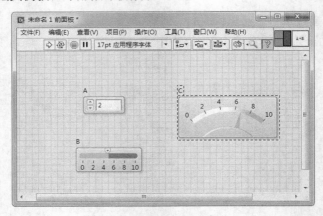

图 4-20　定制好的 VI 连线端口

在编辑调试 VI 的过程中，有时需要断开某些端口与前面板对象的关联。具体做法是：
在需要断开的端口的右键弹出快捷菜单中选择【断开连接本地接线端】。（若在快捷菜单中选择【断开连接全部接线端】，则会断开所有端口的关联。）

4.2.2　创建子 VI

在完成一个 VI 的创建以后，将其作为子 VI 的调用的主要工作就是定义 VI 的连接端口。

在 VI 前面板或程序框图面板的右上角图标的右键弹出菜单中选择【显示连线板】，原来图标的位置就会显示一个连接端口，如图 4-21 所示。

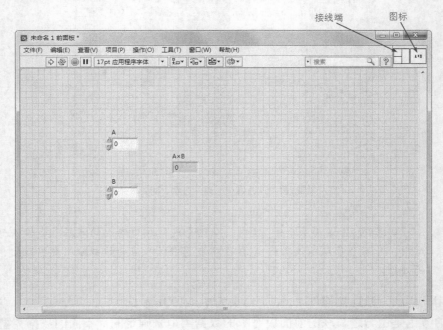

图 4-21　VI 的连线板

第一次打开连线板时，LabVIEW 会自动根据前面板中的输入和输出控件建立相应个数的端口。当然，这些端口并没有与输入或显示控件建立起关联关系，需要用户自己定义。但通常情况下，用户并不需要把所有的输入或输出控件都与一个端口建立关联，与外部交换数据，因而需要改变连接端口中端口的个数。

LabVIEW 提供了以下两种方法来改变端口的个数。

（1）第一种方法是在连接端口右键弹出快捷菜单中选择【添加接线端】或【删除接线端】，逐个添加或删除接线端口。这种方法较为灵活，但也比较麻烦。

（2）第二种方法是在连线端口右键弹出快捷菜单中选择【模式】，会出现一个图形化下拉菜单，菜单中会列出 36 种不同的连线端口，一般情况下可以满足用户的需要。这种方法较为简单，但是不够灵活，有时不能满足需要。

通常的做法是，先用第二种方法选择一个与实际需要比较接近的连线端口，然后再用第一种方法对选好的连接端口进行修正。

完成了连线端口的创建以后，下面的工作就是定义前面板中的输入和输出控件与连线端口中个输入输出端口的关联关系。

4.3 运行和调试 VI

本节讨论 LabVIEW 的基本调试方法，LabVIEW 提供了有效的编程调试环境，同时提供了许多与优秀的交互式调试环境相关的特性。这些调试特性与图形编程方式保持一致，通过图形方式访问调试功能。通过加亮执行、单步、断点和探针帮助用户跟踪经过 VI 的数据流，从而使调试 VI 更容易。实际上用户可观察 VI 执行时的程序代码。

4.3.1 运行 VI

在 LabVIEW 中，用户可以通过两种方式来运行 VI，即运行和连续运行。下面介绍这两种运行方式的使用方法。

1. 运行 VI

在前面板窗口或程序框图窗口的工具栏中单击【运行】按钮⬦，可以运行 VI。使用这种方式运行 VI，VI 只运行一次，当 VI 正在运行时，【运行】按钮会变为➡|（正在运行）状态。

在编辑调试 VI 的过程中，有时需要断开某些端口与前面板对象的关联。具体做法是：在需要断开的端口的右键弹出快捷菜单中选择【断开连接本地接线端】。（若在快捷菜单中选择【断开连接全部接线端】，则会断开所有端口的关联。）

2. 连续运行 VI

在工具栏中单击【连续运行】按钮⬙，可以连续运行 VI。连续运行的意思是指 VI 一次运行结束后，继续重新运行 VI。当 VI 正在连续运行时，【连续运行】按钮会变为🔁（正在连续运行）状态。单击🔁按钮可以停止 VI 的连续运行。

3. 停止运行 VI

当 VI 处于运行状态时，在工具栏中单击【终止执行】按钮⬤，可强行终止 VI 的运行。这项功能在程序的调试过程中非常有用，当不小心使程序处于死循环状态时，用该按钮可安全地终止程序的运行。当 VI 处于编辑状态时，【终止执行】按钮处于⬤（不可用）状态，此时的按钮是不可操作的。

4．暂停 VI 运行

在工具栏中单击【暂停】按钮 ⏸，可暂停 VI 的运行，再次单击该按钮，可恢复 VI 的运行。

4.3.2　纠正 VI 的错误

由于编程错误而使 VI 不能编译或运行时，工具条上将出现"Broken run"按钮 ⮡。典型的编程错误出现在 VI 开发和编程阶段，而且一直保留到将框图中的所有对象都正确地连接起来之前。单击【Broken run】按钮可以列出所有的程序错误，列出所有程序错误的信息框称为"错误列表"。具有断线的 VI 的错误列表框如图 4-22 所示。

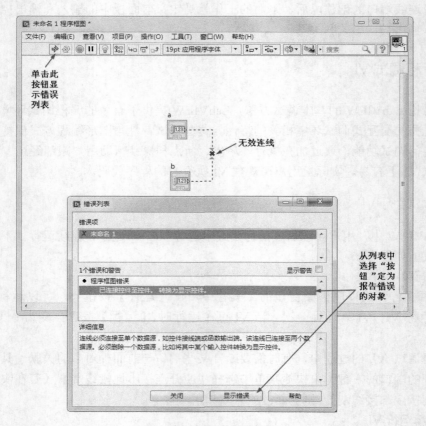

图 4-22　"错误列表"对话框

当运行 VI 时，警告信息让用户了解潜在的问题，但不会禁止程序运行。如果想知道有哪些警告，在错误列表对话框中选择【显示警告】复选框，这样，每当出现警告情况时，工具栏上就会出现警告按钮。

如果程序中有阻止程序正确执行的任何错误，通过在错误列表中选择错误项，然后单击【显示错误】按钮，可搜索特定错误的源代码。这个过程会加亮框图上报告错误的对象，如图 4-21 所示。在错误列表中单击错误也将加亮报告错误对象。

在编辑期间导致 VI 中断的一些最常见的原因如下。

（1）要求输入的函数端子未连接。例如，算术函数的输入端如果未连接，将报告错误。

（2）由于数据类型不匹配或存在散落、未连接的线段，使框图包含断线。

（3）子 VI 中断。

4.3.3　高亮显示程序执行过程

通过单击【高亮显示执行过程】按钮 💡，可以动画演示 VI 框图的执行情况，该按钮位于图 4-23 所示的程序框图工具栏中。

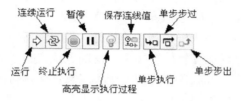

图 4-23　位于程序框图上方的运行调试工具栏

程序框图的高亮执行效果如图 4-24 所示。可以看到 VI 执行过程中的动画演示对于调试是很有帮助的。当单击【高亮显示执行过程】按钮时，该按钮变为闪亮的灯泡，指示当前程序执行时的数据流情况。任何时候单击【高亮显示执行过程】按钮将返回正常运行模式。

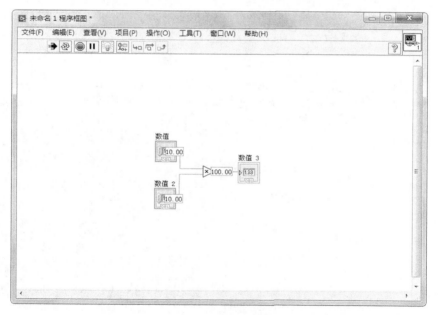

图 4-24　高亮显示执行过程模式下经过 VI 的数据流

"高亮显示执行过程"功能普遍用于单步执行模式下跟踪框图中数据流的情况，目的是让用户理解数据在框图中是如何流动的。应该注意的是，当使用高亮显示执行过程特性时，VI 的执行时间将大大增加。数据流动画用"气泡"来指出沿着连线运动的数据，演示从一个节点到另一个节点的数据运动。另外，在单步模式下，将要执行的下一个节点一直闪烁，直到单击单步按钮为止。

4.3.4　单步通过 VI 及其子 VI

为了进行调试，我们可能想要一个节点接着一个节点地执行程序框图，这个过程称为单步执行。要在单步模式下运行 VI，在工具条上按任何一个单步调试按钮，然后继续进行下一步。单步按钮显示在图 4-23 的工具栏上。所按的单步按钮决定下一步从哪里开始执行。【单步步入】或【单步步过】按钮是执行完当前节点后前进到下一个节点。如果节点是循环结构（如 While 循环）或子 VI，可选择【单步步过】按钮执行该节点。例如，如果节点是子 VI，单击【单步步过】按钮，则执行子 VI 并前进到下一个节点，但不能看到子 VI 节点内部是如何执行的。要单步通过子 VI，应选择【单步步入】按钮。

单击【单步步出】按钮，完成框图节点的执行。当按任何一个单步按钮时，也按了【暂停】按钮。在任何时候通过释放【暂停】按钮可返回到正常执行的情况。

值得注意的是，如果将光标放置到任何一个单步按钮上，将出现一个提示条，显示下一步如果按该按钮时将要执行的内容描述。

当单步通过 VI 时，可能想要高亮显示执行过程，以便当数据流过时可以跟踪数据。在单步和高亮显示执行过程模式下执行子 VI 时，如图 4-25 所示。子 VI 的框图窗口显示在主 VI 程序框图的上面。接着我们可以单步通过子 VI 或让其自己执行。

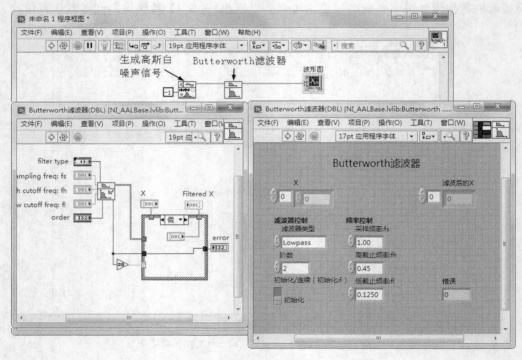

图 4-25　选择高亮显示执行过程时单步进入子 VI

没有单步或高亮显示执行过程的 VI 可以节省开销。一般情况下这种编译方法可以减少内存需求并提高性能。其实现方法是：在菜单栏中选择【文件】→【VI 属性】，弹出"VI 属性"对话框。在"类别"下拉框中选择【执行】,取消【允许调试】复选框来隐藏"高亮显示执行过程"及"单步执行"按钮,如图 4-26 所示。

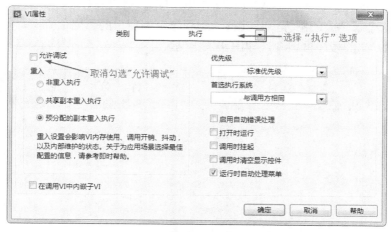

图 4-26 使用"VI 属性"对话框来关闭调试选项

4.3.5 调用子 VI

在完成了连线端口的定义之后,这个 VI 就可以当作子 VI 来调用了。下面介绍如何在一个主 VI 中将 4.1.4 小节的例子作为子 VI 来调用,具体步骤如下。

1. 选择子 VI

(1)选择"函数"选板中的【选择 VI】,会弹出一个名为"选择需打开的 VI"的对话框,如图 4-27 所示。

图 4-27 "选择需打开的 VI"对话框

（2）在对话框中找到需要调用的子 VI，选中后单击【打开】按钮。

2．放置子 VI

（1）将子 VI 的图标放置在主 VI 程序框图窗口中。用户选择了一个子 VI 后，此时，在光标上会出现这个子 VI 的图标，将其移动到程序框图窗口的适当位置上，单击鼠标左键，将图标加入到主 VI 的程序框图中，如图 4-28 所示。

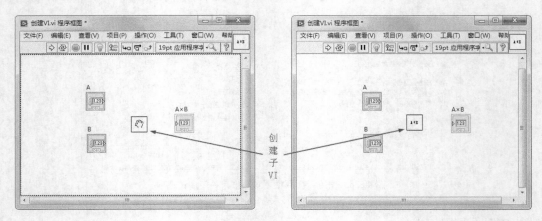

图 4-28　添加子 VI

（2）用连线工具将子 VI 的各个连线端口与主 VI 的其他节点按照一定的逻辑关系连接起来。

（3）至此，就完成了子 VI 的调用。主 VI 的前面板及程序框图如图 4-29 所示。

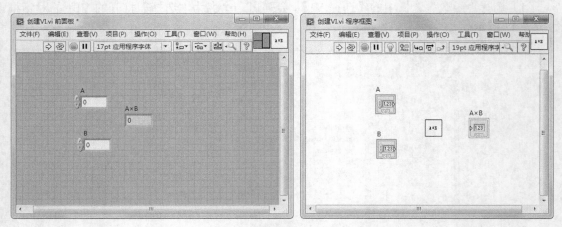

图 4-29　主 VI 的前面板及程序框图

采用上述的子 VI 调用方式来调用一个子 VI，只是将其作为一般的计算模块来使用，程序运行时并不显示其前面板。如果需要将子 VI 的前面板作为弹出式对话框来使用，则需要改变一些 VI 的属性设置。

在子 VI 前面板窗口右上角图标的右键弹出快捷菜单中选择【VI 属性】（或者在【文件】菜单中选择【VI 属性】）会出现一个"VI 属性"对话框，在对话框的"类别"下拉框中选择【窗口外观】，将对话框页面切换到窗口显示属性页面，如图 4-30 所示。

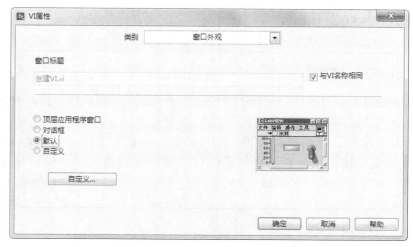

图 4-30 "VI 属性"对话框

在对话框中单击【自定义】按钮,弹出"自定义窗口外观"对话框,如图 4-31 所示。在该对话框中选中【调用时显示前面板】和【如之前未打开则在运行后关闭】复选框,单击【确定】按钮关闭对话框。

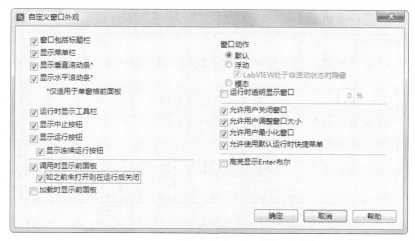

图 4-31 "自定义窗口外观"对话框

选中【调用时显示前面板】后,当程序运行到这个子 VI 时,其前面板就会自动弹出来。若再选中【如之前未打开则在运行后关闭】,则当子 VI 运行结束时,其前面板会自动消失。

4.4 课堂案例——布尔运算 VI

布尔运算 VI

本实例主要演示如何修改默认的图标与接线端口,方便后期创建子 VI。

1. 设置工作环境

(1) 新建 VI。选择菜单栏中的【文件】→【新建 VI】命令,新建一个 VI,一个空白的

VI 包括前面板及程序框图。

（2）保存 VI。选择菜单栏中的【文件】→【另存为】命令，输入 VI 名称为"布尔运算 VI"。

2．设计程序

（1）打开前面板，在"控件"选板中"银色"子面板中选择数值控件，并修改控件名称分别为 A、B、C。如图 4-32（a）所示。

（2）打开程序框图，单击鼠标右键，在"函数"选板下【布尔】子选板中选择【与】函数⚏，同时在函数接线端分别连接控件图标的输出端与输入端，结果如图 4-32（b）所示。

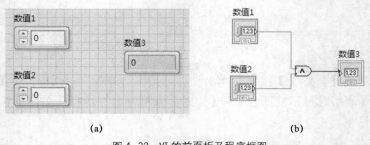

（a）　　　　　　　　　　　　　　　　（b）

图 4-32　VI 的前面板及程序框图

3．设置接线端口

（1）将前面板置为当前，将光标放置在前面板右上角的连线端口图标上方，光标变为连线工具状态。

（2）单击鼠标右键，在弹出的快捷菜单中选择【模式】命令，同时在下一级菜单中显示接线端口模式，选择第 1 行第 5 个模式，如图 4-33 所示。

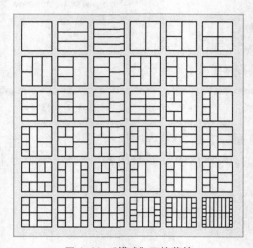

图 4-33　"模式"下拉菜单

（3）将光标移动至连线板左侧上方的端口上，单击这个端口，端口变为黑色，如图 4-34 所示。

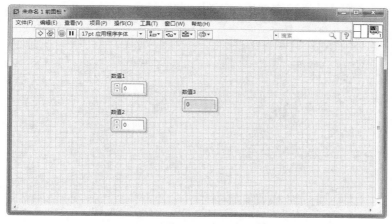

图 4-34　选中输入端口

（4）用光标在输入控件 1 上单击，选中输入控件 1，此时输入控件 1 的图标周围会出现一个虚框，同时，黑色接线端口变为棕色。此时，这个端口就建立了与输入控件 1 的关联关系，端口的名称为 1，颜色为棕色，如图 4-35 所示。

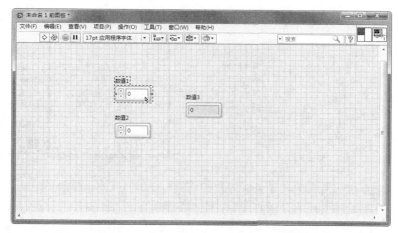

图 4-35　建立连线端口与输入控件 A 的关联关系

　　当其他 VI 调用这个子 VI 时，从这个连线端口输入的数据就会输入到输入控件 1 中，然后程序从输入控件 1 在框图程序中所对应的端口中将数据取出，进行相应的处理。

（5）用同样的方法连接控件 2、3。

　　端口的颜色是由与之关联的前面板对象的数据类型来确定的，不同的数据类型对应不同的颜色，例如，与布尔量相关联的端口的颜色是绿色。

（6）建立前面板中其他输入或输出控件与连线端口关系的方法与之相同。定制好的 VI 连线端口如图 4-36 所示。

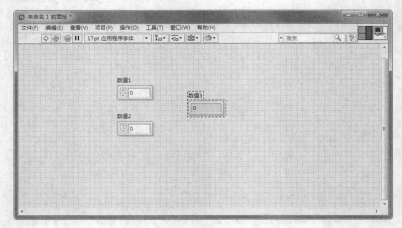

图 4-36　定制好的 VI 连线端口

4．设置图标

（1）双击前面板右上角的图标，弹出"图标编辑器"对话框。框选删除右侧黑色边框内部的图标，如图 4-37 所示。

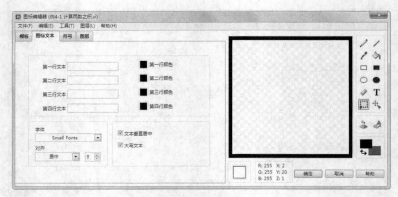

图 4-37　删除图标

（2）打开"图标文本"选项卡，在"第一行"文本栏中输入"A∧B"，其余参数默认设置，如图 4-38 所示。

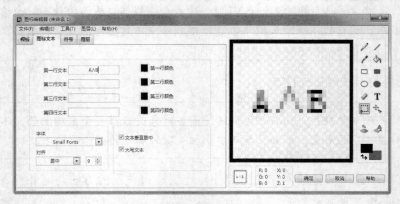

图 4-38　图标编辑器窗口

（3）前面板与程序框图结果如图 4-39 所示。

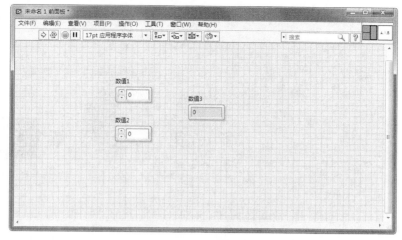

(a) 前面板

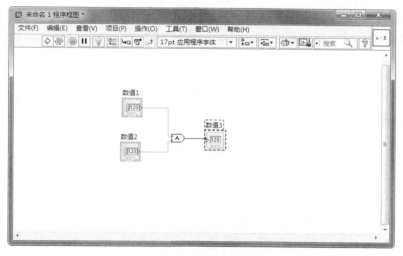

(b) 程序框图

图 4-39　完整的 VI 框图程序

4.5　课后习题

1. 简述 VI 的创建方法。
2. 简述子 VI 的创建方法。
3. 简述 VI 与子 VI 的关系。
4. 简述 VI 的运行方法。
5. 简述如何高亮显示程序。
6. 什么是连接端口？
7. 如何设置连接端口？
8. 简述连接端口与程序的关系。

第 **5** 章 编辑 VI

内容指南

LabVIEW 作为图形化语言的设计软件，在程序设计正确的情况下，其界面的设计是重中之重。VI 的编辑有两个优点：在不添加其他函数的情况下通过属性设置的操作实现一定的设计目的；对前面板中对象的布置让图形化实至名归。

知识重点

📖 编辑 VI
📖 设置对象的属性
📖 设置前面板的外观

5.1 编辑 VI

创建 VI 后，还需要对 VI 进行编辑，使 VI 的图形化交互式用户界面更加美观、友好而易于操作，也使 VI 框图程序的布局和结构更加合理，易于理解、修改。

5.1.1 使用断点

在工具模板中将光标切换至断点工具状态，如图 5-1 所示。

单击框图程序中需要设置断点的地方，就可完成一个断点的设置。当断点位于某一个节点上时，该节点图标就会变红；当断点位于某一条数据连线时，数据连线的中央就会出现一个红点，如图 5-2 所示。

图 5-1　处于断点设置

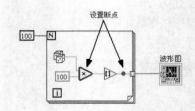

图 5-2　设置断点

当程序运行到该断点时，VI 会自动暂停，此时断点处的节点会处于闪烁状态，提示用户闪烁处为程序暂停的位置。单击【暂停】按钮，可以恢复程序的运行。用断点工具再次单击断点处，或在该处单击鼠标右键，在弹出快捷菜单中选择【清除断点】，就会取消该断点，如图 5-3 所示。

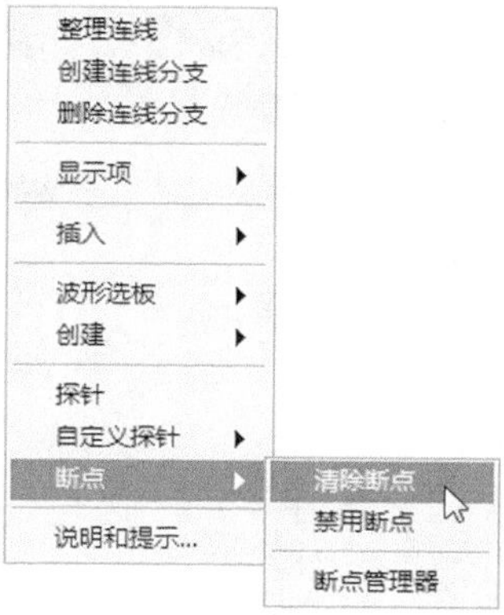

图 5-3 清除断点/清除状态的工具模板

5.1.2 使用探针

在工具模板中将光标切换至探针工具状态，如图 5-1 所示。

单击需要查看的数据连线，或在数据连线的右键弹出菜单中选择【探针】，如图 5-3 所示，会弹出一个"探针"对话框。当 VI 运行时，若有数据流过该数据连线，对话框就回自动显示这些流过的数据。同时，在探针处会出现一个黄色的内含探针数字编号的小方框。

利用探针工具弹出的"探针"对话框是 LabVIEW 默认的"探针"对话框，有时候并不能满足用户的需求，若在数据连线的右键弹出菜单中选择【自定义探针】，如图 5-3 所示，用户可以自己定制所需的"探针"对话框。

5.1.3 设置图标

一个完整的 VI 是由前面板、程序框图、图标和连接端口组成的。图标的设计图案并不是随手涂鸦，而是以最直观的符号或图形让读者明白图标所表示的 VI 所代表的含义。

下面介绍几种常见 VI 的图标，如图 5-4 所示。

"种植系统"图标

"创建对象"图标

"创建锥面"图标

图 5-4 VI 图标样例

注意 LabVIEW 中允许前面板对象没有名称，并且允许重命名。

双击前面板右上角的图标，弹出图 5-5 所示的"图标编辑器"对话框，可在该对话框中编辑图标，该对话框中包括菜单栏、选项卡、工具栏及绘图区。

1. "图标编辑器"对话框的选项卡说明

"图标编辑器"对话框包括 4 个选项卡，介绍如下。

➢ "模板"：可在"模板"选项卡中选择需要的模板，导入绘图区，方便简捷。

➢ "图标文本"：可在"图标文本"选项卡中设置图表中要输入的文字、符号等，同时可设置输入的文本字体、颜色、样式。

➢ "符号"：可在"符号"选项卡中显示多种图形符号，可作为图标编辑的基础部件，按照要求选择基本图形，装饰图标，如图 5-6 所示。

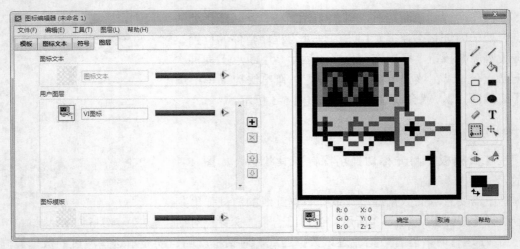

图 5-5 "图标编辑器"对话框

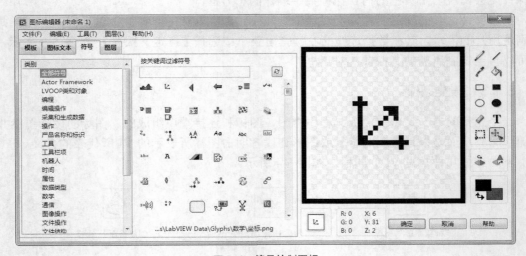

图 5-6 符号绘制图标

➤ "图形"：可在"图形"选项卡中设置图表中对象的图层，图形或文字的图形前后次序同样影响图标的显示结果。

2．工具栏功能

工具栏中主要包括 3 部分——绘图、布局、颜色，如图 5-7 所示。

图 5-7 工具栏

➤ "绘图":包括 12 种工具,可利用这些工具在绘图区绘制图形。

➤ "布局":包括两种工具——水平翻转、垂直翻转,合理使用该工具,可使图形达到所需效果。

➤ "颜色":可设置绘制的图形颜色。

3. 绘图区设置

绘图区中一般显示系统默认的图形,在设置图标过程中,首先应选择▦按钮,删除右侧黑色边框内部的图标,如图 5-8 所示。

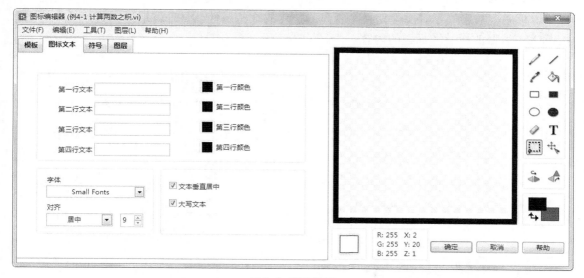

图 5-8 删除图标

在空白黑框中进行图标绘制,如有所需,也可删除黑色边框。

至此,就完成了一个 VI 的创建。在输入量 A 和 B 中分别输入适当的数字值,然后单击前面板窗口工具条中的【运行】按钮⬇,就可以在输出控件 C 中得到计算结果。

5.2 设置对象的属性

上一节主要介绍了设计前面板用到的"控件"选板,在用 LabVIEW 进行程序设计的过程中,对前面板的设计主要是编辑前面板控件和设置前面板控件的属性。为了更好地操作前面板的控件,设置其属性是非常必要的,这一节将主要介绍设置前面板控件属性的方法。

不同类型的前面板控件有着不同的属性,下面分别介绍设置数值型控件、文本型控件、布尔型控件以及图形显示控件属性的方法。

5.2.1 设置控件的属性

LabVIEW 2014 中的数值型控件(位于"控件"模板中的"Numeric"子模板中)有着许多共有属性,每个控件又有自己独特的属性,这里只能对控件的共有属性做比较详细的介绍。

下面以数值型控件"量表"为例介绍数值型控件的常用属性及其设置方法。

数值型控件的常用属性有以下 3 种。

➤ "标签"：用于对控件的类型及名称进行注释。

➤ "标题"：控件的标题，通常和标签相同。

➤ "数字显示"：以数字的方式显示控件所表达的数据。

图 5-9 显示了量表控件的标签、标题、数字显示等属性。

在前面板的图标上单击鼠标右键，弹出图 5-10 所示的快捷菜单，从菜单中可以通过选择标签、标题、数字显示等属性切换是否显示控件的这些属性，另外，通过工具模板中的文本按钮 A 可以修改标签和标题的内容。

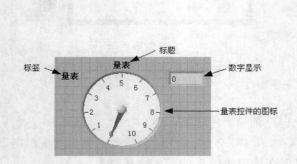

图 5-9　量表控件的基本属性

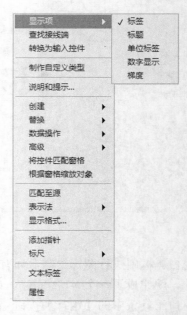

图 5-10　数值型控件（以量表为例）的"属性"快捷菜单

数值型控件的其他属性可以通过它的"旋钮类的属性"对话框进行设置，在控件的图标上单击鼠标右键，并从弹出的快捷菜单中选择【属性】，可以打开"属性"对话框。对话框分为 8 个选项页，分别是外观、数据类型、标尺、显示格式、文本标签、说明信息、数据绑定和快捷键，如图 5-11 所示。8 个选项页的介绍如下。

➤ "外观"：在"外观"选项卡中用户可以设置与控件外观有关的属性。用户可以修改控件的标签和标题属性以及设置其是否可见；可以设置控件的启用状态，以决定控件是否可以被程序调用；还可以设置控件的颜色和风格。

➤ "数据类型"：在"数据类型"选项卡中用户可以设置数值型控件的数据范围以及默认值。

➤ "标尺"：在"标尺"选项卡中用户可以设置数值型控件的标尺样式及刻度范围。可以选择的刻度样式类型如图 5-12 所示。

图 5-11　数值型控件量表的属性选项页

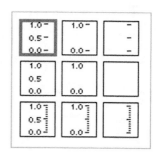

图 5-12　用户可以选择的数值型控
件刻度样式

➢ "显示格式"：与"数据类型"和"标尺"选项卡一样，"显示格式"选项卡也是数值型控件所特有的属性。在"显示格式"选项卡中，用户可以设置控件的数据显示格式以及精度。该选项包含两种编辑模式，分别是默认编辑模式和高级编辑模式，在高级编辑模式下，用户可以对控件的格式与精度做更为复杂的设置。

➢ "文本标签"："文本标签"选项卡用于配置带有标尺的数值对象的文本标签。

➢ "说明信息"："说明信息"选项卡用于描述该对象的目的并给出使用说明。

➢ "数据绑定"："数据绑定"选项卡用于将前面板对象绑定至网络发布项目项以及网络上的 PSP 数据项。

➢ "快捷键"："快捷键"选项卡用于设置控件的快捷键。

LabVIEW 2014 为用户提供了丰富、形象而且功能强大的数值型控件，用于数值型数据的控制和显示，合理地设置这些控件的属性是使用它们进行前面板设计的有力保证。

5.2.2　课堂练习——控件的格式显示

本小节演示通过属性设置来设计程序中输出对象显示格式的变化。

控件的格式显示

 操作提示：

（1）新建一个 VI，并在前面板中放置图 5-13 所示的控件，在程序框图中直接连接。

（2）选择控件快捷命令【属性】，分别设置两个控件属性，如图 5-14 所示。

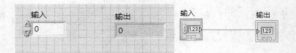

图 5-13　放置控件

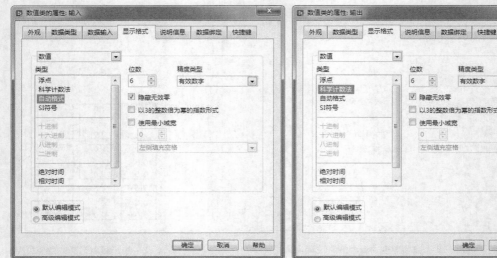

图 5-14　设置控件属性

（3）单击【运行】按钮 ⇨，运行程序，可以在数值输出控件中显示输出结果，如图 5-15 所示。

图 5-15　运行结果

5.3　设置前面板的外观

作为一种基于图形模式的编程语言，LabVIEW 在图形界面的设计上有着得天独厚的优势，可以设计出漂亮大方而且方便、易用的程序界面。为了更好地进行前面板的设计，LabVIEW 提供了丰富的修饰前面板的方法。

5.3.1　改变对象的大小

几乎每一个 LabVIEW 对象都有 8 个尺寸控制点，当对象操作工具位于对象上时，这 8 个尺寸控制点会显示出来，用对象操作工具拖动某个尺寸控制点，可以改变对象在该位置的大小，如图 5-16 所示。注意，有些对象的大小是不能改变的，例如程序框图中的输入端口或者输出端口、"函数"选板中的节点图标和子 VI 图标等。

在拖动对象的边框时，窗口中也会出现一个黄色的文本框，实时显示对象的相对坐标。

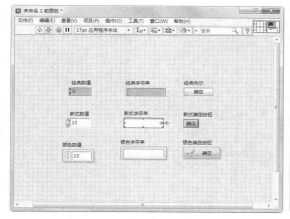

(a)

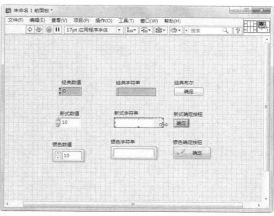

(b)

(c)

图 5-16　改变对象的大小

　　另外，LabVIEW 的前面板窗口的工具条上还提供了一个【调整对象大小】按钮，用鼠标单击该按钮，会弹出一个图形化下拉选单，如图 5-17 所示。

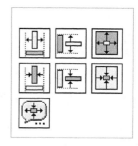

图 5-17　"调整对象大小"下拉选单

　　利用该选单中的工具可以统一设定多个对象的尺寸，包括将所选中的多个对象的长度设为这些对象的最大宽度、最小宽度、最大高度、最小高度、最大宽度和高度、最小宽度和高度以及指定的宽度和高度。

　　将前面板上所有对象的宽度设为这些对象的最大宽度，步骤如下。

　　（1）选中目标对象，如图 5-18 所示。

　　（2）在"调整对象大小"下拉选单中选择【最大宽度】按钮。

　　统一宽度后的对象如图 5-19 所示。

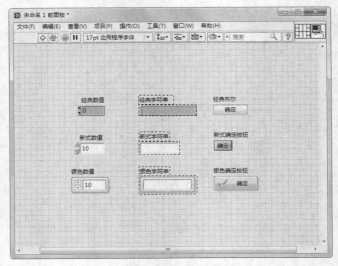

图 5-18　选中目标对象

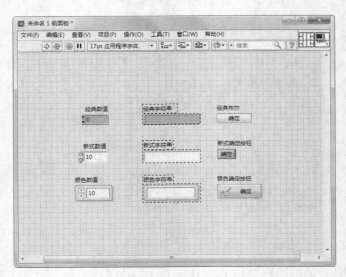

图 5-19　统一宽度后的对象

若在"调整对象大小"下拉选单中选择【设置高度和宽度】，则会弹出一个"调整对象大小"对话框，用户可以在该对话框中指定对象的宽度和高度。

5.3.2　改变对象颜色

前景色和背景色是前面板对象的两个重要属性，合理搭配对象的前景色和背景色会使设计的程序增色不少。下面具体介绍设置程序前面板对象前景色和背景色的方法。

（1）首先选取工具模板中的设置颜色工具，这时在前面板上将出现"设置颜色"对话框，如图 5-20 所示。

（2）选择适当的颜色，然后单击程序的程序框图，则程序框图面板的背景色被设定为指定的颜色。

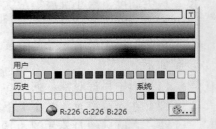

图 5-20　"设置颜色"对话框

（3）用同样的方法，在出现"设置颜色"对话框后，选择适当的颜色，并单击前面板的控件，则相应控件被设置为指定的颜色。

（4）在颜色工具的图标中，有两个上下重叠的颜色框，上面的颜色框代表对象的前景色或边框色，下面的颜色框代表对象的背景色。单击其中一个颜色框，就可以在弹出的颜色对话框中为其选择需要的颜色，

（5）若颜色对话框中没有所需的颜色，可以单击颜色对话框中的【更多颜色】按钮，此时系统会弹出一个 Windows 标准"颜色"对话框，在这个对话框中可以选择预先设定的各种颜色，或者直接设定 RGB 三原色的数值，更加精确地选择颜色。

（6）完成颜色的选择后，用颜色工具单击需要改变颜色的对象，即可将对象改为指定的颜色。

5.3.3　设置对象的字体

选中对象，在工具烂中的文本设置下拉列表框 17pt 应用程序字体 中选择【字体对话框】，弹出字体设置对话框后可设置对象的字体、大小、颜色、风格及对齐方式，如图 5-21 所示。

图 5-21　字体设置对话框

"文本设置"下拉列表框中的其他选项只是将字体设置对话框中的内容分别列出，若只改变字体的某一个属性，可以方便地在这些选项中更改，而无须在字体对话框中更改。

另外，还可以在"文本设置"下拉列表框中将字体设置为系统默认的字体，包括：应用程序字体、系统字体、对话框字体以及当前字体等。

5.3.4　在窗口中添加标签

选择菜单栏中的【查看】→【工具选板】命令或按住<Shift>键的同时单击鼠标右键，弹出图 5-22 所示的工具选板。

单击工具选板中的【文本编辑】按钮 A ，将光标切换至文本编辑工具状态，光标变为 状态，在窗口空白处中的适当位置单击鼠标，就可以在窗口中创建一个标签 LabVIEW 。

图 5-22　工具模板

根据需要键入文字，改变其字体和颜色。该工具也可用于改变对象的标签、标题、布尔量控件的文本和数字量控件的刻度值等。

5.3.5 对象编辑窗口

为了使控件更真实地演示试验台，可利用自定义控件达到更加逼真的效果，下面介绍具体方法。

在前面板中放置图 5-23 所示的控件，选中放置的控件，单击鼠标右键弹出快捷菜单，选择【高级】→【自定义】命令，如图 5-24 所示，弹出该控件的编辑窗口，如图 5-25 所示。

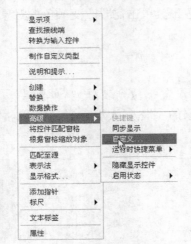

图 5-23 控件　　　　　　　图 5-24 快捷命令　　　　　　　图 5-25 编辑环境

控件编辑窗口与前面板类似，工具栏稍有差异，在该工具栏中同样按照前面的方法可以直接修改对象的大小、颜色、字体等。

下面介绍控件的具体编辑过程。

（1）选中编辑环境中的控件，单击工具栏中的【切换至自定义模式】按钮 ，进入编辑状态，控件由整体转换为单个的对象，如图 5-26 所示，同时在控件右侧自动添加数值显示文本框。

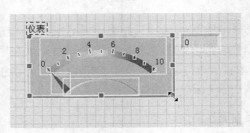

图 5-26 自定义状态

（2）选中该数值显示文本框，单击鼠标右键，弹出图 5-27 所示的快捷菜单；选择【属性命令】，弹出属性设置对话框，选择【外观】选项卡，如图 5-28 所示。勾选【显示数字显示框】复选框即可在控件右侧显示数字显示框，取消该复选框的勾选，则不显示该数字显示框。

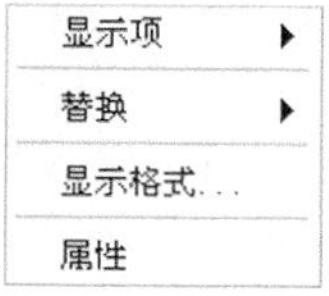

图 5-27 快捷菜单

图 5-28 属性设置对话框

（3）在控件编辑状态下，对单个对象可进行移动与大小调整，如图 5-29 和图 5-30 所示，可整个修改控件外观。

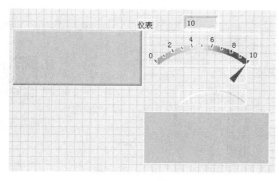

图 5-29 移动控件

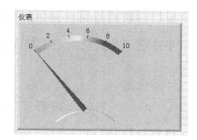

图 5-30 修改控件大小

（4）选中控件中单个对象，单击鼠标右键弹出快捷菜单，如图 5-31 所示；利用快捷命令，对控件上对象的数量进行调整，可添加导入的对象，如图 5-32 所示。

图 5-31 快捷菜单

图 5-32 导入图片

（5）单击工具栏中的【切换至编辑模式】按钮 ，完成自定义状态。

5.4 设置对象的位置关系

在 LabVIEW 程序中，设置多个对象的相对位置关系在修饰前面板的过程中是一件非常重要的工作。LabVIEW 2014 提供了专门用于调整多个对象位置关系及设置对象大小的工具，它们位于 LabVIEW 的工具栏上。

5.4.1 对齐关系

LabVIEW 所提供的用于修改多个对象位置关系的工具如图 5-33 所示。这些工具分别用于调整多个对象的对齐关系以及调整对象之间的距离。

选中需要对齐的对象，然后在工具条中单击【对齐对象】按钮 ，会出现一个图形化的下拉选单，如图 5-34 所示。在下拉选单中可以选择各种对齐方式。选单中的各种图标很直观地表示了各种不同的对齐方式，有左边缘对齐、右边缘对齐、上边缘对齐、下边缘对齐、水平中轴线对齐以及垂直中轴线对齐等 6 种方式可选。

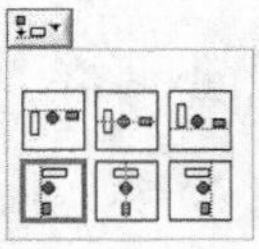

图 5-33 "对齐对象"工具

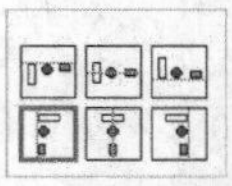

图 5-34 "对齐对象"下拉列表

5.4.2 课堂练习——控件布局

本小节演示前面板对象的排布。

控件布局

操作提示:

（1）选中目标对象，如图 5-35 所示。

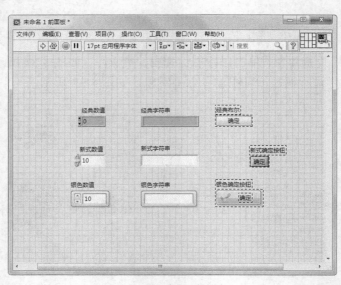

图 5-35 选中目标对象

（2）在"对齐对象"下拉选单中选择【左边缘对齐】。左边缘对齐后的对象如图 5-36 所示。

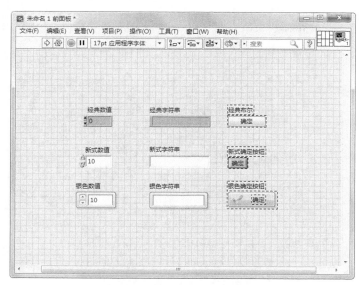

图 5-36　左边缘对齐后的对象

5.4.3　分布对象

选中对象，在工具条中单击【分布对象】按钮 ，会出现一个图形化的下拉选单，如图 5-37 所示，在选单中可以选择各种分布方式。选单中的各图标很直观地表示了各种不同的分布方式。

图 5-37　"分布对象"下拉列表

将对象按照等间隔垂直分布的步骤如下。

（1）选中目标对象，如图 5-38 所示。

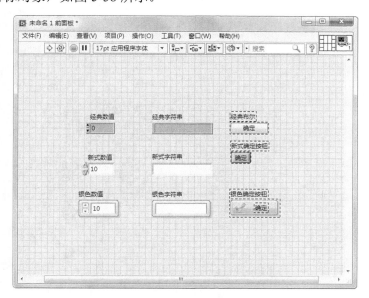

图 5-38　选中目标对象

（2）在分布对象下拉选单中选择【垂直间距】。等间隔垂直分布的对象如图 5-39 所示。

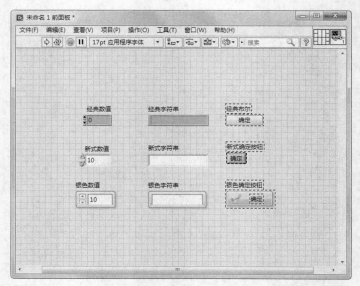

图 5-39　等间隔垂直分布的对象

5.4.4　改变对象在窗口中的前后次序

选中对象，在工具栏中单击【重新排序】按钮 ，可以在下拉选单中改变对象在窗口中的前后次序。下拉选单如图 5-40 所示。

【向前移动】是将对象向上移动一层；【向后移动】是将对象向下移动一层；【移至前面】是将对象移至窗口的最顶层；【移至后面】是将对象移动至窗口的最底层。

将一个对象从窗口的最顶层移动至窗口的最底层，具体操作步骤如下。

（1）选中目标对象，如图 5-41 所示。

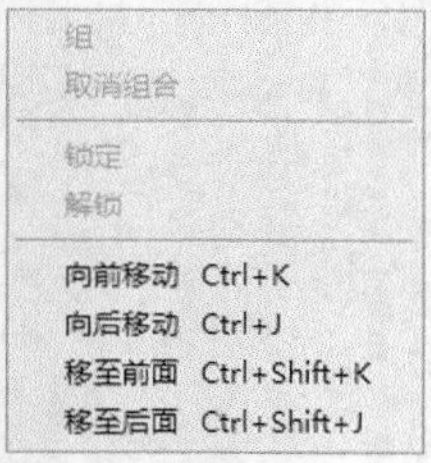

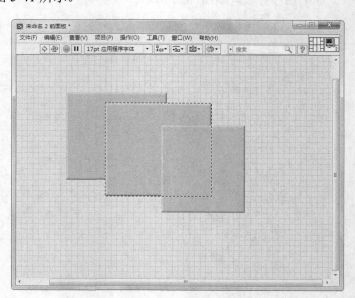

图 5-40　"重新排序"下拉列表

图 5-41　选中目标对象

（2）在"重新排序"下拉选单中选择【移至后面】。改变次序后的对象如图 5-42 所示。

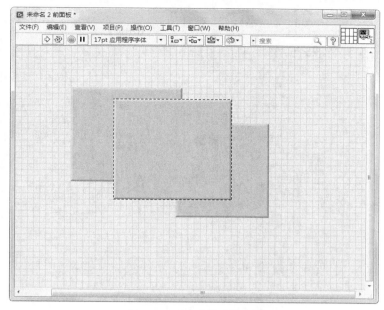

图 5-42 改变次序后的对象

5.4.5 组合与锁定对象

在"重新排序"下拉选单中还有 4 个选项，分别是【组】和【取消组合】【锁定】和【解锁】。

【组】的功能是将几个选定的对象组合成一个对象组，对象组中的所有对象形成一个整体，它们的相对位置和相对尺寸都相对固定。当移动对象组或改变对象组的尺寸时，对象组中所有的对象同时移动相同的距离或改变相同的尺寸。注意，"组"的功能仅仅是将数个对象按照其位置和尺寸简单地组合在一起形成一个整体，并没有在逻辑上将其组合，它们之间在逻辑上的关系并没有因为组合在一起而得到改变。

【取消组合】的功能是解除对象组中对象的组合，将其还原为独立的对象。

【锁定】的功能是将几个选定的对象组合成一个对象组，并且锁定该对象组的位置和大小，用户不能改变锁定的对象的位置和尺寸。当然，用户也不能删除处于锁定状态的对象。

【解锁】的功能是解除对象的锁定状态。

当用户已经编辑好一个 VI 的前面板时，建议利用"组合"或者"锁定"功能将前面板中的对象组合并锁定，防止由于错误操作而改变前面板对象的布局。

5.4.6 课堂练习——组合控件

本小节演示将前面板中几个对象组合在一起的方法。

组合控件

操作提示：

（1）新建一个 VI，并在前面板中放置图 5-43 所示的控件。

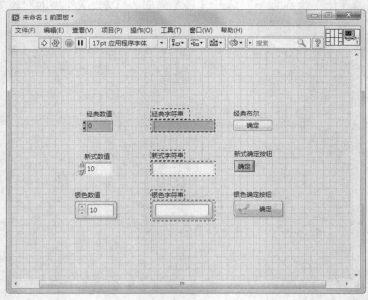

图 5-43　选中目标对象

（2）按住<Shift>键，依次单击选中的字符串目标对象。

（3）在"重新排序"下拉选单中选择【组】。组合后的对象如图 5-44 所示。

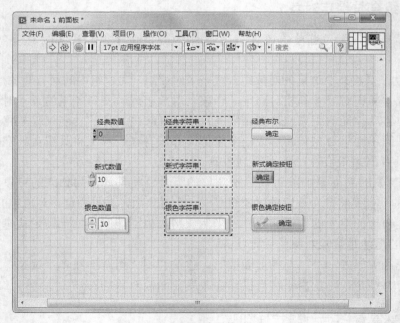

图 5-44　组合后的对象

5.4.7　网格排布

网格可以作为排列控件的参考，显示与隐藏网格可选择菜单栏中的【工具】→【选项】

命令，弹出"选项"对话框，选择【前面板】选项，如图 5-45 所示。在"前面板网格"选项下可设置前面板网格，包括"显示前面板网格""默认前面板网格大小""前面板背景对比度""启用前面板网格对齐""缩放新对象以匹配网格大小""对齐网格绘制样式"。

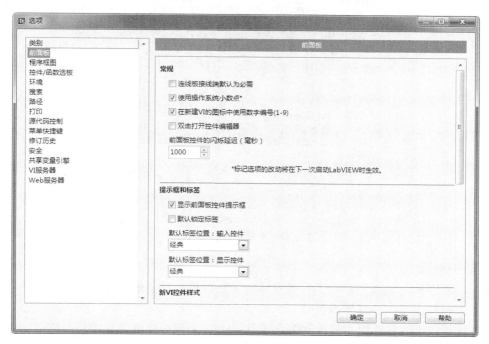

图 5-45 "选项"对话框

5.5 课堂案例——修饰控件的使用方法

修饰控件的使用方法

本实例演示"新式"选板中修饰型控件的使用方法，其前面板和程序框图的创建过程如下所示。

1. 设置工作环境

（1）新建 VI。选择菜单栏中的【文件】→【新建 VI】命令，新建一个 VI，一个空白的 VI 包括前面板及程序框图。

（2）保存 VI。选择菜单栏中的【文件】→【另存为】命令，输入 VI 名称为"修饰控件的使用方法"。

2. 放置修饰控件

（1）打开程序的前面板，并从"控件"选板的【修饰】子选板中选取【上凸盒】控件，拖出一个方框，并放置在前面板的适当位置。

（2）选取【下凹盒】控件，放置在"上凸盒"控件的内部。再选取【加粗下凹盒】控件，放置在"下凹盒"的内部。最后选取【垂直平滑盒】控件，放置在"加粗下凹盒"控件的内部。

（3）修饰过的程序前面板如图 5-46 所示。

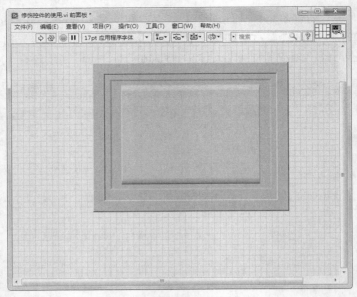

图 5-46　修饰过的程序前面板

3. 颜色修饰

这时，程序的前面板已经有了一些立体的装饰效果，只是还没有配以颜色，略显不足，下面为前面板的装饰控件配置颜色。

（1）选择"工具"选板中的设置颜色工具 ，为修饰控件设置颜色。将前面板的背景色设置为淡蓝色。

（2）用同样的方法设置前面板的前景色。将"上凸盒"和"加粗下凹盒"控件的颜色设置为蓝色。设置"下凹盒"控件的颜色为黄色。此时程序的前面板如图 5-47 所示。可以发现经过修饰控件的修饰，程序前面板增色不少。

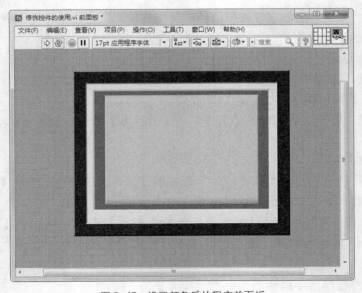

图 5-47　设置颜色后的程序前面板

4．程序设计

（1）切换到程序框图，从"函数"选板的【定时】子选板中选取【获取日期/时间（秒）】节点，并放置在程序面板的适当位置。

（2）在"获取日期/时间（秒）"节点的数据输出端口单击鼠标右键，从弹出的快捷菜单中选取【创建】→【显示控件】，并将创建的显示控件的标签更名为"当前时间"。

（3）在"函数"选板的【结构】子选板中选择【While 循环】，并将当前程序框图面板中的所有对象置于其中，如图 5-48 所示。

（4）切换到前面板，将显示控件及其标签文本移动到"垂直平滑盒"控件的中央，将程序终止按钮"停止"的背景色设置为淡蓝色，并将"当前时间"的文字字体设置为"宋体"，并把字体颜色改为红色，如图 5-49 所示。

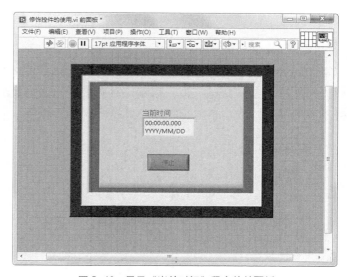

图 5-48　显示"当前时间"　　　　图 5-49　显示"当前时间"程序的前面板

5.6　课后习题

1．练习测试信号灯的图标设置。
2．简述图标与接线板的关系。
3．简述图标与前面板、控件的关系。
4．简述控件大小的调整方法。
5．简述对象的对齐方法有哪些。

习题 1　　习题 6　　习题 7

6．设计程序前面板，依次显示动物园中不同的项目观光次数。
7．设计程序前面板，在不同控件中显示期末考试的不同分数段。

第 6 章 数据类型

内容指南

在 LabVIEW 中，计算机数据与仪器的有机结合实现了虚拟功能，而这些操作需要基本的数据来支撑，包括数组、簇、矩阵、图表数据、波形数据、文件数据等。不同结构的数据需要不同的设置方法，本章将对这些数据一一进行介绍。

知识重点

- 数组
- 簇
- 图表数据
- 波形数据
- 文件数据

6.1 数组

在程序设计语言中，"数组"是一种常用的数据结构，是相同类型数据的集合，是一种存储和组织相同类型数据的良好方式。与其他程序设计语言一样，LabVIEW 中的数组是数值型、布尔型、字符串型等多种数据类型中的同类数据的集合，在前面板的数组对象往往由一个盛放数据的容器和数据本身构成，在程序框图上则体现为一个一维或多维矩阵。数组中的每一个元素都有其唯一的索引数值，可以通过索引值来访问数组中的数据。下面详细介绍数组数据以及处理数组数据的方法。

数组是由同一类型数据元素组成的大小可变的集合。当有一串数据需要处理时，它们可能是一个数组，当需要频繁地对一批数据进行绘图时，使用数组将会受益匪浅。数组作为组织绘图数据的一种机制是十分有用的。当执行重复计算，或解决能自然描述成矩阵向量符号的问题时数组也是很有用的，如解答线形方程。在 VI 中使用数组能够压缩框图代码，并且由于具有大量的内部数组函数和 VI，使得代码开发更加容易。

可通过以下两步来实现数组输入控件或数组显示控件的创建。

（1）从"控件"选板中选取【数组、矩阵】控件，再选择其中的数组拖入前面板中，如

图 6-1 所示。

（2）将需要的有效数据对象拖入数组框，切记此要点：如果不分配数据类型，该数组将显示为带空括号的黑框。如图 6-2 所示，数组 1 未分配数据类型，数组 2 为分配了布尔类型的数组，所以此时边框显示为绿色。

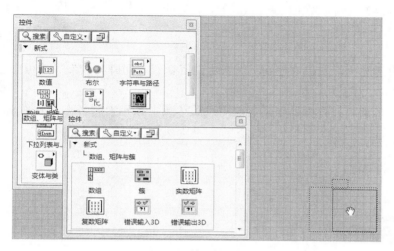

图 6-1　数组创建第一步

图 6-2　数组创建第二步

在数组框图的左端或左上角为数组的索引值，显示在数组左边方框中的索引值对应数组中第一个可显示的元素，通过索引值的组合可以访问到数组中的每一个元素。LabVIEW 中的数组与其他编程语言相比比较灵活，任何一种数据类型的数据（数组本身除外）都可以组成数组。其他的编程语言，如 C 语言，在使用一个数组时，必须首先定义数组的长度，但 LabVIEW 却不必如此，它会自动确定数组的长度。在内存允许的情况下，数组中每一维的元素最多可达 231-1 个。数组中元素的数据类型必须完全相同，如都是无符号 16 位整数，或全为布尔型等。当数组中有 n 个元素时，元素的索引号从 0 开始，到 $n-1$ 结束。

6.2 簇

"簇"是 LabVIEW 中一种特殊的数据类型，是由不同数据类型的数据构成的集合。在使用 LabVIEW 编写程序的过程中，不仅需要相同数据类型的集合——数组来进行数据的组织，有些时候也需要将不同数据类型的数据组合起来以更加有效地行使其功能。在 LabVIEW 中，"簇"这种数据类型得到了广泛的应用。

6.2.1 簇的组成

簇是 LabVIEW 中一个比较特别的数据类型，它可以将几种不同的数据类型集中到一个单元中形成一个整体，类似于 C 语言中的结构。

簇通常用于将出现在框图上的有关数据元素分组管理。因为簇在框图中仅用唯一的连线表示，所以可以减少连线混乱和子 VI 需要的连接器端子个数。使用簇有着积极的效果，可以将簇看作是一捆连线，其中每个连线表示簇不同的元素。在框图上，只有当簇具有相同元素类型、相同元素数量和相同元素顺序时，才可以将簇的端子连接。

簇和数组的异同：簇可以包含不同类型的数据，而数组仅可以包含相同的数据类型，簇和数组中的元素都是有序排列的，但访问簇中元素最好是通过释放方法同时访问其中的部分或全部元素，而不是通过索引一次访问一个元素。簇和数组的另一差别是簇具有固定的大小。簇和数组的相似之处是二者都是由输入控件或输出控件组成的，不能同时包含输入控件和输出控件。

6.2.2 创建簇

簇的创建类似于数组的创建。首先在"控制"选板中的"数组、矩阵与簇"子选板中创建簇的框架，如图 6-3 所示。

向簇框架中添加所需的元素，并且可以根据需要更改簇和簇中各元素的名称，如图 6-4 所示。

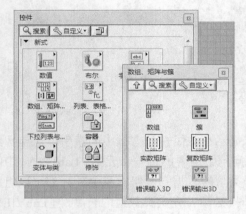

图 6-3 创建簇的第一步

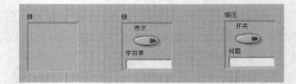

图 6-4 创建簇的第二步

一个簇变为输入控件簇还是显示控件簇取决于放进簇中的第一个元素，若放进簇框架中的第一个元素是布尔控件，那么后来给簇添加的任何元素都将变成输入对象，簇变为了输入控件簇，并且当从任何簇元素的快捷菜单中选择转换为输入控件或转换为显示控件时，簇中的所有元素都将发生变化。

在簇框架上单击鼠标右键弹出快捷菜单，菜单中的"自动调整大小"中的 3 个选项可以用来调整簇框架的大小以及簇元素的布局，"调整为匹配大小"选项调整簇框架的大小，以适合所包含的所有元素；"水平排列"选项水平压缩排列所有元素；"垂直排列"选项垂直压缩排列所有元素。图 6-5 给出了这 3 种调整的事例。

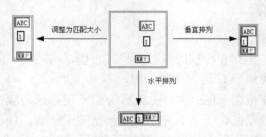

图 6-5 簇元素的调整

　　簇的元素有一定的排列顺序，簇元素按照它们放入簇中的先后顺序排序，而不是按照簇框架内的物理顺序排序，簇框架中的第一个对象标记为 0，第二个为 1，依次排列。在簇中删除元素时，剩余元素的顺序将自行调整，在簇的解除捆绑和捆绑函数中，簇顺序决定了元素的显示顺序。如果要访问簇中的单个元素，必须记住簇顺序，因为簇中的单个元素是按顺序访问的。例如图 6-5 中簇的顺序是：先是字符串常量 ABC，再是数值常量 1，最后是布尔常量。在使用了水平排列和垂直排列后，分别按顺序号从左向右和从上到下排列了这 3 个簇元素。

　　在前面板上，从簇边框上右键快捷菜单中选择【重新排序簇中控件】，可以检查和改变簇内元素的顺序，此时图中的工具变成了一组新按扭，簇的背景也有变化，连光标也改变为了簇排序光标。选择【重新排序簇中控件】后，簇中每一个元素右下角出现了并排的框，白框和黑框，白框指出该元素在簇顺序中的当前位置，黑框指出在用户改变顺序的新位置，在此顺序改变前，白框和黑框中的数字是一样的。用簇排序光标单击某个元素，该元素在簇顺序中的位置就会变成顶部工具条显示的数字，单击⊠按扭后可恢复到以前的排列顺序，如图 6-6 所示。

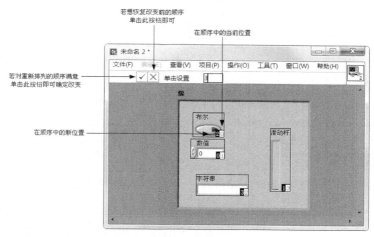

图 6-6　簇中元素的重新排序

　　应注意簇顺序的重要性，例如图 6-6 中原来的顺序如图 6-7 所示，改变顺序前创建显示控件，可以正常输出，如图 6-8（a）所示，但当改变为图 6-7 的排序时，显示控件和输入控件不能正常连接，如图 6-8（b）所示。因为，没改变前，第一个组件是布尔控件，而改变后的第一个组件是数值控件。使用簇时应当遵循的原则是：在一个高度交互的面板中，不要把一个簇既作为输入又作为输出。

图 6-7　改变后的簇元素

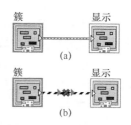

图 6-8　簇中元素的重要性

6.2.3 簇函数

对簇数据进行处理的函数位于"函数"选板→【编程】→【簇、类与变体】子选板中，如图 6-9 所示。

1. 解除捆绑和按名称解除捆绑

解除捆绑函数的节点图标及端口定义如图 6-10 所示。解除捆绑函数用于从簇中提取单个元素，并将解除后的数据成员作为函数的结果输出。当解除捆绑未接入输入参数时，右端只有两个输出端口，当接入一个簇时，解除捆绑函数会自动检测到输入簇的元素个数，生成相应个数的输出端口。图 6-11 和图 6-12 所示为将一个含有数值、布尔、旋钮和字符串的簇解除捆绑的程序框图和前面板。

图 6-9　用于处理簇数据的函数

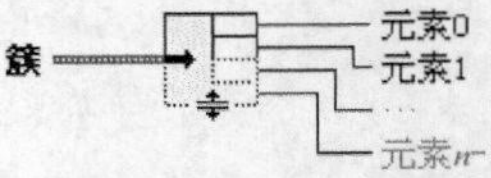

图 6-10　解除捆绑函数的节点图标和端口

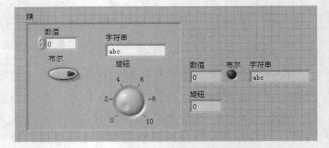

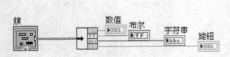

图 6-11　解除捆绑函数使用的程序框图

图 6-12　解除捆绑函数的前面板

按名称解除捆绑函数的节点图标如图 6-13 所示。按名称解除捆绑是把簇中的元素按标签解除捆绑，只有对于有标签的元素，按名称解除捆绑的输出端才能弹出带有标签的簇元素的标签列表。对于没有标签的元素，输出端不弹出其标签列表，输出端口的个数不限，可以根据需要添加任意数目的端口。如图 6-14 所示，由于簇中的布尔型数据没有标签，所以输出端没有它的标签列表，输出的是其他的有标签的簇元素。

2. 捆绑和按名称捆绑

捆绑函数的节点图标如图 6-15 所示。捆绑函数用于将若干基本数据类型的数据元素合成为一个簇数据，也可以替换现有簇中的值，簇中元素的顺序和捆绑函数的输入顺序相同。顺序定义是从上到下，即连接顶部的元素变为元素 0，连接到第 2 个端子的元素变为元素 1。如图 6-16 所示，使用捆绑函数将数值型数据、布尔型数据、字符串型数据组成了一个簇。

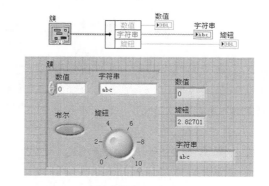

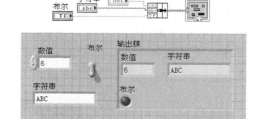

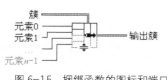

图 6-13　按名称解除捆绑函数的图标和端口　　　　图 6-14　按名称解除捆绑函数的使用

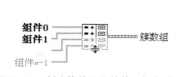

图 6-15　捆绑函数的图标和端口　　　　图 6-16　捆绑函数的使用

3．创建簇数组

创建簇数组函数的节点图标和端口定义如图 6-17 所示。创建簇数组函数的用法与创建数组函数的用法类似，与创建数组不同的是其输入端口的分量元素可以是簇。函数会首先将输入到输入端口的每个分量元素转化簇，然后再将这些簇组成一个簇的数组，输入参数可以都为数组，但要求维数相同。要注意的是，所有从分量元素端口输入的数据的类型必须相同，分量元素端口的数据类型与第一个连接进去的数据类型相同。如图 6-18 所示，第一个输入的是字符串类型，则剩下的分量元素输入端口将自动变为紫色，即表示是字符串类型，所以当再输入数值型数据或布尔型数据时将发生错误。

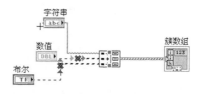

图 6-17　创建簇数组函数的图标和端口　　　　图 6-18　创建簇数组的错误使用

图 6-19 和图 6-20 显示了两个簇（簇 1 和簇 2）合并成一个簇数组的前面板和程序框图。

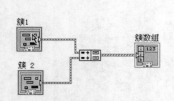
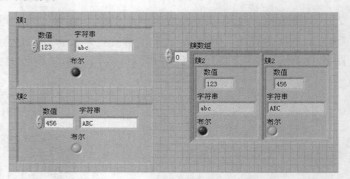

图 6-19　创建簇数组使用的程序框图　　　　　图 6-20　创建簇数组使用的前面板

6.2.4　课堂练习——记录学生情况表

记录学生情况表

本小节创建一个学生情况基本表，包括学生的姓名、性别、身高、体重和成绩单，成绩单中包括数学、语文、外语的成绩。

操作提示：

由于是不同类型元素的组合，所以可以使用簇数据来实现，其程序框图如图 6-21 所示。在图 6-22 中输入所需数据即可构成学生基本情况表。

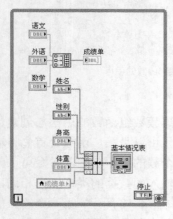

图 6-21　本例的程序框图

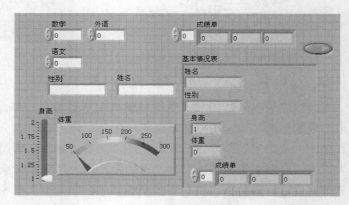

图 6-22　本例的前面板

捆绑函数除了左侧的输入端子，在中间还有一个输入端子，这个端子是连接一个已知簇的，这时可以改变簇中的部分或全部元素的值，当改变部分元素值时，不影响其他元素的值。

6.3　矩阵

线性代数是工程数学的主要组成部分，其运算量非常大，LabVIEW 中有一些专门的VI 可以进行线性代数方面的研究。线性代数 VI 用于进行矩阵相关的计算和分析，如图 6-23 所示。

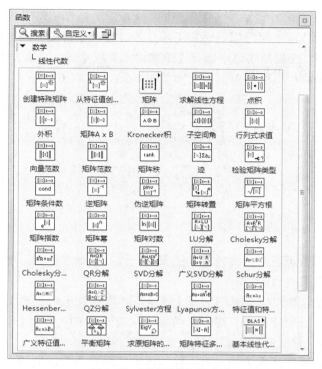

图 6-23 "线性代数"子选板

6.3.1 矩阵

在"函数"选板中选择【数学】→【线性代数】→【矩阵】子选板，如图 6-24 所示。该选板中的矩阵函数可对矩阵或二维数组矩阵中的元素、对角线或子矩阵进行操作，多数矩阵函数可进行数组运算，也可提供矩阵的数学运算。"矩阵"与"数组"函数类似，矩阵最少为二维矩阵，数组包含一维数组。

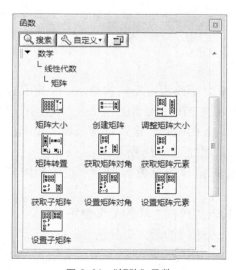

图 6-24 "矩阵"函数

1. 创建矩阵

（1）创建矩阵函数可按照行或列添加矩阵元素。在程序框图上添加函数时，只有输入端可用。右键单击函数，在快捷菜单中选择【添加输入】或【调整函数大小】，均可向函数增加输入端。函数的演示程序框图与前面板显示如图 6-25、图 6-26 所示。

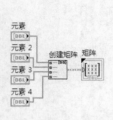

图 6-25　程序框图　　　　　　　　　　　　　图 6-26　前面板

（2）创建矩阵函数可进行两种模式的运算——按行添加或按列添加。在程序框图上放置函数时，默认模式为按列添加。

如右键单击函数，在快捷菜单中选择【创建矩阵模式】→【按行添加】，函数在第一列的最后一行后添加元素或矩阵。如右键单击函数，在快捷菜单中选择【创建矩阵模式】→【按列添加】，函数在第一行的最后一列后添加元素或矩阵。

（3）连线至创建矩阵函数的输入有不同的维度。通过用默认的标量值填充较小的输入，LabVIEW 可创建添加的矩阵。

如元素为空矩阵或数组，函数可忽略空的维数。但是，元素的维数和数据类型可影响添加矩阵的数据类型和维数。

如连线不同的数值类型至创建矩阵函数，添加的矩阵可存储所有输入且无精度损失。

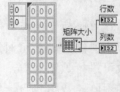

2. 矩阵大小

矩阵大小函数从矩阵获取行数与列数，并返回这些数据。该函数不可调整连线模式，在图 6-27 中显示了矩阵大小函数的程序框图。

图 6-27　矩阵大小函数的程序框图

6.3.2　矩阵范数

范数之于矩阵相当于距离之于路程，不同的是，一个定义在平面线上，一个定义在线性空间上。范数的本质是描述线性空间中元素的"长度""大小"与"距离"。

矩阵范数函数计算输入矩阵的范数。通过连接至输入矩阵的数据确定使用的多态实例，也可手动选择实例。函数节点图如图 6-28 所示。

范数类型：表明用于计算范数的范数类型。常见的矩阵范数如下。

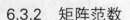

图 6-28　矩阵范数函数节点

➤ 1-范数：$\|A\|_1$——输入矩阵列之和的最大值绝对值。

➤ 2-范数：$\|A\|_2$——输入矩阵的最大奇异值。

➤ F-范数：$\|A\|_f$——等于 $\sqrt{\sum \mathrm{diag}(A^TA)}$，$\mathrm{diag}(A^TA)$ 表示矩阵 A^TA 的对角元素并且 A^T

是 A 的转置。

> ∞ -范数：||A||∞——输入矩阵行之和的最大绝对值。

求解输出矩阵最大奇异值的程序框图如图 6-29 所示。

1．矩阵平方根

该函数用来计算输入矩阵的平方根。函数节点如图 6-30 所示。与一般数据的平方根求解相同，矩阵的平方根求解为可理解为矩阵中各元素的平方根求解。同样的，矩阵的幂、指数、对数求解均可以此类推进行理解。

图 6-29　求解矩阵范数　　　　　　　图 6-30　矩阵平方根求解

2．逆矩阵

由于矩阵的乘法不满足交换律，所以在求解过程中引入逆矩阵的概念，对于矩阵 A、B，若 AB=BA=E，则 A、B 互为可逆矩阵。

6.4　图表数据

LabVIEW 强大的显示功能增强了用户界面的表达能力，极大地方便了用户对虚拟仪器的学习和掌握，本节将介绍波形显示的相关内容。

6.4.1　波形图

波形图用于将测量值显示为一条或多条曲线。波形图仅绘制单值函数，即在 $y=f(x)$ 中，各点沿 x 轴均匀分布。波形图可显示包含任意个数据点的曲线。波形图接收多种数据类型，从而最大程度地降低了数据在显示为图形前进行类型转换的工作量。波形图显示波形是以成批数据一次刷新的方式进行的，数据输入的基本形式是数据数组（一维或二维数组）、簇或波形数据。

（1）如图 6-31 所示，使用波形图输出了一个正弦函数和一个余弦函数。

（2）如图 6-32 所示，使用波形图显示 40 个随机数的情况。

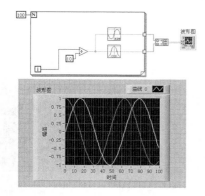

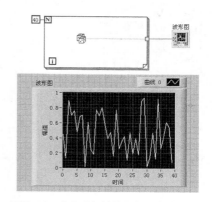

图 6-31　波形图的简单使用　　　　　　图 6-32　产生随机数的程序框图和前面板

波形图是一次性完成显示图形刷新的，所以其输入数据必须是完成一次显示所需的数据数组，而不能把测量结果一次一次地输入，因此不能把随机数函数的输出节点直接与波形图的端口相连。

6.4.2　波形图表

波形图表是一种特殊的指示器，在"图形"子选板中找到，选中后拖入前面板即可，如图 6-33 所示。

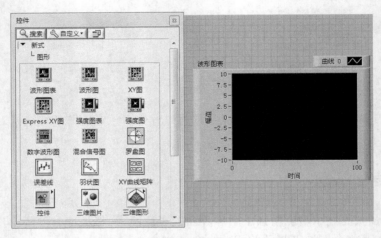

图 6-33　波形图表位于"图形"子选板中

波形图表在交互式数据显示中有 3 种刷新模式——示波器图表、带状图表、扫描图。用户可以在右键菜单中的【高级】中选择【刷新模式】即可，如图 6-34 所示。

示波器图表、带状图表和扫描图在处理数据时略有不同。带状图表有一个滚动显示屏，当新的数据到达时，整个曲线会向左移动，最原始的数据点移出视野，而最新的数据则会添加到曲线的最右端。这一过程与实验中常见的纸带记录仪的运行方式非常相似，如图 6-35 所示。

图 6-34　改变波形图表的模式：示波器图表、带状图表、扫描图

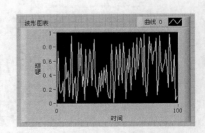

图 6-35　带状图表

示波器图表、扫描图表和示波器的工作方式十分相似。当数据点多到足以使曲线到达示波器图表绘图区域的右边界时，将清除整个曲线，并从绘图区的左侧开始重新绘制，扫描图表和示波器图表非常类似，不同之处在于当曲线到达绘图区的右边界时，不是将旧曲线消除，而是用一条移动的红线标记新曲线的开始，并随着新数据的不断增加在绘图区中逐渐移动，如图 6-36 所示。示波器图表和扫描图表比带状图表运行得快。

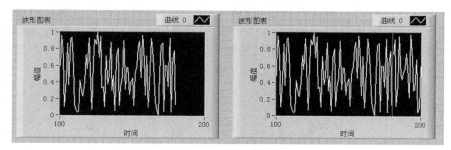

图 6-36 示波器图表和扫描图表

波形图表和波形图的不同之处是：波形图表保存了旧的数据，所保存旧数据的长度可以自行指定。新传给波形图表的数据被接续在旧数据的后面，这样就可以在保持一部分旧数据显示的同时显示新数据。也可以把波形图表的这种工作方式想象为先进先出的队列，新数据到来之后，会把同样长度的旧数据从队列中挤出去。

6.4.3 XY 图

波形图和波形图表只能用于显示一维数组中的数据或是一系列单点数据，对于需要显示横、纵坐标对的数据，它们就无能为力了。前面讲述的波形图的 Y 值对应实际的测量数据，X 值对应测量点的序号，适合显示等间隔数据序列的变化。比如按照一定采样时间采集数据的变化，但是它不适合描述 Y 值随 X 值变化的曲线，也不适合绘制两个相互依赖的变量（如 Y/X）。对于这种曲线，LabVIEW 专门设计了 XY 图。

与波形图相同，XY 波形图也是一次性完成波形显示刷新，不同的是 XY 图的输入数据类型是由两组数据打包构成的簇，簇的每一对数据都对应一个显示数据点的 X，Y 坐标。

1. 单曲线绘制

绘制单曲线时，有两种方法，如图 6-37 所示。

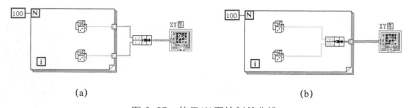

(a)   (b)

图 6-37 使用 XY 图绘制单曲线

（1）在图 6-37（a）中，是把两组数据数组打包后送给 XY 图，此时，两个数据数组里具有相同序号的两个数组组成一个点，而且必定是包里的第一个数组对应 X 轴，第二个数组对应 Y 轴。使用这种方法来组织数据要确保数据长度相同，如果两个数据的长度不一样，XY

图将以长度较短的那组为参考，而长度较长的那组多出来的数据将被抛弃。

（2）在图 6-37（b）中，先把每一对坐标点（*X*,*Y*）打包，然后用这些点坐标形成的包组成一个数组，再送到 XY 图中显示，这种方法可以确保两组数据的长度一致。

2．多曲线绘制

当绘制多条曲线时，也有两种方法，如图 6-38 所示。

（1）在图 6-38（a）中，程序先把两个数组的各个数据打包，然后分别在两个 For 循环的边框通道上形成两个一维数组，再把这两个一维数组组成一个二维数组送到 XY 图中显示。

（2）在图 6-38（b）中，程序先让两组的输入输出在 For 循环的边框通道上形成数组，然后打包，用一个二维数组送到 XY 图中显示，这种方法比较直观。

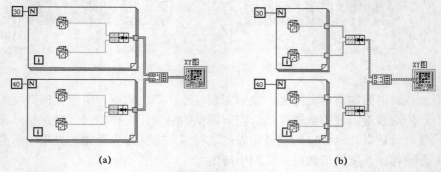

(a)   (b)

图 6-38　使用 XY 图绘制多曲线

6.4.4　课堂练习——显示函数曲线

显示函数曲线

本小节演示产生两个函数曲线的方法。已知两个函数：$Y=X(1+iN)$ 和 $Y=X(1+i)N$，X 为初始值，i 为变化率，N 表示次数（N 为 1～20 的整数）。

操作提示：

要求使用 XY 图绘制出两者随次数增加的变化曲线。程序框图如图 6-39 所示，前面板如图 6-40 所示。

需要注意的是次数 N 在输出时要分成两个数来输出，否则将无法建立正确的 XY 图，不能一一对应。

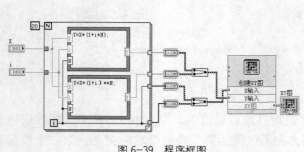

图 6-39　程序框图

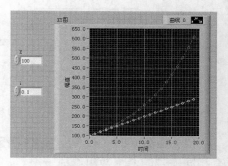

图 6-40　前面板

对于前面板中的两个曲线的显示，可以在 XY 图的属性中自行设置。

6.5　波形数据

与其他基于文本的编程语言不同，在 LabVIEW 中有一类被称为波形数据的数据类型，这种数据类型更类似于"簇"的结构，由一系列不同数据类型的数据构成，但是波形数据具有与"簇"不同的特点，波形数据是 LabVIEW 中特有的一类数据类型，由一系列不同数据类型的数据组成，是一类特殊的簇，但是用户不能利用簇模块中的簇函数来处理波形数据，波形数据具有预定义的固定结构，只能使用专用的函数来处理，比如簇中的捆绑和解除捆绑相当于波形中的创建波形和获取波形成分。

在具体介绍波形数据之前，先介绍变体和时间标识数据类型。

6.5.1　变体函数

变体数据类型位于程序框图的簇与"变体"子选板中，任何数据类型都可以被转化为变体类型，然后为其添加属性，并在需要时转换回原来的数据类型。当需要独立于数据本身的类型对数据进行处理时，变体类型就成为很好的选择。

1. 转换为变体函数

转换为变体函数完成 LabVIEW 中任意类型的数据到变体数据的转换，也可以将 ActiveX 数据（在程序框图的互连接口的子选板中）转化为变体数据。节点图标如图 6-41 所示。

2. 变体至数据类型转换函数

变体至数据类型转换函数是把变体数据类型转换为适当的 LabVIEW 数据类型。节点图标如图 6-42 所示。"变体"输入参数为变体类型数据。"类型"输入参数为需要转换的目标数据类型的数据，只取其类型，具体值没有意义。"数据"输出参数为转换之后与类型输入有相同类型的数据。

图 6-41　转换为变体函数的图标和端口　　　　图 6-42　变体至数据类型转换函数的图标和端口

6.5.2　时间标识

时间标识常量可以在"函数"选板→【定时】子选板中获得，时间标识输入控件和时间标识显示控件在"控件"选板→【数值】子选板中可以获得。如图 6-43 所示，左边为时间标识常量，中间为时间标识输入控件，右边为时间标识显示控件，中间的小图标为"时间浏览"按扭。

图 6-43　时间标识量

时间标识对象默认显示的时间值为 0。在时间标识输入控件上单击【时间浏览】按扭可以弹出"设置时间和日期"对话框，在这个对话框中可以手动修改时间和日期，如图 6-44 所示。

图 6-44 "设置时间和日期"对话框

6.6 文件数据

典型的文件 I/O 操作包括以下流程。

（1）创建或打开一个文件，文件打开后，引用句柄即代表该文件的唯一标识符。

（2）文件 I/O VI 或函数从文件中读取或向文件写入数据。

（3）关闭该文件。

文件 I/O VI 和某些文件 I/O 函数，如读取文本文件和写入文本文件可执行一般文件 I/O 操作的全部 3 个步骤。执行多项操作的 VI 和函数可能在效率上低于执行单项操作的函数。

6.6.1 路径

任何一个文件的操作（如文件的打开、创建、读写、删除、复制等）都需要确定文件在磁盘中的位置。LabVIEW 与 C 语言一样，也是通过文件路径（Path）来定位文件的。不同的操作系统对路径的格式有不同的规定，但大多数的操作系统都支持所谓的树状目录结构，即有一个根目录（Root），在根目录下，可以存在文件和子目录（Sub Directory），子目录下又可以包含各级子目录及文件。

在 Windows 系统下，一个有效的路径格式如下。

```
drive:\<dir…>\<file or dir>
```

其中，drive:是文件所在的逻辑驱动器盘符，<dir…>是文件或目录所在的各级子目录，<file or dir>是所要操作的文件或目录名。LabVIEW 的路径输入必须满足这种格式要求。

在由 Windows 操作系统构造的网络环境下，LabVIEW 的文件操作节点支持 UNC 文件定位方式，可直接用 UNC 路径来对网络中的共享文件进行定位。可在路径控制中直接输入一个网路，在路径中只是返回一个网络路径，或者直接在"文件"对话框中选择一个共享的网络文件（"文件"对话框参见本节后述内容）。只要权限允许，对用户来说网络共享文件的操作与本地文件操作并无区别。

一个有效的 UNC 文件名格式为：

```
\\<machine>\<share name>\<dir>\…\<file or dir>
```

其中，<machine>是网络中机器名，<share name>是该机器中的共享驱动器名，<dir>\…为文件所在的目录，<file>即为选择的文件。

LabVIEW 用路径控制（Path Control）输入一个路径，用路径指示（Path Indicator）显示下一个路径。

6.6.2 引用句柄

位于"引用句柄"和"经典引用句柄"选板上的引用句柄控件可用于对文件、目录、设备和网络连接进行操作，将前面板对象信息传送给子 VI。

LabVIEW 中使用的引用句柄控件如图 6-45 所示，它位于【控件选板】→【新式】→【引用句柄】子选板中，新式和经典引用句柄控件位于【控件选板】→【经典】→【经典引用句柄】子选板中。

(a) 新式　　　　　　　　　　　(b) 经典

图 6-45　"引用句柄"子选板

引用句柄是对象的唯一标识符，这些对象包括文件、设备或网络连接等。打开一个文件、设备或网络连接时，LabVIEW 会生成一个指向该文件、设备或网络连接的引用句柄。对打开的文件、设备或网络连接进行的所有操作均使用引用句柄来识别每个对象。引用句柄控件用于将一个引用句柄传进或传出 VI。例如，引用句柄控件可在不关闭或不重新打开文件的情况下修改其指向的文件内容。

由于引用句柄是一个打开对象的临时指针，因此它仅在对象打开期间有效。如关闭对象，LabVIEW 会将引用句柄与对象分开，引用句柄即失效。如再次打开对象，LabVIEW 将创建一个与第一个引用句柄不同的新引用句柄。LabVIEW 将为引用句柄所指的对象分配内存空间。关闭引用句柄，该对象就会从内存中释放出来。

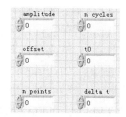

简单正弦波形

6.7　课堂案例——简单正弦波形

本实例演示使用正弦函数得到正弦数据的过程，不是简单的正弦输出，而是通过 For 循环将处理后的波形数据经过捆绑操作输出到结果中。

1. 设置工作环境

（1）新建 VI。选择菜单栏中的【文件】→【新建 VI】命令，新建一个 VI，一个空白的 VI 包括前面板及程序框图。

（2）保存 VI。选择菜单栏中的【文件】→【另存为】命令，输入 VI 名称为"简单正弦波形"。

2. 放置数值控件

在前面板中打开"控件"选板，在【新式】子选板下【数值】选板中选取【数值输入控件】，连续放置 6 个控件，同时按照图 6-46 所示修改控件名称为"amplitude""n cycles""offset""t0""n points""delta t"。

图 6-46　放置数值输入控件

3．输出正弦波形

（1）打开程序框图，新建一个 For 循环。

（2）在"函数"选板中【数学】→【初等与特殊函数】→【三角函数】子选板中选取【正弦】函数，在 For 循环中用余弦函数产生正弦数据。

4．波形计算

（1）在【编程】→【数值】选板下选取集合运算符号乘、除，放置在适当位置，方便正弦输入输出数据的运算。

（2）在【编程】→【数值】→【数学与科学常量】子选板中选取【2π】，放置在"乘"函数输入端。

（3）在程序框图中新建一个条件结构循环。

（4）在【编程】→【比较】子选板中选取【小于 0？】函数，放置在条件结构循环的"分支选择器"⬚输入端。

5．设置循环时间

（1）在条件结构循环中选择【真】条件，并在【编程】→【定时】子选板中选取【获取日期/时间】函数，可以将获取的日期输出到结果中。

（2）在条件结构循环中选择【假】条件，并在【编程】→【数值】→【转换】子选板中选取【转换为时间标识】函数，可以将输出数据添加到输出结果中。

6．输出波形数据

（1）在【编程】→【波形】子选板中选取【创建波形】函数，并将循环后处理的数据结果连接到输出端，同时，根据输入数据的数量调整函数的输入端口的大小。

（2）将光标放置在函数及控件的输入输出端口，光标变为连线状态，连接程序框图。

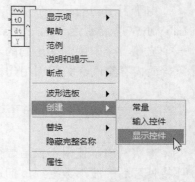

图 6-47　快捷命令

（3）在"创建波形"函数的输出端单击鼠标右键，在弹出的快捷菜单中选择【创建】→【显示控件】命令，如图 6-47所示，创建输出波形控件"sine waveform"。

（4）按住<Shift>键的同时单击鼠标右键，弹出文本编辑器，单击【文本】按钮 A，在程序框图中输入文字注释"生成正弦波""如果 t0 为-1，输出当前时间"。

7．整理程序

（1）整理程序框图，效果如图 6-48 所示。

（2）在数值输入控件中输入数值，同时利用菜单命令【编辑】→【当前值设置为默认值】命令，保存当前输入的参数值，如图 6-49 所示。

（3）单击【运行】按钮 ⇨，运行程序，可以在输出波形控件"sine waveform"中显示输出结果，如图 6-50 所示。

（4）打开前面板，在前面板右上角接线端口图标上单击鼠标右键，在快捷菜单中选择【模式】命令，选择接线端口模式，如图 6-51 所示。

（5）按照图 6-52 所示分别建立端口与控件的对应关系。

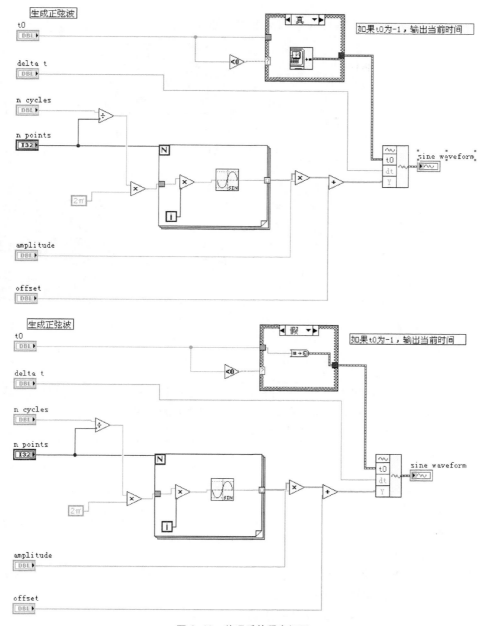

图 6-48　整理后的程序框图

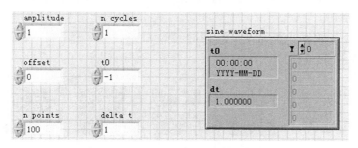

图 6-49　输入参数值

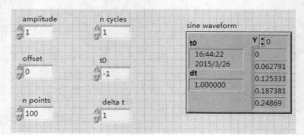

图 6-50　前面板

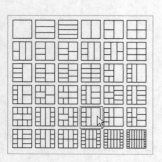

图 6-51　选择接线端口模式

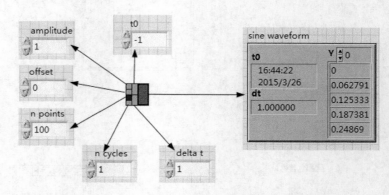

图 6-52　接线端口关系

在程序框图中显示的所有控件，一般设置为取消显示为图标，即在新建的空间上单击鼠标右键，选择√显示为图标命令，取消此命令的选中。

在实例绘制步骤中不再赘述此过程。

6.8　课后习题

1．数据类型包括哪几种？
2．什么是数组数据？
3．数组数据与数值数据有什么区别？
4．什么是簇数据？
5．图表数据与波形数据有什么区别？
6．设置多维数组的索引的程序框图。
7．设计一个程序，替换二维数组中的某一个元素。
8．在波形图中显示这样的波形：随机数函数产生的波形从 20ms 后开始，每隔 5ms 采样一次，共采集 40 个点。
9．设计在一个波形图上显示两个波形曲线的 VI。
10．设计一个记录当前时间的 VI。

习题 6　　　习题 7　　　习题 8　　　习题 9　　　习题 10

第 **7** 章　数据运算与程序运算

内容指南

LabVIEW 是一种编程语言，它通过数据流的运行方式来控制 VI 程序，而不同的数据类型又通过丰富的数据运算糅合在一起。数据运算除了包括基本的数据运算，还包括许多强大的函数节点，支持通过一些简单的文本脚本来进行运算。本章将详细讲解数据和程序运算。

知识重点

- 数值函数
- 数组函数
- 循环结构函数

7.1　数据运算

在"函数"选板中选择【数学】，打开图 7-1 所示的"数学"子选板，在该子选板下常用的为数值、初等与特殊函数。

图 7-1　"数学"子选板

7.1.1 数值函数

选择【数学】→【数值】，打开图 7-2 所示的"数值"子选板，在该面板中包括基本的几何运算函数、数组几何运算函数，不同类型的数值常量等，另外还包括 6 个带子选板的选项。

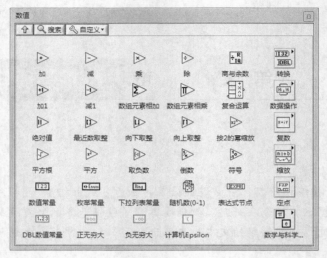

图 7-2 "数值"子选板

1. 转换

选择【转换】，打开图 7-3 所示的"转换"子选板。该面板中的函数的功能主要是转换数据类型。在 LabVIEW 中，一个数据从产生开始就决定了它的数据类型，不同类型的数据无法进行运算操作，因此当两个不同类型的数据需要进行运算时，需要进行转换，只有相同类型的数据才能进行运算，否则数据连线上将显示错误信息。

图 7-3 "转换"子选板

2．数据操作

选择【数据操作】，打开图 7-4 所示的"数据操作"子选板。该面板中的函数用于改变 LabVIEW 使用的数据类型。

图 7-4　"数据操作"子选板

3．复数

选择【复数】，打开图 7-5 所示的"复数"子选板。该面板中的函数主要用于根据两个直角坐标或极坐标的值创建复数或将复数分为直角坐标或极坐标的两个分量。

图 7-5　"复数"子选板

- ➤ 复共轭：计算 $x+iy$ 的复共轭。
- ➤ 复数至极坐标转换：使复数分解为极坐标分量。
- ➤ 复数至实部虚部转换：使复数分解为直角分量。
- ➤ 极坐标至复数转换：通过极坐标分量的两个值创建复数。
- ➤ 极坐标至实部虚部转换：使复数从极坐标系转换为直角坐标系。
- ➤ 实部虚部至复数转换：通过直角分量的两个值创建复数。
- ➤ 实部虚部至极坐标转换：使复数从直角坐标系转换为极坐标系。

4．缩放

选择【缩放】，打开图 7-6 所示的"缩放"子选板。该面板中的 VI 可将电压读数转换为温度或其他应变单位。

图 7-6　"缩放"子选板

5．定点

选择【定点】，打开图 7-7 所示的"定点"子选板。该面板中的函数可对定点数字的溢出状态进行操作。

6．数学与科学

选择【数学与科学】，打开图 7-8 所示的"数学与科学常量"子选板。该面板中的函数的功能主要为特定常量，下面介绍常量代表的数值。

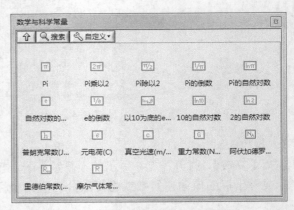

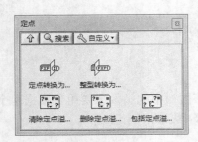

图 7-7 "定点"子选板   图 7-8 "数学与科学常量"子选板

> 阿伏加德罗常数（1/mol）：6.022 141 79e23。
> 以 10 为底的 e 的对数：0.43429448190325183。
> 元电荷（C）：1.602176487e－19。
> 重力常数（N.m^2/kg^2）：6.67428e－11。
> 摩尔气体常数（J/(mol·K)）：8.314472。
> 自然对数的底数：2.7182818284590452。
> Pi 的自然对数：1.1447298858494002。
> 2 的自然对数：0.69314718055994531。
> 10 的自然对数：2.3025850929940597。
> Pi：3.1415926535897932。
> Pi 除以 2：1.5707963267948966。
> Pi 乘以 2：6.2831853071795865。
> 普朗克常数（J·s）：6.62606896e－34。
> e 的倒数：0.36787944117144232。
> Pi 的倒数：0.31830988618379067。
> 里德伯常数（1/m）：10973731.568527。
> 真空光速（m/s）：299792458。

7.1.2 函数快捷命令

一般的函数或 VI 包括图标、输入端、输出端。图标以简单的图画来显示；输出、输入端用来连接控件、常量或其余函数，也可空置。在函数右键快捷菜单中显示了函数的操作，如图 7-9 所示。

　　在不同函数或 VI 上显示的快捷菜单不同，图 7-10 所示为函数的快捷菜单，下面简单介绍快捷菜单中的常用命令。

图 7-9 函数的快捷菜单 1

图 7-10 函数的快捷菜单 2

1. 显示项

　　该项包括函数的基本参数：标签与接线端，图标一般以图例的形式显示，接线端子以直观的方式显示输入、输出端的个数。

2. 断点

　　利用该命令，可启用、禁用断点。

3. 数值/字符串转换选板

　　在该子选板中可选择函数与 VI。

4. 字符串选板

　　在该选板中可选择函数与 VI。

5. 创建

　　选择该命令，将弹出快捷菜单，可在函数输入、输出端创建图 7-11 所示的对象。

6. 替换

　　将该函数或 VI 替换为其余函数或 VI，此操作适用于绘制完成的 VI，各函数已互相连接，若在该处删除原函数、添加新函数，容易导致连线发生错误，因此在此种情况下使用【替换】命令，一般要替换的函数与原函数输入端、输出端个数相同，这样不易发生连线错误的现象。

图 7-11 快捷菜单

7. 属性

　　选择该命令，弹出函数属性设置对话框，如图 7-12 所示，该对话框与前面板中控件的属性设置对话框相似，这里不再赘述。

图 7-12　属性设置对话框

7.1.3　课堂练习——创建数组

本小节演示如何利用循环函数创建数组。

操作提示：

（1）放置 For 循环，VI 可预先确定数组的大小，基于连接到 N 接线端的值。

（2）放置随机数函数，创建数组参数值，结果如图 7-13 所示。

图 7-13　For 循环中自动索引的使用

7.2　初等与特殊函数和 VI

初等与特殊函数和 VI 用于常见数学函数的运算，选择【数学】→【初等与特殊函数】，打开图 7-14 所示的"初等与特殊函数"子选板，该面板中的选项用于常见数学函数的运算。

图 7-14　"初等与特殊函数"子选板

下面介绍各函数几何的功能。

- ➢ Gamma 函数：该类函数专用于计算 Gamma 相关函数。
- ➢ 贝塞尔函数：该类函数专用于计算贝塞尔函数。
- ➢ 超几何函数：该类函数专用于计算基于微分方程的超几何函数。
- ➢ 离散数学：此类基本函数用于计算如组合数学及数论领域的离散数学函数。
- ➢ 门限函数：此类初等函数用于计算一些常用的周期波在给定点上的采样值。
- ➢ 三角函数：该类初等函数用于计算三角函数及其反函数。
- ➢ 双曲函数：此类基本函数用于计算双曲函数及其反函数。
- ➢ 椭圆积分：该类函数专用于计算完全或不完全椭圆积分。
- ➢ 椭圆与抛物函数：该类函数专用于计算特定的椭圆积分或韦伯函数。
- ➢ 误差函数：该类函数专用于计算误差相关函数。
- ➢ 指数函数：该类初等函数用于计算指数函数和对数函数。
- ➢ 指数积分：该类函数专用于计算指数积分。

7.3 数组函数

对于一个数组可进行很多操作，比如求数组的长度、对数组进行排序、查找数组中的某一元素、替换数组中的元素等。传统的编程语言主要依靠各种数组函数来实现这些运算，而在 LabVIEW 中，这些函数是以功能函数节点的形式来表现的。LabVIEW 中用于处理数组数据的"函数"选板中的"数组"子选板如图 7-15 所示。

图 7-15 用于处理数组的函数

7.3.1 数组大小

数组大小函数的节点图标如图 7-16 所示，数组大小函数返回输入数组的元素个数，节点的输入为一个 n 维数组，输出为该数组各维包含元素的个数。当 $n=1$ 时，节点的输出为一个标量。

图 7-16 数组大小函数的图标和端口

当 $n>1$ 时，节点的输出为一个一维数组，数组的每个元素对应输入数组中每一维的长度。图 7-17 和图 7-18 所示，分别为求出一个一维数组和一个二维数组长度的程序框图和前面板。

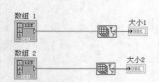

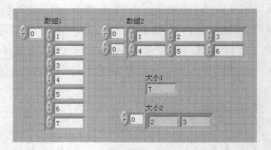

图 7-17 数组大小函数使用的程序框图

图 7-18 数组大小函数使用的前面板

7.3.2 创建数组

创建数组函数的节点图标及端口定义如图 7-19 所示。创建数组函数用于合并多个数组或给数组添加元素。函数有两种类型的输入：标量和数组，因此函数可以接受数组和单值元素输入，节点将从左侧端口输入的元素或数组按从上到下的顺序组成一个新数组。图 7-20 所示为使用创建数组函数创建一个一维数组。

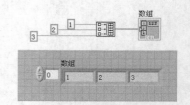

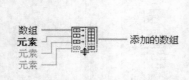

图 7-19 创建数组函数的图标和端口

图 7-20 使用创建数组函数创建一维数组

当两个数组需要连接时，可以将数组看成整体，即看为一个元素。图 7-21 显示了两个数组合并成一个数组的情况。相应的前面板运行结果如图 7-22 所示。

有时在使用创建数组函数时，可能不是要将两个一维数组合成一个二维数组，而是将两个一维数组连接成一个更长的一维数组；或者不是将两个二维数组连接成一个三维数组，而是将两个二维数组连接成一个新的二维数组。这种情况下，需要利用创建数组节点的连接输入功能，在创建数组节点的右键快捷菜单中选择【连接输入】，创建数组的图标也有所改变。

图 7-21　使用创建数组函数创建二维数组的程序框图　　　图 7-22　使用创建数组函数创建二维数组的前面板

7.3.3　课堂练习——产生随机波形

产生随机波形

本小节输出一个随机函数产生的波形图，即输出由每个采样点和其前 3 个点的平均值产生的波形图。

操作提示：

（1）图 7-23 所示 VI 要在一个波形图上显示两个波形曲线，此时若没有特殊要求，则只要把两组数据波形组成一个二维数组，再把这个二维数组送入到波形显示控件即可。

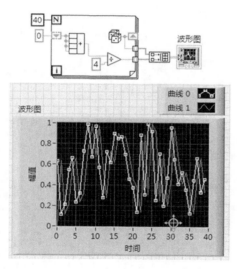

图 7-23　波形图的使用

（2）波形图显示的每条波形，其数据都必须是一个一维数组，这是波形图的特点，所以要显示 n 条波形就必须有 n 组数据。至于这些数据数组如何组织，用户可以根据不同的需要来确定。

7.3.4　索引数组

索引数组函数的节点图标及端口定义如图 7-24 所示。索引数组用于访问数组的一个元素，使用输入索引指定要访问的数组元素，第 n 个元素的索引号是 n-1。图 7-25 所示的数组索引号是 2，索引到的是第 3 个元素。

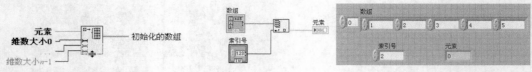

图 7-24　索引数组函数的图标和端口　　　　　　　　图 7-25　一维数组的索引

索引数组函数会自动调整大小以匹配连接的输入数组维数，若将一维数组连接到索引函数，那么函数将显示一个索引输入；若将二维数组连接到索引函数，那么将显示两个索引输入，即索引（行）和索引（列）。当索引输入仅连接行输入时，则抽取完整的一维数组的那一行；若仅连接列输入时，那么将抽取完整的一维数组的那一列；若连接了行输入和列输入，那么将抽取数组的单个元素。每个输入数组是独立的，可以访问任意维数组的任意部分。

图 7-26 所示为对一个 4 行 4 列的二维数组进行索引，分别取其中的完整行、单个元素、完整列。图 7-27 显示了 VI 的前面板及运行结果。

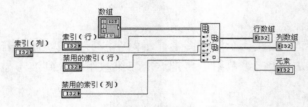

图 7-26　多维数组的索引的程序框图

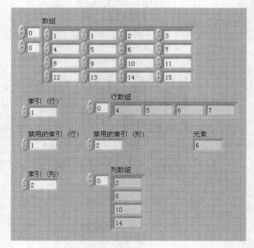

图 7-27　多维数组索引的前面板

7.3.5　初始化数组

初始化数组函数的节点图标及端口定义如图 7-28 所示。初始化数组函数的功能是为了创建 n 维数组，数组维数由函数左侧的维数大小端口的个数决定。创建之后每个元素的值都与输入到元素端口的值相同。函数刚放在程序框图上时，只有一个维数大小输入端子，此时创建的是指定大小的一维

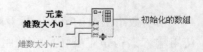

图 7-28　初始化数组函数的图标和端口

数组。此时可以通过拖拉下边缘或在维数大小端口的右键快捷菜单中选择【添加维度】，来添加维数大小端口，如图 7-29 所示。

图 7-30 所示为初始化一个一维数组和一个二维数组。

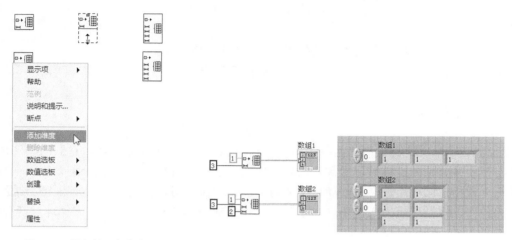

图 7-29　添加数组大小端口　　　　　图 7-30　一维和二维数组的初始化

在 LabVIEW 中初始化数组还有其他方法。若数组中的元素都是相同的，用一个带有常数的 For 循环即可初始化，这种方法的缺点是创建数组时要占用一定的时间。

若元素值可以由一些直接的方法计算出来，把公式放到前一种方法中的 For 循环中取代其常数即可。例如这种方法可以产生一个特殊波形。也可以在框图程序中创建一个数组常量，手动输入各个元素的数值，而后将其连接到需要初始化的数组上。这种方法的缺点是繁琐，并且在存盘时会占用一定的磁盘空间。如果初始化数组所用的数据量很大，可以先将其放到一个文件中，在程序开始时再装载。

需要注意的是，在初始化时有一种特殊情况，那就是空数组，空数组不是一个元素值为 0、假、空字符串或类似的数组，而是一个包含零个元素的数组，相当于 C 语言中创建了一个指向数组的指针。经常用到空数组的例子是初始化一个连有数组的循环移位寄存器。有以下几种方法创建一个空数组：用一个数组大小输入端口不连接数值或输入值为 0 的初始化函数来创建一个空数组；创建一个 n 为 0 的 For 循环，在 For 循环中放入所需数据类型的常量。For 循环将执行零次，但在其框架通道上将产生一个相应类型的空数组。注意不能用创建数组函数来创建空数组，因为它的输出至少包含一个元素。

7.3.6　课堂练习——创建新数组

本小节演示创建一个 VI，通过调用创建数组函数来连接新的数组元素。

创建新数组

 操作提示：

（1）在"函数"选板中【编程】→【数组】子选板中选取【初始化数组】函数，并创建输入常量完成数组定义。

（2）在"函数"选板中【编程】→【数组】子选板中选取【创建数组】函数，创建数组，数组内对象为随机数值。

（3）在"函数"选板中【编程】→【结构】子选板中选取
【For 循环】函数，并创建输入常量 1000，保证 VI 不断地在每
轮循环中根据新数组重新调整缓冲区的大小，以便加入新的数
组元素。

（4）为使每轮循环都有值添加到数组，可在循环边框上使
用自动索引功能，便可达到最佳运行性能。如图 7-31 所示。

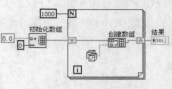

图 7-31　创建数组

7.4　循环结构函数

LabVIEW 中有两种类型的循环结构，分别是 For 循环和 While 循环。它们的区别是 For
循环在使用时要预先指定循环次数，当循环体运行了指定次数的循环后自动退出；而 While
循环则无须指定循环次数，只要满足循环退出的条件便退出相应的循环，如果无法满足循环
退出的条件，则循环变为死循环。在本节中，将分别介绍 For 循环和 While 循环这两种循环
结构。

7.4.1　For 循环

For 循环位于"函数"选板→【编程】→【结构】子选板中，For 循环并不立即出现，而
是以表示 For 循环的小图标出现，用户可以从中拖曳出放在程序框图上，自行调整大小和定
位于适当位置。

如图 7-32 所示，For 循环有两个端口——总线接线端（输入端）和计数接线端（输出端）。
输入端指定要循环的次数，该端子的数据表示的类型是 32 位有符号整数，若输入为 6.5，则
取为 6，即把浮点数舍为最近的整数，若输入为 0 或负数，则该循环无法执行并在输出中显
示该数据类型的默认值。输出端显示当前的循环次数，也是 32 位有符号整数，默认从 0 开始，
依次增加 1，即 $N-1$ 表示的是第 N 次循环。图 7-33 所示为使用 For 循环产生 100 对随机数，
判定每次的大数和小数，并在前面板显示。

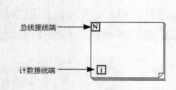

图 7-32　For 循环的输入端与输出端

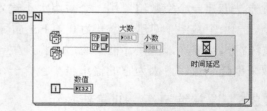

图 7-33　判定大数和小数的程序框图

判断最大值和最小值可以使用最大值和最小值函数，该函数可以在"控制"选板的"比
较"子选板中找到。

此循环中包含时间延迟，以便用户可以随着 For 循环的运行而看清数值的更新。其相应
的前面板如图 7-34 所示。

如 For 循环启用并行循环迭代，循环计数接线端下将显示并行实例（P）接线端。如通过

For 循环处理大量计算，可启用并行提高性能。LabVIEW 可通过并行循环利用多个处理器提高 For 循环的执行速度。但是，并行运行的循环必须独立于所有其他循环。可以通过"查找可并行循环结果"窗口确定可并行的 For 循环。右键单击 For 循环外框，在快捷菜单中选择【配置循环并行】，可显示"For 循环并行迭代"对话框。通过"For 循环并行迭代"对话框可设置 LabVIEW 在编译时生成的 For 循环实例数量。右击 For 循环，如图 7-35 所示，在 For 循环中配置循环并行，可显示图 7-36 所示的对话框，启用 For 循环并行迭代。

图 7-34　判断大数和小数的前面板

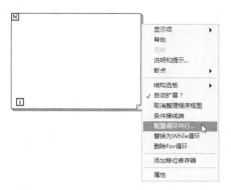

图 7-35　选择【配置循环并行】

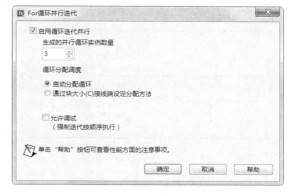

图 7-36　"For 循环并行迭代"对话框

通过并行实例接线端可指定运行时的循环实例数量，如图 7-37 所示。如未连线并行实例接线端，LabVIEW 可确定运行时可用的逻辑处理器数量，同时为 For 循环创建相同数量的循环实例。通过 CPU 信息函数可确定计算机包含的可用逻辑处理器数量。用户也可以指定循环实例所在的处理器。

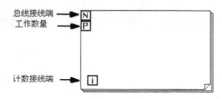

图 7-37　配置循环并行 For 循环的输入端与输出端

该对话框包括以下部分。

➢　启用循环迭代并行：启用 For 循环迭代并行。启用该选项后，循环计数（N）接线端下将显示并行实例（P）接线端。

➢　生成的并行循环实例数量：确定编译时 LabVIEW 生成的 For 循环实例数量。生成的并行循环实例数量应当等于执行 VI 的逻辑处理器数量。如需在多台计算机上发布 VI，生成的并行循环实例数量应当等于计算机的最大逻辑处理器数量。通过 For 循环的并行实例接线端可指定运行时的并行实例数量。如连线至"并行实例"接线端的值大于该对话框中输入的值，LabVIEW 将使用对话框中的值。

➢　允许调试：通过设置循环顺序执行可允许在 For 循环中进行调试。默认状态下，启用循环迭代并行后将无法进行调试。

选择【工具】→【性能分析】→【查找可并行循环】命令，如图 7-38 所示。"查找可并行循环结果"窗口用于显示可并行的 For 循环，如图 7-39 所示。

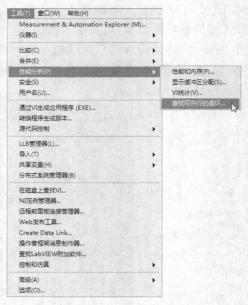

图 7-38　查找可并行的循环

图 7-39　"查找可并行循环结果"对话框

7.4.2　移位寄存器

移位寄存器是 LabVIEW 的循环结构中的一个附加对象，也是一个非常重要的方面，其功能是把当前循环完成时的某个数据传递给下一个循环开始。移位寄存器的添加可以通过在循环结构的左边框或右边框上弹出的快捷菜单实现，在其中选择【添加移位寄存器】，如图 7-40 所示，即可在 For 循环中添加移位寄存器。图 7-41 显示的是添加移位寄存器后的程序框图。

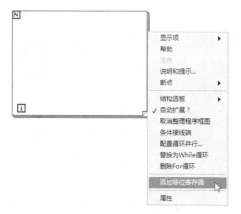

图 7-40　在 For 循环中添加移位寄存器

图 7-41　添加了移位寄存器的程序框图

右端子在每次完成一次循环后存储数据，移位寄存器将上次循环的存储数据在下次循环开始时移动到左端子上。移位寄存器可以存储任何数据类型，但连接在同一个寄存器端子上的数据必须是同一种类型。移位寄存器的类型与第一个连接到其端子之一的对象数据类型相同。

如计算 1+2+3+4+5 的值，由于是累加的结果，所以用到了移位寄存器。需要注意的是，由于 For 循环是从 0 执行到 N-1，所以输入端赋予了 6，移位寄存器赋了初值 0。具体程序框图和前面板显示如图 7-42 所示。

若上例中不添加移位寄存器，则只输出 5（如图 7-43 所示），因为此时没有累加结果的功能。

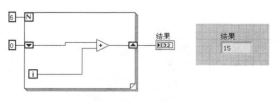

图 7-42　计算 1+2+3+4+5 的值

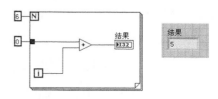

图 7-43　不添加移位寄存器的结果

又如求 0～99 的偶数的总和，由于 For 循环中的默认递增步长为 1，此时根据题目要求步长应变为 2，具体程序框图和前面板如图 7-44 所示。

在使用移位寄存器时应注意初始值问题，如果不给移位寄存器指定明确的初始值，则左端子将在对其所在循环调用之间保留数据，当多次调用包含循环结构的子 VI 时会出现这种情况，需要特别注意。如果对此情况不加考虑，可能会引起错误的程序逻辑。

一般情况下应为左端子明确提供初始值，以免出错，但在某些场合，利用这一特性也可以实现比较特殊的程序功能。除非显式的初始化移位寄存器，否则当第一次执行程序时移位寄存器将初始化为移位寄存器相应数据类型的默认值，若移位寄存器数据类型是布尔型，初始化值将为假，若移位寄存器数据类型是数字类型，初始化值将为零。但当第二次开始执行时，第一次运行时的值将为第二次运行时的初始值，依次类推。例如当不给图 7-44 中的移位寄存器赋予初值时即如图 7-45 所示，当第一次执行时，输出为 2450，再运行时将输出为 4900。这就是因为左端子在循环调用之间保留了数据。

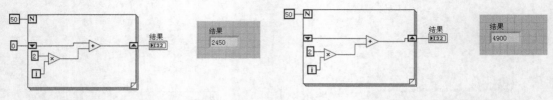

图 7-44　计算 0～99 中偶数的和　　　　　图 7-45　移位寄存器不赋初值的情况

　　也可以添加多个移位寄存器，通过多个移位寄存器保存多个数据，如图 7-46 所示，该程序框图用于计算等差数列 $2n+2$ 中 n 取 0、1、2、3 时的乘积。

　　在编写程序时有时需要访问以前多次循环的数据，而层叠移位寄存器可以保存以前多次循环的值，并将值传递到下一次循环中。创建层叠移位寄存器，可以通过使用右键单击左侧的接线端并从弹出菜单中选择【添加元素】来实现。如图 7-47 所示，层叠移位寄存器只能位于循环左侧，因为右侧的接线端仅用于把当前循环的数据传递给下一次循环。

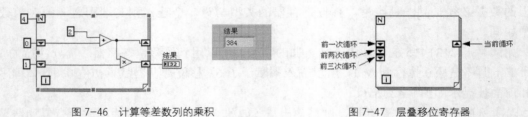

图 7-46　计算等差数列的乘积　　　　　图 7-47　层叠移位寄存器

　　如图 7-48 所示，使用层叠移位寄存器，不仅要表示出当前的值，而且要分别表示出前一次循环、前两次循环、前三次循环的值。

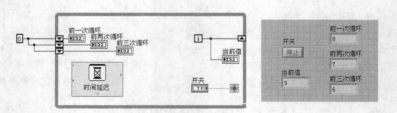

图 7-48　层叠移位寄存器的使用

7.4.3　课堂练习——创建 Y 曲线

本小节来求稳定状态时的曲线。

 操作提示：

（1）假设一组数起始值为 0.2，满足差分方程 $Xk+10=R×Xk×(1-Xk)$，R 为变化率，由输入控件中的值来控制，X 的初始值为 0.02，要求通过波形图中能显示出 Y 达到稳定状态时的曲线。

（2）具体程序框图和前面板如图 7-49 所示。从图中运行情况可以看出，左侧的 For 循环连续地给 R 输入了 0.1～4 的值，增量为 0.1。

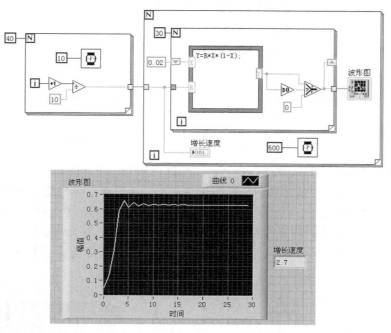

图 7-49 程序框图和前面板

（3）当 R 为 1～3 时，Y 的值比较稳定，稳态值在两个值之间振荡，若将程序框图左侧的 For 循环的值设置大于 40 时，可以发现当 R 大于 4 时，执行结果无规律可言。随着参数的不断增加，执行结果进入混沌状态。

7.4.4 While 循环

While 循环位于【函数】选板→【编程】→【结构】子选板中，同 For 循环类似，While 循环也需要自行拖动来调整大小和定位于适当的位置。与 For 循环不同的是 While 循环无须指定循环的次数，当且仅当满足循环退出条件时，才退出循环，所以当用户不知道循环要运行的次数时，While 循环就显得很实用。

若想从一个正在执行的循环中跳转出去时，可以通过某种逻辑条件跳出循环，即用 While 循环来代替 For 循环。

（1）While 循环重复执行代码片段直到条件接线端接收到某一特定的布尔值为止。While 循环有两个端子：计数接线端（输出端）和条件接线端（输入端），如图 7-50 所示。输出端记录循环已经执行的次数，作用与 For 循环中的输出端相同；输入端的设置分两种情况：条件为真时继续执行，如图 7-51（a）所示；条件为假时停止执行，如图 7-51（b）所示。

（2）While 循环是执行后再检查条件端子，而 For 循环是执行前就检查是否符合条件，所以 While 循环至少执行一次。如果把控制条件接线端子的控件放在 While 循环外，则根据初值的不同将出现两种情况：无限循环或仅被执行一次。

　　LabVIEW 编程属于数据流编程。那么什么是数据流编程呢？数据流，即控制 VI 程序的运行方式。对一个节点而言，只有当它的所有输入端口上的数据都成为有效数据时，它才能被执行。当节点程序运行完毕后，它把结果数据送给所有的输出端口，使之成为有效数据。并且数据很快从源端口送到目的端口，这就是数据流编程原理。

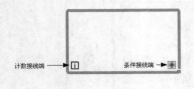

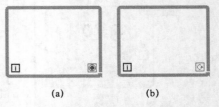

图 7-50　While 循环的输入端和输出端　　　　图 7-51　条件为真时继续执行或条件为假时停止执行

　　在 LabVIEW 的循环结构中有"自动索引"这一概念。自动索引是指使循环体外面的数据成员逐个进入循环体，或循环体内的数据累积成为一个数组后再输出到循环体外。对于 For 循环，自动索引是默认打开的，如图 7-52 所示。输出一段波形用 For 循环就可以直接执行。

　　但是此时对于 While 循环直接执行则不可以，因为 While 循环自动索引功能是关闭的，需在自动索引的方框▣上单击鼠标右键，在弹出菜单中选择【启用索引】，使其变为▣。

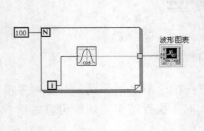

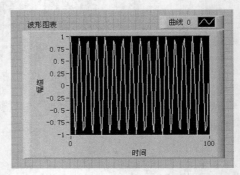

图 7-52　For 循环的自动索引

　　由于 While 循环是先执行再判断条件的，所以容易出现死循环，如将一个真或假常量连接到条件接线端口，或出现了一个恒为真的条件，那么循环将永远执行下去，如图 7-53 所示。

　　因此为了避免死循环的发生，在编写程序时最好添加一个布尔变量，与控制条件相"与"后再连接到条件接线端口，如图 7-54 所示。这样，即使程序出现逻辑错误而导致死循环，那么就可以通过这个布尔控件来强行结束程序的运行。等完成了所有程序开发，经检验无误后，再将布尔按钮去除。当然，也可以通过窗口工具栏上的【停止】按钮来强行终止程序。

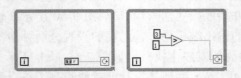

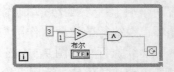

图 7-53　处于死循环状态的 While 循环　　　　图 7-54　添加了布尔控件的 While 循环

7.4.5 反馈节点

反馈节点和只有一个左端子的移位寄存器的功能相同，同样用于在两次循环之间传输数据。循环中一旦连线构成反馈，就会自动出现反馈节点箭头和初始化端子。使用反馈节点需注意其在选项板上的位置，若在分支连接到数据输入端的连线之前把反馈节点放在连线上，则反馈节点把每个值都传递给数据输入端；若在分支连接到数据输入端的连线之后把反馈节点放到连线上，反馈节点把每个值都传回 VI 或函数的输入，并把最新的值传递给数据输入端。

图 7-55 所示为求 $n!$ 的值的程序框图。

（1）由于本例需访问以前的循环的数据，所以要使用移位寄存器或反馈节点。图 7-55 所示是使用移位寄存器来实现计算 $n!$ 的功能。

（2）因为反馈节点和只有一个左端子的移位寄存器的功能相同，所以可使用反馈节点来完成程序，具体程序框图如图 7-56 所示。

（3）如果使用 While 循环实现同样的功能则需要构建条件来判定其什么时候执行循环，此时可以通过自增的数是否小于输入数来判断是否继续执行，如图 7-57 所示。

（4）对于上面 3 个程序框图，当输入 6 时，输出结果均为 720，如图 7-58 所示。

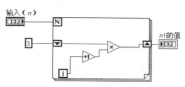

图 7-55　使用带移位寄存器的 For 循环求出 $n!$

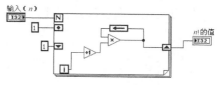

图 7-56　使用带反馈节点的 For 循环求出 $n!$

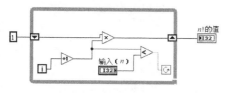

图 7-57　使用带移位寄存器的 While 循环求出 $n!$

图 7-58　$n!$ 的输出结果

7.4.6 课堂练习——计算平方和

本小节计算 n 个数据的平方和。

计算平方和

 操作提示：

（1）由于 For 循环是从 0 开始，所以输入后自加 1，否则运行的结果将出现错误，例如当输入为 3 时，结果为 14（是 n 为 2 时的平方和，而不是 n 为 3 时的平方和）。

（2）实例中使用了"连接字符串"，为了形象地表达出 n 个数的平方和，在使用"连接字符串"时，应注意数据类型的转换，因为是不同的类型，所以实例中使用了"字符串"子选板中的【数值至十进制数字符串转换】以实现正确的连接。图 7-59 所示为本实例的程序框图。

（3）当输入 6 时，计算结果为 91，其相应的前面板如图 7-60 所示。

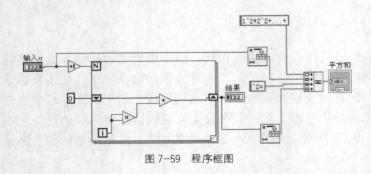

图 7-59　程序框图

图 7-60　前面板显示

7.4.7　变量

变量根据方法、作用不同，分为局部变量和全局变量。

1．创建局部变量的两种方法

（1）第一种方法是直接在程序框图中已有的对象上单击鼠标右键，从弹出的快捷菜单中创建局部变量，如图 7-61 所示。

（2）第二种方法是在"函数"选板中的"结构"子选板中选择【局部变量】，形成一个没有被赋值的变量，此时的局部变量没有任何用处，因为它还没有和前面板的控制或指示相关联，这时可以通过在前面板添加控件来填充其内容，如图 7-62 所示。

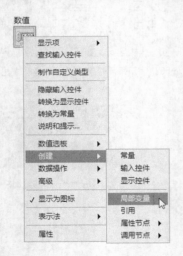

图 7-61　创建局部变量方法一

图 7-62　创建局部变量方法二

2．创建全局变量的两种方法

（1）第一种方法是在"结构"子选板中选择【全局变量】，生成一个小图标，双击该图标，弹出"全局|"框图，如图 7-63 所示。在框图内即可编辑全局变量。

（2）第二种方法是在 LabVIEW 中的"新建"菜单中选择【全局变量】，如图 7-64 所示，单击【确定】按钮后就可以打开设计全局变量窗口。

但此时只是一个没有程序框图的 LabVIEW 程序，要使用全局变量可按以下步骤进行：第一步，向刚才的前面板内添加想要的全局变量，如添加数据 X、Y、Z。第二步，保存这个全局变量，然后关闭全局变量的前面板窗口。第三步，新建一个程序，打开其程序框图，从"函数"选板中选择【选择 VI】，打开保存的文件，拖曳出一个全局变量的图标。第四步，单击图标右键，从弹出的选单中选择【选择项】，就可以根据需要选择相应的变量了，如图 7-65 所示。

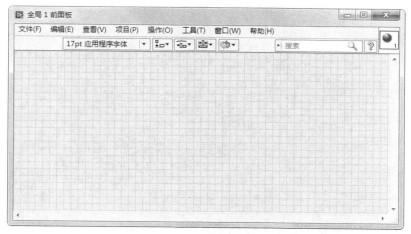

图 7-63　创建全局变量方法一

图 7-64　创建全局变量方法二

图 7-65　使用全局变量

7.4.8　课堂练习——全局变量的控制

本小节演示如何使用全局变量。

全局变量的控制

操作提示：

（1）编写程序，通过第一个 VI 产生数据，第二个 VI 显示第一个 VI 产生的数据。

（2）首先建立数值和开关的全局变量，如图 7-66 所示。

图 7-66　建立全局变量

① 第一个 VI 产生数据，如图 7-67 所示。

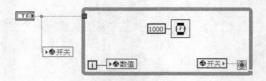

图 7-67　第一个子程序框图

② 第二个 VI 显示数据，如图 7-68 所示，其中的延时控制控件用于控制显示的速度，如输入为 2，则每个将延时 2s。总开关可以同时控制这两个 VI 的停止。

（3）运行时需要先运行第一个 VI，再运行第二个 VI，终止程序时可以使用总开关。运行程序后，前面板显示如图 7-69 所示。当要再次运行时，需先把总开关打开。

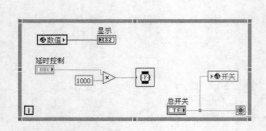

图 7-68　第二个子程序框图

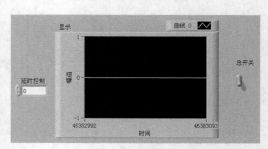

图 7-69　前面板显示

7.5　其他循环结构函数

在 LabVIEW 中，除常用的 For 循环和 While 循环外，还包括条件结构、顺序结构等，这里简单介绍这些循环结构。

7.5.1　条件结构

　　条件结构同样位于"函数"选板中的"结构"子选板中，从"结构"选板中选取【条件结构】，并在程序框图上拖放以形成一个图框，如图 7-70 所示，图框中左边的数据端口是条件选择端口，通过其中的值选择到底哪个子图形代码框被执行，这个值默认是布尔型，可以改变为其他类型，在改变为数据类型时要考虑的一点是：如果条件结构的选择端口最初接收的是数字输入，那么代码中可能存在有 n 个分支，当改变为布尔型时分支 0 和 1 自动变为假和真，而分支 2，3 等却未丢失，因此在条件结构执行前，一定要明确地删除这些多余的分支，以免出错。顶端是选择器标签，里面有所有可以被选择的条件，两旁的按钮分别为减量按钮和增量按钮。

　　选择器标签的个数可以根据实际需要来确定，在选择器标签上选择在前面添加分支或在后面添加分支，就可以增加选择器标签的个数。

　　在选择器标签中可输入单个值或数值列表和范围。在使用列表时，数值之间用逗号隔开；在使用数值范围时，指定一个类似 10..20 的范围用于表示 10 到 20 之间的所有数字（包括 10 和 20），而..100 表示所有小于等于 100 的数，100.. 表示所有大于 100 的数。当然也可以将列表和范围结合起来使用，如..6,8,9,16..。若在同一个选择器标签中输入的数有重叠，条件结构将以更紧凑的形式重新显示该标签，如输入..9,..,18,26,70..。那么将自动更新为..18,26,70..。使用字符串范围时，范围 a..c 包括 a，b 和 c。

　　若输入选择器的值和选择器接线端所连接的对象不是同一数据类型，则该值将变成红色，在结构执行之前必须删除或编辑该值，否则将不能运行，应修改为与连接相匹配的数据类型，如图 7-71 所示。同样由于浮点算术运算可能存在四舍五入误差，因此浮点数不能作为选择器标签的值，若将一个浮点数连接到条件分支，LabVIEW 将对其进行舍入到最近的偶数值。若在选择器标签中输入浮点数，则该值将变成红色，在执行前必须对该值进行删除或修改。

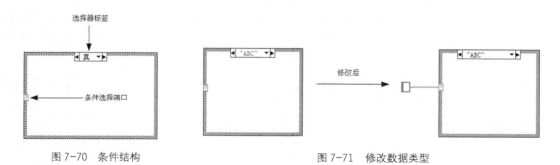

图 7-70　条件结构　　　　　　　　　　　　图 7-71　修改数据类型

　　LabVIEW 的条件结构与其他语言的条件结构相比，简单明了、结构简单，不但相当于 Switch 语句，还可以实现 if…else 语句的功能。条件结构的边框通道和顺序结构的边框通道都没有自动索引和禁止索引这两种属性。

7.5.2　顺序结构

　　虽然数据流编程为用户带来了很多方便，但也在某些方面存在不足。如果 LabVIEW 框图程序中有两个节点同时满足节点执行的条件，那么这两个节点就会同时执行。但是若编程时要求这两个节点按一定的先后顺序执行，那么数据流编程是无法满足要求的，这时就必须使用顺序结构来明确执行次序。

顺序结构分为平铺式顺序结构和层叠式顺序结构，从功能上讲两者结构完全相同。两者都可以从"结构"子选板中创建。

LabVIEW 顺序框架的使用比较灵活，在编辑状态时可以很容易地改变层叠式顺序结构各框架的顺序。平铺式顺序结构各框架的顺序不能改变，但可以先将平铺式顺序结构转化为层叠式顺序结构，如图 7-72 所示。在层叠式顺序结构中改变各框架的顺序如图 7-73所示，再将层叠式顺序结构转换为平铺式顺序结构，这样就可以改变平铺式顺序结构各框架的顺序。

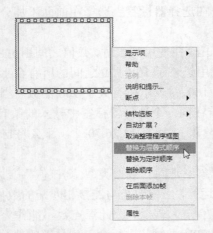

图 7-72　平铺式顺序结构转换为层叠式顺序结构

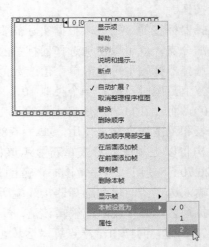

图 7-73　改变各框架的顺序

平铺式顺序结构如图 7-74 所示。

顺序结构中的每个子框图都称为一个帧，刚建立顺序结构时只有一个帧，对于平铺式顺序结构，可以通过在帧边框的左右分别选择在前面添加帧和在后面添加帧来增加一个空白帧。

由于每个帧都是可见的，所以平铺式的顺序结构不能添加局部变量，不需要借助局部变量这种机制在帧之间传输数据。

图 7-75 所示为：判断一个随机产生的数是否小于或不小于 70，若小于，则产生 0，若大于，则产生 1。

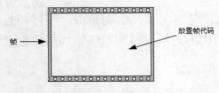

图 7-74　平铺式顺序结构

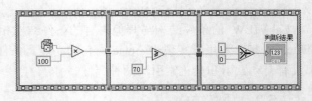

图 7-75　使用平铺式顺序结构的程序框图

　　层叠的顺序结构的表现形式与条件结构十分相似，都是在框图的同一位置层叠多个子框图，每个框图都有自己的序号，执行顺序结构时，按照序号由小到大逐个执行。条件结构与层叠式顺序结构的异同为：条件结构的每一个分支都可以为输出提供一个数据源，相反，在层叠式顺序结构中，输出隧道只能有一个数据源。输出可源自任何帧，但仅在执行完毕后数据才输出，而不是在个别帧执行完毕后数据才离开层叠顺序结构。层叠式顺序结构中的局部变量用于帧间传送数据。对输入隧道中的数据，所有的帧都可能使用。层叠结构具体的程序框图如图 7-76 所示。

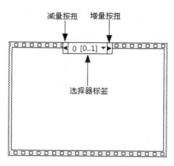

图 7-76　层叠式顺序结构

　　在层叠式顺序结构中需要用到局部变量，用以在不同帧之间实现数据的传递。例如当用层叠式顺序结构做图 7-75 例子的程序时，就需用局部变量，具体程序框图如图 7-77 所示。

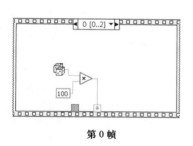
第 0 帧

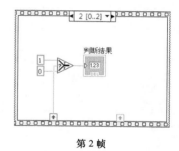
第 2 帧

第 1 帧

图 7-77　程序框图

7.5.3　课堂练习——计算时间差

输入一个 0～10 000 的整数，测量机器需要多少时间才能产生与之相同的数。

计算时间差

 操作提示：

　　（1）由于计算多少时间需要用到前后两个时刻的差，即用到了先后次序，所以应用顺序结构解决此题。

　　（2）在产生了的数据中，先将其转换为整型。转换函数在"数值"子选板中。具体程序框图和前面板显示如图 7-78～图 7-80 所示。

　　（3）图 7-81 所示的也是一个计算时间的程序框图，用于计算一个 For 循环的执行大约需要多少时间。

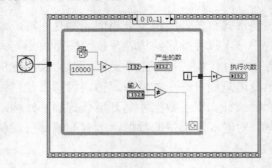

图 7-78　程序框图的第 0 帧

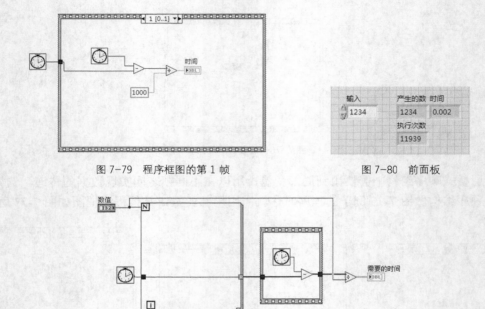

图 7-79　程序框图的第 1 帧　　　　　　图 7-80　前面板

图 7-81　计算时间的程序框图

7.5.4　事件结构

在讲解事件结构前，先介绍一下事件的有关内容。

首先，什么是事件？事件是对活动发生的异步通知。事件可以来自于用户界面、外部 I/O 或程序的其他部分。

（1）用户界面事件包括鼠标单击、键盘按键等动作。

（2）外部 I/O 事件则诸如数据采集完毕或发生错误时硬件定时器或触发器发出信号。

（3）其他类型的事件可通过编程生成并与程序的不同部分通信。LabVIEW 支持用户界面事件和通过编程生成的事件，但不支持外部 I/O 事件。

在由事件驱动的程序中，系统中发生的事件将直接影响执行流程。与此相反，过程式程序按预定的自然顺序执行。事件驱动程序通常包含一个循环，该循环等待事件的发生并执行代码来响应事件，然后不断重复以等待下一个事件的发生。程序如何响应事件取决于为该事件所编写的代码。事件驱动程序的执行顺序取决于具体所发生的事件及事件发生的顺序。程序的某些部分可能因其所处理的事件的频繁发生而频繁执行，而其他部分也可能由于相应事件从未发生而根本不执行。

另外，使用时间结构的原因是因为在 LabVIEW 中使用用户界面事件可使前面板的用户操作与程序框图执行保持同步。事件允许用户每当执行某个特定操作时执行特定的事件处理分支。如果没有事件，程序框图必须在一个循环中轮询前面板对象的状态以检查是否发生任何变化。轮询前面板对象需要较多的 CPU 时间，且如果执行太快则可能检测不到变化。通过事件响应特定的用户操作则不必轮询前面板即可确定用户执行了何种操作。LabVIEW 将在指定的交互发生时主动通知程序框图。事件不仅可减少程序对 CPU 的需求、简化程序框图代码，还可以保证程序框图对用户的所有交互都能作出响应。

使用编程生成的事件，可在程序中不存在数据流依赖关系的不同部分间进行通信。通过编程产生的事件具有许多与用户界面事件相同的优点，并且可共享相同的事件处理代码，从而更易于实现高级结构，如使用事件的队列式状态机。

事件结构的特点有以下 3 点。

（1）事件结构是一种多选择结构，能同时响应多个事件，传统的选择结构没有这个能力，只能一次接受并响应一个选择。事件结构位于"函数"选板的"结构"子选板上。

（2）事件结构的工作原理就像具有内置等待通知函数的条件结构。事件结构可包含多个分支，一个分支即一个独立的事件处理程序。一个分支配置可处理一个或多个事件，但每次只能发生这些事件中的一个事件。事件结构执行时，将等待一个之前指定事件的发生，待该事件发生后即执行事件相应的条件分支。一个事件处理完毕后，事件结构的执行亦告完成。事件结构并不通过循环来处理多个事件。与"等待通知"函数相同，事件结构也会在等待事件通知的过程中超时。发生这种情况时，将执行特定的超时分支。

（3）事件结构由超时端子、事件结构节点和事件选择标签组成，如图 7-82 所示。

超时端子用于设定事件结构在等待指定事件发生时的超时时间，以毫秒为单位。当值为-1时，事件结构处于永远等待状态，直到指定的事件发生为止。当值为一个大于 0 的整数时，时间结构会等待相应的时间，当事件在指定的时间内发生时，事件接受并响应该事件，若超过指定的时间，事件没发生，则事件会停止执行，并返回一个超时事件。通常情况下，应当为事件结构指定一个超时时间，否则事件结构将一直处于等待状态。

事件结构节点由若干个事件数据端子组成，增减数据端子可通过拖拉事件结构节点来进行，也可以在事件结构节点上单击鼠标右键，在快捷菜单选添加或删除元素来进行。

事件选择标签用于标识当前显示的子框图所处理的事件源，其增减与层叠式顺序结构和选择结构中的增减类似。

与条件结构一样，事件结构也支持隧道。但在默认状态下，无须为每个分支中的事件结构输出隧道连线。所有未连线的隧道的数据类型将使用默认值。右键单击隧道，从快捷菜单中取消选择【未连线时使用默认】可恢复至默认的条件结构行为，即所有条件结构的隧道必须要连线。

对于事件结构，无论是编辑还是添加或是复制等操作，都会使用到"编辑事件"对话框。"编辑事件"对话框的建立，可以通过在事件结构的边框上点右键，从快捷菜单中选择【编辑本分支所处理的事件】实现，如图 7-83 所示。

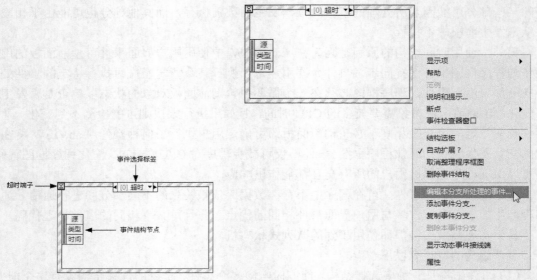

图 7-82　事件结构框图　　　　　　　　　图 7-83　创建"编辑事件"对话框

图 7-84 所示为一个"编辑事件"对话框。每个事件分支都可以配置为多个事件，当这些事件中有一个发生时，对应的事件分支代码都会得到执行。事件说明符的每一行都是一个配置好的事件，每行分为左右两部分，左边列出事件源，右边列出该事件源产生事件的名称，图 7-84 中分支 2 只指定了一个事件，事件源是<本 VI>，事件名称是"键按下"。

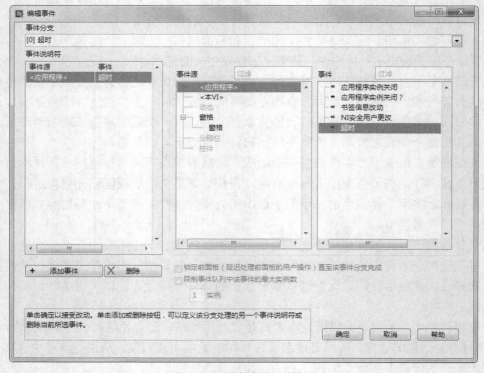

图 7-84　"编辑事件"对话框

　　事件结构能够响应的事件有两种类型：通知事件和过滤事件。在"编辑事件"对话框的事件列表中，通知事件左边为绿色箭头，过滤事件左边为红色箭头。通知事件用于通知程序代码某个用户界面事件发生了，过滤事件用来控制用户界面的操作。

　　通知事件表明某个用户操作已经发生，如用户改变了控件的值。通知事件用于在事件发生且 LabVIEW 已对事件处理后对事件作出响应。可配置一个或多个事件结构对一个对象上同一通知事件作出响应。事件发生时，LabVIEW 会将该事件的副本发送到每个并行处理该事件的事件结构。

　　过滤事件将通知用户 LabVIEW 在处理事件之前已由用户执行了某个操作，以便用户就程序如何对用户界面的交互作出响应进行自定义。使用过滤事件参与事件处理可能会覆盖事件的默认行为。在过滤事件的事件结构分支中，可在 LabVIEW 结束处理该事件之前验证或改变事件数据，或完全放弃该事件以防止数据的改变影响到 VI。例如，将一个事件结构配置为放弃前面板关闭事件可防止用户关闭 VI 的前面板。过滤事件的名称以问号结束，如"前面板关闭？"，以便与通知事件区分。多数过滤事件都有相关的同名通知事件，但没有问号。该事件是在过滤事件之后，如没有事件分支放弃该事件时由 LabVIEW 产生。

　　同通知事件一样，对于一个对象上同一个通知事件，可配置任意数量与其响应的事件结构。但 LabVIEW 将按自然顺序将过滤事件发送给为该事件所配置的每个事件结构。LabVIEW 向每个事件结构发送该事件的顺序取决于这些事件的注册顺序。在 LabVIEW 能够通知下一个事件结构之前，每个事件结构必须执行完该事件的所有事件分支。如果某个事件结构改变了事件数据，LabVIEW 会将改变后的值传递到整个过程中的每个事件结构。如果某个事件结构放弃了事件，LabVIEW 便不把该事件传递给其他事件结构。只有当所有已配置的事件结构处理完事件，且未放弃任何事件时，LabVIEW 才能完成对触发事件的用户操作的处理。

　　建议仅在希望参与处理用户操作时使用过滤事件，过滤事件可以是放弃事件或修改事件数据。如仅需知道用户执行的某一特定操作，应使用通知事件。

　　处理过滤事件的事件结构分支有一个事件过滤节点。可将新的数据值连接至这些接线端以改变事件数据。如果不对某一数据项连线，那么该数据项将保持不变。可将真值连接至"放弃？"接线端以完全放弃某个事件。

　　事件结构中的单个分支不能同时处理通知事件和过滤事件。一个分支可处理多个通知事件，但仅当所有事件数据项完全相同时才能处理多个过滤事件。

　　图 7-85 和图 7-86 给出了包含两种事件处理的代码示例，可以通过此例来进一步了解事件结构。图 7-85 所示的分支 0，在"编辑事件结构"对话框内响应了数值控件上"键按下？"的过滤事件，用假常量连接了"放弃？"，这使得通知事件键按下得以顺利生成，若将真常量连接了"放弃？"，则表示完全放弃了这个事件，则通知事件上的键按下不会产生。图 7-86 所示的分支 1，用于处理通知事件键按下，处理代码弹出内容为"通知事件"的消息框。图中 While 循环接入了一个假常量，所以循环只进行一次就退出，这样，键按下事件实际并没得到处理。若连接真常量，则执行。

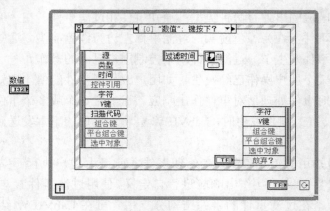

图 7-85　过滤事件

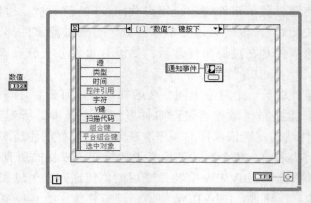

图 7-86　通知事件

7.5.5　公式节点

由于一些复杂的算法完全依赖图形代码实现会过于繁琐。为此，在 LabVIEW 中还包含了以文本编程的形式实现程序逻辑的公式节点。

公式节点类似于其他结构，本身也是一个可调整大小的矩形框。当需要键入输入变量时可在边框上单击鼠标右键，在弹出的菜单中选择【添加输入】，并且键入变量名，如图 7-87 所示。

同理也可以添加输出变量，如图 7-88 所示。

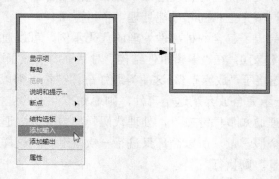

图 7-87　添加输入

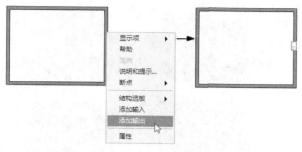

图 7-88　添加输出

　　输入变量和输出变量的数目可以根据具体情况而定。注意设定的变量的名字是大小写敏感的。

7.5.6　课堂练习——四则运算

　　例：输入 x 的值，求相应的 y，z 的值，其中 $y=x^3+6$，$z=5y+x$。

操作提示：

　　（1）输入变量有 1 个，输出变量有 2 个，使用公式节点时可直接将表达式写入其中，具体程序如图 7-89 所示。

　　（2）输入表达式时需要注意的是：公式节点中的表达式其结尾应以分号表示结束，否则将产生错误。

　　（3）公式节点中的语句使用的句法类似于多数文本编程语言，并且也可以给语句添加注释，注释内容用一对"/*"封起来。

　　（4）有一函数：当 $x<0$ 时，y 为-1；当 $x=0$ 时，y 为 0；当 $x>0$ 时，y 为 1；编写程序，输入一个 x 值，输出相应的 y 值。

　　（5）由于公式语句的语法类似于 C 语言，所以代码框内可以编写相应的 C 语言代码，具体程序如图 7-90 所示。

图 7-89　公式节点的使用

图 7-90　公式节点与 C 语言的结合使用

　　图 7-91 显示了使用公式节点构建波形，相应的前面板如图 7-92 所示。

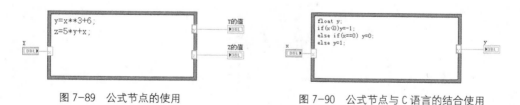

图 7-91　构建波形的程序框图

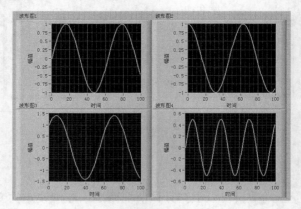

图 7-92　构建波形的前面板显示

7.5.7　属性节点

属性节点可以实时改变前面板对象的颜色、大小和是否可见等属性，从而达到最佳的人机交互效果。通过改变前面板对象的属性值，可以在程序运动中动态地改变前面板对象的属性。

下面以数值控件为例来介绍属性节点的创建。在数值控件上单击鼠标右键，在弹出的菜单中依次选择【创建】→【属性节点】，然后选择要选的属性，若此时选择其中的可见属性，单击【可见】，则出现右边的小图标，如图 7-93 所示。

图 7-93　属性节点的建立

若需要同时改变所选对象的多个属性，一种方法是创建多个属性节点，如图 7-94 所示。另外一种简捷的方法是在一个属性节点的图标上添加多个端口。添加的方法有两种：一种是用光标拖动属性节点图标下边缘的尺寸控制点，如图 7-95（a）所示；另一种是在属性节点图标的右键弹出菜单中选择【添加元素】，如图 7-95（b）所示。

图 7-94　创建多个属性节点方法一

有效地使用属性节点可以使用户设计的图形化人机交互界面更加友好、美观、操作更加方便。由于不同类型前面板对象的属性种类繁多，很难一一介绍，所以下面仅以数值控件来介绍部分属性节点的用法。

1．键选中属性

该属性用于控制所选对象是否处于焦点状态，其数据类型为布尔类型，如图 7-96 所示。

图 7-95　创建多个属性节点方法二

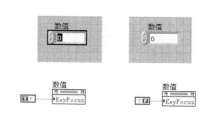

图 7-96　键选中属性

（1）当输入为真时，所选对象将处于焦点状态。

（2）当输入为假时，所选对象将处于一般状态。

2．禁用属性

通过这个属性，可以控制用户是否可以访问一个前面板，其数据类型为数值型，如图 7-97 所示。

（1）当输入值为 0 时，前面板对象处于正常状态，用户可以访问前面板对象。

（2）当输入值为 1 时，前面板外观处在正常状态，但用户不能访问前面板对象的内容。

（3）当输入值为 2 时，前面板对象处于禁用状态，用户不可以访问前面板对象的内容。

3．可见属性

通过这个属性可以控制前面板对象是否可视，其数据类型为布尔型，如图 7-98 所示。

（1）当输入值为真时，前面板对象在前面板上处于可见状态。

（2）当输入值为假时，前面板对象在前面板上处于不可见状态。

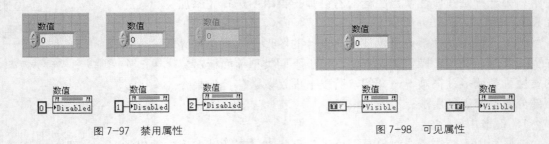

图 7-97　禁用属性　　　　　　　　　　　　　　　　图 7-98　可见属性

4．闪烁属性

通过这个属性可以控制前面板对象是否闪烁。

（1）当输入值为真时，前面板对象处于闪烁状态。

（2）当输入值为假时，前面板对象处于正常状态。

在 LabVIEW 菜单栏中选择【工具】→【选项】，弹出一个名为"选项"的对话框，在对话框中可以设置闪烁的速度和颜色。

在对话框上部的下拉列表框中选择【前面板】，对话框中会出现图 7-99 所示的属性设定选项，可以在其中设置闪烁速度。

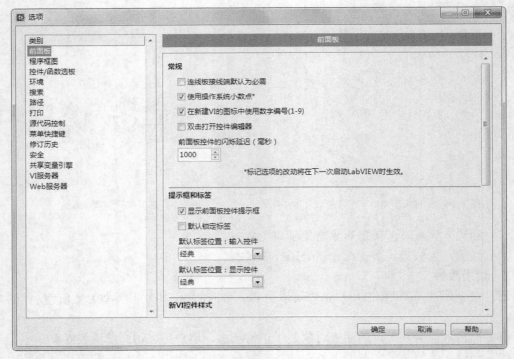

图 7-99　设置闪烁速度

公务卡管理系统

7.6　课堂案例——公务卡管理系统

本例主要利用"属性节点"调整控件颜色属性，使前面板更形象直观。同时，VI 属性的应用使运行过程中前面板显示更生动。

1．设置工作环境

（1）新建 VI。选择菜单栏中的【文件】→【新建 VI】命令，新建一个 VI，一个空白的 VI 包括前面板及程序框图。

（2）保存 VI。选择菜单栏中的【文件】→【另存为】命令，输入 VI 名称为"公务卡管理系统"。

2．添加控件

在"控件"选板上选择【银色】→【字符串与路径】→【字符串输入控件】-【无框（银色）】【字符串显示控件】-【无框（银色）】控件，选择【银色】→【布尔】→【空白按钮】控件，并放置在前面板的适当位置，如图 7-100 所示。

3．设计程序框图

（1）选择菜单栏中的【窗口】→【显示程序框图】命令，或双击前面板中的任一输入输出控件，将程序框图置为当前，如图 7-101 所示。

图 7-100　添加控件

（2）修改控件名称，如图 7-102 所示。

图 7-101　显示程序框图

图 7-102　控件名称修改结果

（3）在"函数"选板上选择【编程】→【结构】→【While 循环】函数，拖动出适当大小的矩形框，将输入控件放置到 While 循环中。

（4）在"函数"选板上选择【编程】→【定时】→【等待下一个整数倍毫秒】函数，将其放置在循环内部，并创建循环次数 100。

（5）在"函数"选板上选择【编程】→【比较】→【等于？】函数，创建输入常量"Labview"，若在"密码"输入控件中输入与之相同的内容，则将数据输出到布尔控件"登录"上，即可登录系统。

（6）将 While 循环内部自带的"循环条件"连接到"关闭"控件上，使用该按钮来控制系统的关闭。

（7）单击工具栏中的【整理程序框图】按钮，整理程序框图，结果如图 7-103 所示。

4．修饰前面板

（1）选择菜单栏中的【窗口】→【显示前面板】命令，或双击程序框图中的任一输入输出控件，将前面板置为当前，如图 7-104 所示。

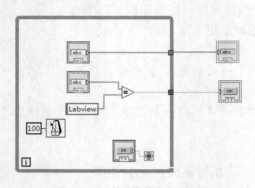

图 7-103　整理好的程序框图

图 7-104　前面板

（2）在前面板中导入图片，并放置在控件上方，覆盖整个控件组，在工具栏中单击【重新排序】按钮下拉选单，选择【移至后面】命令，改变对象在窗口中的前后次序，如图 7-105 所示。

图 7-105　调整前面板

5．设置 VI 属性

（1）选择菜单栏中的【文件】→【VI 属性】命令，弹出"VI 属性"对话框，在"类别"下拉列表中选择【窗口运行时位置】选项，在"位置"下拉列表中选择【居中】，勾选【使用当前前面板大小】复选框，如图 7-106 所示。

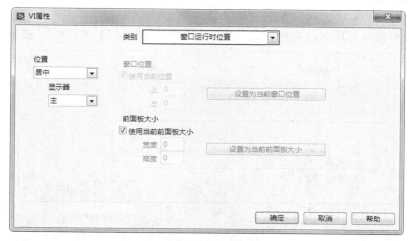

图 7-106 设置窗口位置

（2）在"类别"下拉列表中选择【窗口外观】选项，如图 7-107 所示。单击【自定义】按钮，弹出"自定义窗口外观"对话框，设置运行过程中前面板显示情况，如图 7-108 所示。

图 7-107 选择【窗口外观】

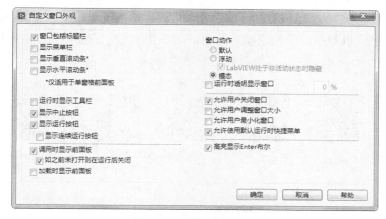

图 7-108 设置窗口外观

6. 运行程序

（1）在前面板窗口或程序框图窗口的工具栏中单击【运行】按钮⬚，运行 VI，VI 居中显示，结果如图 7-109 所示。

图 7-109　运行结果

（2）单击【关闭】按钮，退出运行程序。

7.7　课后习题

1．LabVIEW 支持的数据类型有哪几种？

2．数组与数值有什么区别？

3．For 循环与 While 循环有什么区别？

4．For 循环与 While 循环可以相互嵌套吗？

5．输入随机数，计算四则运算 $y=(x\times10+9)\div6$。

6．创建一个 6×6 的数组。

7．创建一个包含 10 个随机数的一维数组，将该数组的元素组合，生成新的数组并输出。

8．创建一个随机数组成的波形图，其中，随机数大于 10 亮红灯，小于 5 亮绿灯。

9．创建一个 VI，用于读取二维数组所有的数据。

习题 5　　习题 6　　习题 7　　习题 8　　习题 9

第 **8** 章 波形运算

内容指南

设计虚拟仪器的目的在于测试。测试过程包括波形或信号的生成、分析、输出。在虚拟测试系统中，信号是运算时重要的组成部分。系统经过特定的分析，才能得到有用的信息，而这主要由信号分析处理 VI 来实现。本章将详细介绍这些 VI。

知识重点

- 波形生成
- 信号生成
- 基本波形函数
- 波形显示图形

8.1 波形生成

与其他基于文本的编程语言不同，在 LabVIEW 中有一类被称为波形数据的数据类型，这种数据类型更类似于"簇"的结构，由一系列不同数据类型的数据构成，但是波形数据又具有与"簇"不同的特点，例如它可以由一些波形发生函数产生，可以作为数据采集后的数据进行显示和存储。

LabVIEW 提供了大量的波形生成节点，它们位于"函数"选板→【信号处理】→【波形生成】子选板中，如图 8-1 所示。使用这些波形生成函数可以生成不同类型的波形信号和合成波形信号。

8.1.1 基本函数发生器

基本函数发生器产生并输出指定类型的波形。该 VI 会记住前一个波形的时间标识，并从前一个时间标识后面继续增加时间标识。它将根据信号类型、采样信息、占空比及频率的输入量来产生波形。基本函数发生器的节点图标和端口定义如图 8-2 所示。

- ➢ 偏移量：信号的直流偏移量。默认为 0.0。
- ➢ 重置信号：如果该端口输入为 TRUE，将根据相位输入信息重置相位，并且将时间标识重置为 0。默认为 FALSE。

➤ 信号类型：所发生的信号波形的类型。包括正弦波、三角波、方波和锯齿波。

➤ 频率：产生信号的频率，以赫兹为单位。默认为 10。

➤ 幅值：波形的幅值。幅值也是峰值电压。默认为 1.0。

➤ 相位：波形的初始相位，以度为单位。默认为 0。如果重置信号输入为 FALSE，VI 将忽略相位输入值。

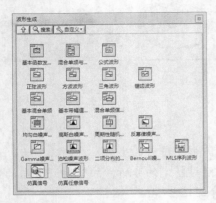

图 8-1　"波形生成"子选板

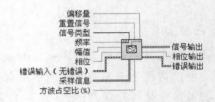

图 8-2　基本函数发生器节点和端口

➤ 采样信息：输入值为簇，包含了采样的信息。包括 *Fs* 和采样数。*Fs* 是以每秒采样的点数表示的采样率，默认为 1000。采样数是指波形中所包含的采样点数，默认为 1000。

➤ 方波占空比：指在一个周期中高电平相对与低电平占的时间百分比。只有当信号类型输入端选择方波时，该端子才有效。默认为 50。

➤ 信号输出：所产生的信号波形。

➤ 相位输出：波形的相位，以度为单位。

8.1.2　课堂练习——生成基本信号

本小节演示使用基本函数发生器节点产生不同形式的信号波形。

生成基本信号

🔔 **操作提示：**

程序的频率、幅值、相位等参数可调。本实例设计的前面板及程序框图如图 8-3 和图 8-4 所示。

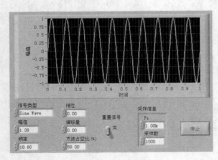

图 8-3　前面板

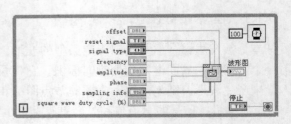

图 8-4　程序框图

8.1.3　公式波形

公式波形生成公式字符串所规定的波形信号。公式波形 VI 的节点图标及端口定义如图 8-5 所示。

图 8-5　公式波形 VI

➢ 公式：用来产生信号输出波形。默认为 $\sin(w*t)*\sin(2*pi(1)*10)$。表 8-1 列出了已定义的变量的名称。

表 8-1　公式波形 VI 中定义的变量名称

f	频率输入端输入的频率
a	幅值输入端输入的幅值
w	$2*pi*f$
n	到目前为止产生的采样点数
t	已运行的秒数
Fs	采样信息端输入的 Fs，即采样频率

8.1.4　课堂练习——生成公式信号

本小节演示使用公式波形 VI 产生不同形式的信号波形。

操作提示：

生成公式信号

可以根据表 8-1 所列出的变量名改变公式输入中的公式，并对公式中所涉及到的变量的值进行调节。波形图显示波形。本实例的前面板及程序框图如图 8-6 和图 8-7 所示。

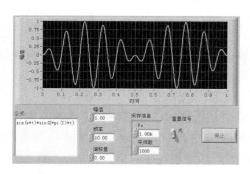

图 8-6　前面板

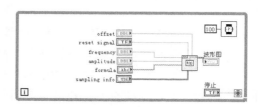

图 8-7　程序框图

8.1.5　正弦波形

正弦波形产生正弦信号波形。该 VI 是重入的，因此可用来仿真连续采集信号。如果重置信号输入端为 FALSE，接下来对 VI 的调用将产生下一个包含 n 个采样点的波形。如果重置信号输入端为 FALSE，该 VI 记忆当前 VI 的相位信息和时间标识，并据此来产生下一个波形的相关信息。正弦波形 VI 的节点图标及端口定义如图 8-8 所示。

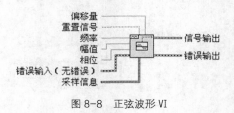

图 8-8　正弦波形 VI

8.1.6　基本混合单频

基本混合单频产生多个正弦信号的叠加波形，所产生的信号的频率谱在特定频率处是脉冲而其他频率处是 0。根据频率和采样信息产生单频信号。单频信号的相位是随机的，它们的幅值相等。最后这些单频信号进行合成。基本混合单频 VI 的节点图标及端口定义如图 8-9 所示。

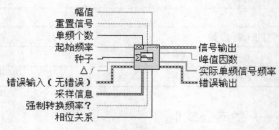

图 8-9　基本混合单频 VI

➢　幅值：合成波形的幅值，是合成信号中幅值中绝对值的最大值。默认值为-1。将波形输出到模拟通道时，幅值的选择非常重要。如果硬件支持的最大幅值为 5V，那么应将幅值端口接 5。

➢　重置信号：如果为 TRUE，将相位重置为相位输入端的相位值，并将时间标识重置为 0。默认为 FALSE。

➢　单频个数：在输出波形中出现的单频的个数。

➢　起始频率：产生的单频的最小频率。该频率必须为采样频率和采样数之比的整数倍。默认值为 10。

➢　种子：如果相位关系输入选择为线性，将忽略该输入值。

➢　f：两个单频之间频率的间隔幅度。Δf 必须是采样频率和采样数之比的整数倍。

➢　采样信息：包含 Fs 和采样数，是一个簇数据类型。Fs 是以每秒采样的点数表示的采样率，默认为 1000。采样数是指波形中所包含的采样点数，默认为 1000。

➢　强制转换频率？：如果该输入为 TRUE，特定单频的频率将被强制为最相近的 Fs/n 的整数倍。

➢　相位关系：所有正弦单频的相位分布方式。该分布影响整个波形峰值与平均值的比。包括 random（随机）和 linear（线性）两种方式。随机方式，相位是从 0°～360° 随机选择的；线性方式会给出最佳的峰值与均值比。

> 信号输出：产生的波形信号。
> 峰值因数：输出信号的峰值电压与平均值电压的比。
> 实际单频信号频率：如果强制频率转换为 TRUE，则输出强制转换频率后单频的频率。

8.1.7　课堂练习——生成混合信号

生成混合信号

本小节演示使用基本混合单频 VI 产生不同形式的信号波形。

操作提示：

本实例利用基本混合单频 VI 对混合单频的各种参数进行调节，并输出必要信息。前面板及程序框图如图 8-10 和图 8-11 所示。

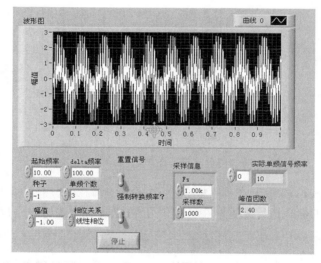

图 8-10　前面板

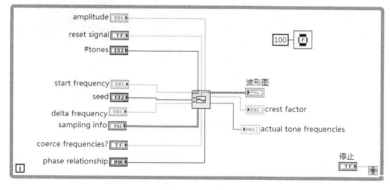

图 8-11　程序框图

8.1.8　仿真信号

Express VI 可模拟正弦波、方波、三角波、锯齿波和噪声。该 VI 还存在于【函数】选板

→【Express】→【信号分析】子选板中。

Express VI 的默认图标如图 8-12 所示。在"配置"对话框中选择【默认】选项后，其图标会发生变化。图 8-13 所示是选择【添加噪声】后的图标。另外，在图标上单击鼠标右键，在快捷菜单中选择【显示为图标】，可以以图标的形式显示该 Express VI，如图 8-14 所示。

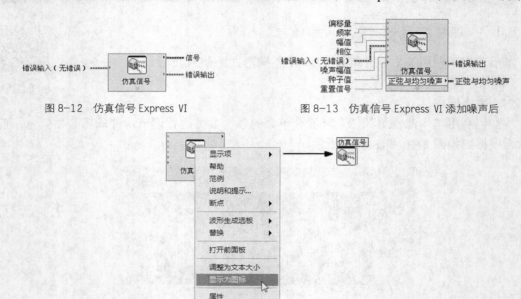

图 8-12　仿真信号 Express VI　　　　　图 8-13　仿真信号 Express VI 添加噪声后

图 8-14　以图标形式显示 Express VI

将仿真信号 Express VI 放置在程序框图上后，会弹出图 8-15 所示的配置窗口，在该窗口中可以对仿真信号 VI 的参数进行配置。在仿真信号 VI 的图标上左键双击也会弹出该配置窗口。

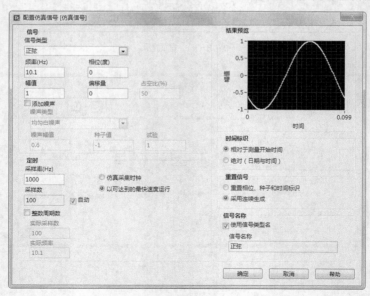

图 8-15　"配置仿真信号"窗口

下面对配置仿真信号窗口中的选项进行详细介绍。

（1）信号

该选项组包括的参数如下。

➤　信号类别：模拟的波形类别。可模拟正弦波、矩形波、锯齿波、三角波或噪声（直流）。

➤　频率（Hz）：以赫兹为单位的波形频率。默认值为 10.1。

➤　相位（度）：以度数为单位的波形初始相位。默认值为 0。

➤　幅值：波形的幅值。默认值为 1。

➤　偏移量：信号的直流偏移量。默认值为 0。

➤　占空比（%）：矩形波在一个周期内高位时间和低位时间的百分比。默认值为 50。

➤　添加噪声：向模拟波形添加噪声。

➤　噪声类型：指定向波形添加的噪声类型。只有勾选了【添加噪声】复选框，才可使用该选项。

信号在设置过程中还可添加噪声，可添加的类型介绍如下。

➤　均匀白噪声生成一个包含均匀分布伪随机序列的信号，该序列值的范围是[$-a$:a]，其中 a 是幅值的绝对值。

➤　高斯白噪声生成一个包含高斯分布伪随机序列的信号，该序列的统计分布图为 $(\mu, \text{sigma}) = (0, s)$，其中 s 是标准差的绝对值。

➤　周期性随机噪声生成一个包含周期性随机噪声（PRN）的信号。

➤　Gamma 噪声生成一个包含伪随机序列的信号，序列的值是一个均值为 1 的泊松过程中发生阶数次事件的等待时间。

➤　泊松噪声生成一个包含伪随机序列的信号，序列的值是一个速度为 1 的泊松过程在指定的时间均值中离散事件发生的次数。

➤　二项噪声生成一个包含二项分布伪随机序列的信号，其值即某个随机事件在重复实验中发生的次数，其中事件发生的概率和重复的次数事先给定。

➤　Bernoulli 噪声生成一个包含 0 和 1 伪随机序列的信号。

➤　MLS 序列生成一个包含最大长度的 0、1 序列，该序列由阶数为多项式阶数的模 2 本原多项式生成。

➤　逆 F 噪声生成一个包含连续噪声的波形，其功率谱密度在指定的频率范围内与频率成反比。

➤　噪声幅值：信号可达的最大绝对值。默认值为 0.6。只有选择【噪声类型】下拉菜单的【均匀白噪声】或【逆 F 噪声】时，该选项才可用。

➤　标准差：生成噪声的标准差。默认值为 0.6。只有选择【噪声类型】下拉菜单的【高斯白噪声】时，该选项才可用。

➤　频谱幅值：指定仿真信号的频域成分的幅值。默认值为 0.6。只有选择【噪声类型】下拉菜单的【周期性随机噪声】时，该选项才可用。

➤　阶数：指定均值为 1 的泊松过程的事件次数。默认值为 0.6。只有选择【噪声类型】下拉菜单的【Gamma 噪声】时，该选项才可用。

➤　均值：指定单位速率的泊松过程的间隔。默认值为 0.6。只有选择【噪声类型】下拉菜单的【泊松噪声】时，该选项才可用。

➢ 试验概率：某个试验为 TRUE 的概率。默认值为 0.6。只有选择【噪声类型】下拉菜单的【二项分布的噪声】时，该选项才可用。

➢ 取 1 概率：信号的一个给定元素为 TRUE 的概率。默认值为 0.6。只有选择【噪声类型】下拉菜单的【Bernoulli 噪声】时，该选项才可用。

➢ 多项式阶数：指定用于生成该信号的模 2 本原多项式的阶数。默认值为 0.6。只有选择【噪声类型】下拉菜单的【MLS 序列】时，该选项才可用。

➢ 种子值：该值大于 0 时，可使噪声采样发生器更换种子值。默认值为-1。LabVIEW 为该重入 VI 的每个实例单独保存其内部的种子值状态。具体而言，如种子值小于等于 0，LabVIEW 将不对噪声发生器更换种子值，而噪声发生器将继续生成噪声的采样，作为之前噪声序列的延续。

➢ 指数：指定反 f 频谱形状的指数。默认值为 1。只有选择【噪声类型】下拉菜单的【逆 F 噪声】时，该选项才可用。

（2）定时

➢ 采样率（Hz）：每秒采样速率。默认值为 1000。

➢ 采样数：信号的采样总数。默认值为 100。

➢ 自动：将采样数设置为采样率（Hz）的十分之一。

➢ 仿真采集时钟：仿真一个类似于实际采样率的采样率。

➢ 以可达到的最快速度运行：在系统允许的条件下尽可能快地对信号进行仿真。

➢ 整数周期数：设置最近频率和采样数，使波形包含整数个周期。

➢ 实际采样数：表示选择整数周期数时，波形中的实际采样数量。

➢ 实际频率：表示选择整数周期数时，波形的实际频率。

（3）时间标识

➢ 相对于测量开始时间：显示数值对象从 0 起经过的小时、分钟及秒数。例如，十进制 100 等于相对时间 1:40。

➢ 绝对（日期与时间）：显示数值对象从格林尼治标准时间 1904 年 1 月 1 号零点至今经过的秒数。

（4）重置信号

➢ 重置相位、种子和时间标识：将相位重设为相位值，将时间标识重设为 0。种子值重设为-1。

➢ 采用连续生成：对信号进行连续仿真。不重置相位、时间标识或种子值。

（5）信号名

➢ 使用信号类型名：使用默认信号名。

➢ 信号名：勾选了【使用信号类型名】复选框后，显示默认的信号名。

（6）结果预览：显示仿真信号的预览。

以上所述的绝大部分参数都可以在程序框图中进行设定。8.1.9 节的实例将展示这种情况。

8.1.9　课堂练习——生成带噪声的仿真信号

本小节演示使用仿真信号 Express VI 产生不同形式的信号波形。

生成带噪声的
仿真信号

操作提示:

放置仿真信号 Express VI 产生一个正弦信号,可以对正弦信号的频率、幅值、相位进行调节;可以选择叠加白噪声,可以对白噪声的相关参数进行调节。波形图输出了仿真信号。实例的前面板及程序框图如图 8-16 和图 8-17 所示。

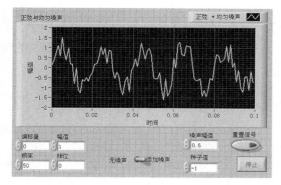

图 8-16   程序前面板

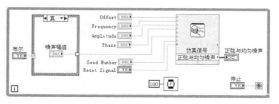

图 8-17   程序框图

8.2   信号生成

目前,对于实时分析系统,高速浮点运算和数字信号处理已经变得越来越重要。这些系统被广泛应用到生物医学数据处理、语音识别、数字音频和图像处理等各种领域。数据分析的重要性在于:消除噪声干扰,纠正由于设备故障而遭到破坏的数据,或者补偿环境影响。

1.测量任务

用于信号分析和处理的虚拟仪器执行的典型测量任务如下。

(1)计算信号中存在的总的谐波失真。

(2)决定系统的脉冲响应或传递函数。

(3)估计系统的动态响应参数,例如上升时间、超调量等。

(4)计算信号的幅频特性和相频特性。

(5)估计信号中含有的交流成分和直流成分。

所有这些任务都要求在数据采集的基础上进行信号处理。

由采集得到的测量信号是等时间间隔的离散数据序列,LabVIEW 提供了专门描述它们的数据类型——波形数据。由它提取出的测量信息,可能需要经过数据拟合抑制噪声,减小测量误差,然后在频域或时域经过适当的处理才会得到所需的结果。另外,一般来说在构造这个测量波形时已经包含了后续处理的要求(如采样率的大小、样本数的多少等)。

合理利用这些函数,会使测试任务达到事半功倍的效果。

下面对信号的分析和处理中用到的函数节点进行介绍。

对于任何测试来说,信号的生成非常重要。例如,当现实世界中的真实信号很难得到时,可以用仿真信号对其进行模拟,向数模转换器提供信号。

2．测试信号

常用的测试信号包括：正弦波、方波、三角波、锯齿波、各种噪声信号以及由多种正弦波合成的多频信号。

音频测试中最常见的是正弦波。正弦信号波形常用来判断系统的谐波失真度。合成正弦波信号广泛应用于测量互调失真或频率响应。

3．信号生成函数

信号生成 VI 在"函数"选板→【信号处理】→【信号生成】子选板中，如图 8-18 所示。使用信号生成 VI 可以得到特定波形的一维数组。在该选板上的 VI 可以返回通常的 LabVIEW 错误代码，或者特定的信号处理错误代码。

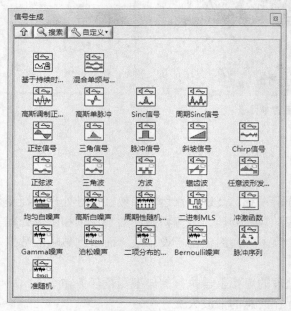

图 8-18 "信号生成"选板

8.2.1 基于持续时间的信号发生器

基于持续时间的信号发生器 VI 产生信号类型所决定的信号。该 VI 的节点图标和端口定义如图 8-19 所示。信号频率的单位是 Hz（周期/秒），持续时间单位是秒。采样点数和持续时间决定了采样率，而采样率必须是信号频率的 2 倍（遵从乃奎斯特定律）。如果乃奎斯特定律没有满足，必须增加采样点数，或者减小持续时间，或者减小信号频率。

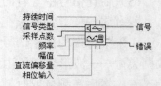

图 8-19 基于持续时间的信号发生器

➢ 持续时间：以秒为单位的输出信号的持续时间。默认值为 1.0。

➢ 信号类型：产生信号的类型。包括：sine（正弦）信号、cosine（余弦）信号、triangle（三角）信号、square（方波）信号、saw tooth（锯齿波）信号、increasing ramp（上升斜坡）信号和 decreasing ramp（下降斜坡）信号。默认信号类型为 sine（正弦）信号。

➢ 采样点数：输出信号中采样点的数目。默认为 100。

> 频率：输出信号的频率，单位为 Hz。默认值为 10。代表了 1 秒内产生整周期波形的数目。
> 幅值：输出信号的幅值。默认为 1.0。
> 直流偏移量：输出信号的直流偏移量。默认为 0。
> 相位输入：输出信号的初始相位，以度为单位。默认值为 0。
> 信号：产生的信号数组。

"信号生成"子选板中的其他 VI 与波形生成中相应的 VI 的使用方法类似。关于它们的使用方法，请参见"波形生成"子选板中 VI 的介绍部分。

8.2.2　课堂练习——生成正弦信号

本小节演示利用持续时间的信号发生器 VI 产生不同形式的信号。

生成正弦信号

操作提示：

基于持续时间的信号发生器 VI 可以对所产生的信号的类型进行选择，对特定波形的参数进行调节。波形数组送入波形图进行显示。前面板及程序框图如图 8-20 和图 8-21 所示。

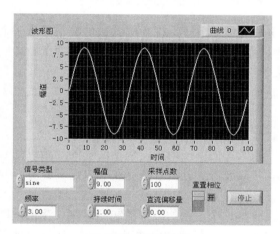

图 8-20　程序前面板

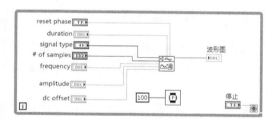

图 8-21　程序框图

8.3　基本波形函数

波形数据是 LabVIEW 中特有的一类数据类型，由一系列不同数据类型的数据组成，是一类特殊的簇，但是用户不能利用簇模块中的簇函数来处理波形数据，波形数据具有预定义的固定结构，只能使用专用的函数来处理，比如簇中的捆绑和解除捆绑相当于波形中的创建波形和获取波形成分。波形数据的引入，可以为测量数据的处理带来极大的方便。

在 LabVIEW 中，与处理波形数据相关的函数主要位于"函数"选板的【编程】→【波形】子选板中，如图 8-22 所示。

如图 8-23 所示，通常情况下，波形数据包含有 4 个组成部分：t0 是一个时间标识类型，标识波形数据的时间起点；dt 为双精度浮点数据类型，标识波形相邻数据点之间的时间距离，以秒为单位；Y 为双精度浮点数组，按照时间先后顺序给出整个波形的所有数据点；属性为变体类型，用于携带任意的属性信息。

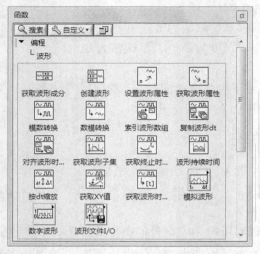

图 8-22 "波形"子选板

图 8-23 波形显示控件

波形类型控件位于"函数"选板→【编程】→【波形】子选板中。默认情况下显示 3 个元素：t0、dt 和 Y。在波形控件上单击鼠标右键，弹出快捷菜单，从中选择【显示项】→【属性】，可以打开波形控件的变体类型元素的"属性"对话框。

下面将主要介绍一些基本波形数据运算函数的使用方法。

8.3.1 获取波形成分

获取波形成分函数可以从一个已知波形中获取其中的一些内容，包括波形的起始时刻 t，采样时间间隔 dt，波形数据 Y 和属性 attributes。获取波形成分函数图标和端口定义如图 8-24 所示。

如使用基本函数发生器产生正弦信号，并且获得这个正弦的波形的起始时刻、波形采样时间间隔和波形数据，其部分程序框图如图 8-25 所示。由于要获取波形的信息，所以可使用获取波形成分函数，由一个正弦波形产生一个局部变量接入获取成分函数中，其前面板如图 8-26 所示。

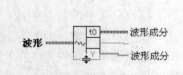

图 8-24 获取波形成分函数的图标和端口

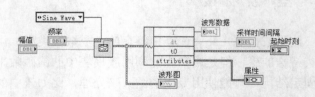

图 8-25 获取波形成分函数使用的程序框图

8.3.2 创建波形

创建波形函数用于建立或修改已有的波形，当上方的波形端口没有连接数据时，该函数创建一个新的波形数据。当波形端口连接了一个波形数据时，函数根据输入的值来修改这个波形数据中的值，并输出修改后的波形数据。创建波形函数的节点图标及端口定义如图 8-27 所示。

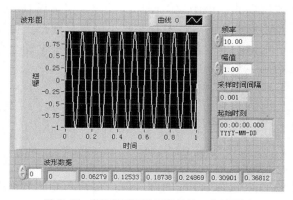

图 8-26　获取波形属性函数的使用的前面板

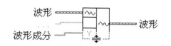

图 8-27　创建波形函数的图标和端口

图 8-28 显示的是创建波形使用的程序框图，其具体功能为：创建一个正弦波形，并输出该波形的波形成分。

注意要在第一个设置变体属性上创建一个空常量。当加入属性波形类型和长度时，需要用设置变体属性函数，也可以使用后面讲到的设置波形属性函数。

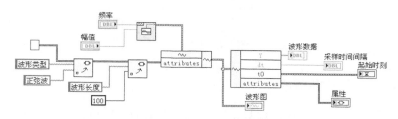

图 8-28　创建波形并获取波形成分的程序框图

相应的前面板如图 8-29 所示，需要注意的是：对于创建的波形，其属性的显示一开始是隐藏的，在默认状态下只显示波形数据中的前 3 个元素（波形数据、初始时间、采样间隔时间），可以在前面板的输出波形上单击鼠标右键，在弹出的菜单里选【显示项中的属性】。

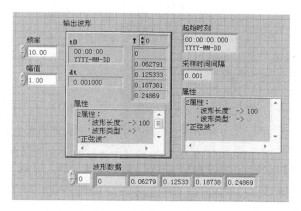

图 8-29　创建波形并获取波形成分的前面板

8.3.3 设置波形函数和获取波形函数

设置波形函数是为波形数据添加或修改属性的，该函数的图标和端口定义如图 8-30 所示。当"名称"输入端口指定的属性已经在波形数据的属性中存在时，函数将根据"值"端口的输入来修改这个属性。当"名称"端口指定的属性名称不存在时，函数将根据这个名称以及"值"端口输入的属性值为波形数据添加一个新的属性。

图 8-30　设置波形函数的图标和端口

获取波形属性函数是从波形数据中获取属性名称和相应的属性值，在输入端的名称端口输入一个属性名称后，若函数找到了名称输入端口的属性名称，则从值端口返回该属性的属性值（即在值端口创建显示控件），返回值的类型为变体型，需要用变体至数据函数将其转化为属性值所对应的数据类型，之后才可以使用和处理。获取波形属性函数的节点图标及端口定义如图 8-31 所示。

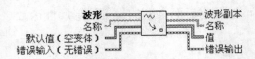

图 8-31　获取波形属性函数的图标和端口

8.3.4 索引波形数组函数

索引波形数组函数是从波形数据数组中取出由索引输入端口指定的波形数据。当从索引端口输入一个数字时，此时的功能与数组中的索引数组功能类似，即通过输入的数字就可以索引到想得到的波形数据；当输入一个字符串时，索引函数按照波形数据的属性来搜索波形数据。索引波形数组函数的节点图标及端口定义如图 8-32 所示。

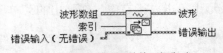

图 8-32　索引数组函数的图标和端口

8.3.5 获取波形子集函数

起始采样/时间端口用于指定子波形的起始位置，持续期端口用于指定子波形的长度；开始/持续期格式端口用于指定取出子波形时采用的模式，当选择相对时间模式时表示按照波形中数据的相对时间取出时间，当选择采样模式时按照数组的波形数据（Y）中的元素的索引取出数据。获取波形子集函数的节点图标及端口定义如图 8-33 所示。

图 8-34 所示为采用相对时间模式对一个已知波形取其子集，注意要在输出的波形图的属性中选择【不忽略时间标识】。

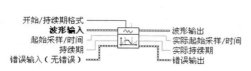

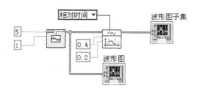

图 8-33 获取波形子集函数的图标和端口   图 8-34 取已知波形的子集的程序框图

8.3.6 Express 函数

Express VI 是从 LabVIEW 7 Express 开始引入的。从外观上看，Express VI 的图标很大。在 "函数" 选板中选择【Express】VI，如图 8-35 所示。

图 8-35 Express VI

下面介绍两种常用 VI。

1．仿真信号

Express VI，可模拟正弦波、方波、三角波、锯齿波和噪声。该 VI 还存在于【函数】选板→【Express】→【信号分析】子选板中。该 Express VI 的默认图标如图 8-36 所示。在 "配置" 对话框中选择【默认】选项后，其图标会发生变化。图 8-37 所示是选择添加噪声后的图标。另外，在图标上单击鼠标右键，在弹出菜单中选择【显示为图标】，可以以图标的形式显示该 Express VI，如图 8-38 所示。

图 8-36 仿真信号 Express VI   图 8-37 仿真信号 Express VI 添加噪声后

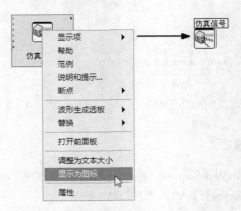

图 8-38 以图标形式显示 Express VI

将仿真信号 Express VI 放置在程序框图上后，弹出图 8-39 所示的配置窗口，在该窗口中可以对仿真信号 VI 的参数进行配置。在仿真信号 VI 的图标上双击鼠标左键也会弹出该配置窗口。

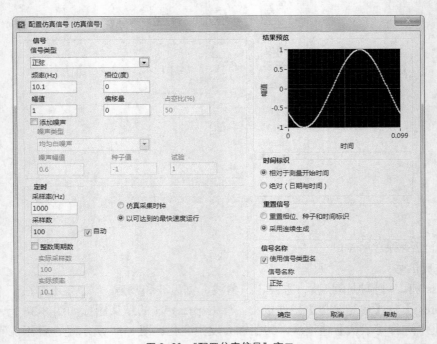

图 8-39 "配置仿真信号"窗口

2．仿真任意信号

该 Express VI 用于仿真用户定义的信号。仿真任意信号 Express VI 如图 8-40 所示。

➢　下一值：指定信号的下一个值。默认为 TRUE。如为 FALSE，则该 Express VI 每次循环都输出相同的值。

➢　重置：控制 VI 内部状态的初始化。默认值为 FALSE。

➢　错误输入（无错误）：描述该 VI 或函数运行前发生的错误情况。

> ➤ 信号：返回输出信号。

> ➤ 数据有效：显示数据是否有效。

> ➤ 错误输出：包含错误信息。如"错误输入"表明在该 VI 或函数运行前已出现错误，则"错误输出"将包含相同错误信息。否则将表示 VI 或函数中出现的错误状态。

可以对 VI 进行如图 8-41 所示的操作，从而以另一种样式显示输入输出端子。也可以像图 8-38 那样以图标方式显示 VI。

图 8-40　仿真任意信号 Express VI　　　　　图 8-41　改变仿真任意信号 VI 的显示样式

将仿真任意信号 Express VI 放置在程序框图上后，弹出"配置仿真任意信号"窗口，如图 8-42 所示。在 VI 的图标上双击鼠标左键或在右键快捷菜单中选取【属性】选项也会弹出该配置窗口。

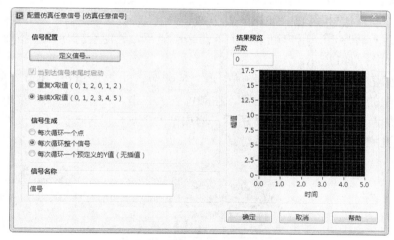

图 8-42　"配置仿真任意信号"窗口

8.4　强度图和强度图表

强度图和强度图表使用一个二维的显示结构来表达一个三维的数据。它们之间的区别主要是刷新方式不同。本节将对强度图和强度图表的使用方法进行介绍。

8.4.1　强度图

强度图是 LabVIEW 提供的另一种波形显示，它用一个二维强度图表示一个三维的数据类型，一个典型的强度图如图 8-43 所示。

从图中可以看出强度图与前面介绍过的曲线显示工具在外形上的最大区别是，强度图拥有标签为幅值的颜色控制组件，如果把标签为时间和频率的坐标轴分别理解为 X 轴和 Y 轴，则幅值组件相当于 Z 轴的刻度。

在使用强度图前先介绍一下颜色梯度，颜色梯度在"控制"选板中的【经典】→【经典数值】子选板中，当把这个控件放在前面板时，默认建立一个指示器，如图 8-44 所示。

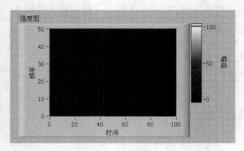

图 8-43　强度图

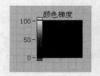

图 8-44　前面板上的颜色梯度指示器

可以看到颜色梯度指示器的左边有个颜色条，颜色条上有数字刻度，当指示器得到数值输入数据时，输入值作为刻度在颜色条上对应的颜色显示在控件右侧的颜色框中。若输入值不在颜色条边上的刻度值范围之内，则当超过 100 时，显示颜色条上方小矩形内的颜色，默认为白色；当超过下界时，显示颜色条下方小矩形内的颜色，默认为红色。当输入为 100 和 -1 时，分别显示为白色和红色，如图 8-45 所示。

在编辑和运行程序时，用户可单击上下两个小矩形，这时会弹出颜色拾取器，在里面定义越界颜色，如图 8-46 所示。

实际上，颜色梯度只包含 5 个颜色值：0 对应黑色，50 对应蓝色，100 对应白色，0～50 和 50～100 对应的颜色都是插值的结果。在颜色条上右击，在弹出的快捷菜单中选择【增加刻度】可以增加新的刻度，如图 8-47 所示。增加刻度之后，可以改变新刻度对应的颜色，这样就为刻度梯度增加了一个数值颜色对。

图 8-45　默认越界时的颜色

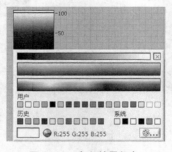

图 8-46　定义越界颜色

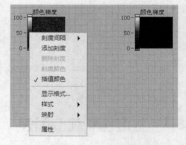

图 8-47　增加刻度

8.4.2　课堂练习——设计颜色表

本小节设计一个颜色表，要求有上下溢出的颜色显示。

操作提示：

设计颜色表

（1）在本例中，调用了前面板中的颜色盒函数，用来指定基本色和上下溢出的颜色。程序框图中的一个 For 循环用来定义一张颜色表。

（2）For 循环产生大小为 1～254 的 254 个颜色值，这些值与上下溢出颜色构成了一个容量为 256 的数组送到色码表属性节点中，这个表中的第一个和最后一个颜色值，分别对应 Z 轴（幅值）上溢出和下溢出时的颜色值。当色码属性节点有赋值操作时，颜色表被激活。此时，Z 轴的数值颜色对应关系由颜色表来决定。具体程序框图和前面板显示如图 8-48 和图 8-49 所示。

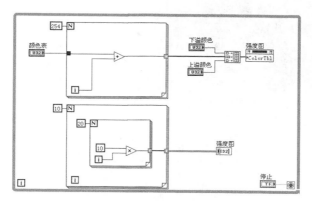

图 8-48　程序框图

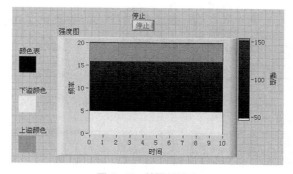

图 8-49　前面板显示

8.4.3　强度图表

与强度图一样，强度图表也是用一个二维的显示结构来表达一个三维的数据类型，它们之间的主要区别在于图像的刷新方式不同：强度图接收到新数据时，会自动清除旧数据的显示；而强度图表会把新数据的显示接续到旧数据的后面。也就是波形图表和波形图的区别。

上一节介绍了强度图的数据格式为一个二维的数组，它可以一次性把这些数据显示出来。虽然强度图表也是接受和显示一个二维的数据数组，但它显示的方式不一样。它可以一次性显示一列或几列图像，它在屏幕及缓冲区保存一部分旧的图像和数据，每次接收到新的数据时，新的图像紧接着在原有图像的后面显示。当下一列图像将超出显示区域时，将有一列或几列旧图像移出屏幕。数据缓冲区同波形图表一样，也是先进先出，大小可以用户自己定义，但结构与波形图表（二维）不一样，而强度图表的缓冲区结构是一维的。这个缓冲区的大小是可以设定的，默认为 128 个数据点，若想改变缓冲区的大小，可以在强度图表上单击鼠标右键，从弹出的快捷菜单中选择【图表历史长度】，即可改变缓冲区的大小，如图 8-50 所示。

图 8-51 显示了强度图表的使用，在这个程序中，先让正弦函数在循环的边框通道上形成一个一维数组，然后再形成一个列数为 1 的二维数组送到控件中显示。因为二维数组是强度图表所必需的数据类型，所以即使只有一行，这一步骤也是必要的。

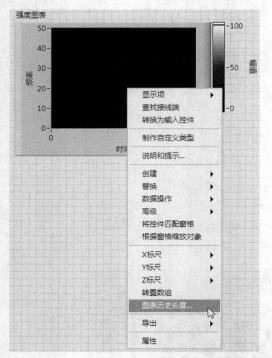
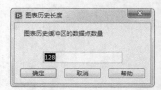

图 8-50　设置图表历史长度

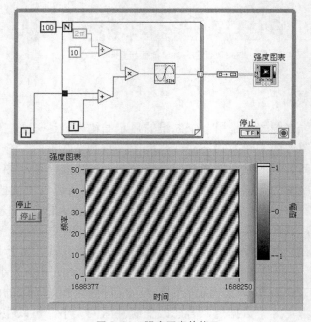

图 8-51　强度图表的使用

8.5　三维图形

在很多情况下，把数据绘制在三维空间里会更形象和更有表现力。大量实际应用中的数据，例如某个平面的温度分布、联合时频分析、飞机的运动等，都需要在三维空间中可视化显示。三维图形可令三维数据可视化，修改三维图形属性可改变数据的显示方式。

LabVIEW 中包含以下三维图形，如图 8-52 所示。

 只有安装了 LabVIEW 完整版和专业版开发系统才可使用三维图片控件。

- ➢ 散点图：显示两组数据的统计趋势和关系。
- ➢ 杆图：显示冲激响应并按分布组织数据。
- ➢ 彗星图：创建数据点周围有圆圈环绕的动画图。
- ➢ 曲面图：在相互连接的曲面上绘制数据。
- ➢ 等高线图：绘制等高线图。
- ➢ 网格图：绘制有开放空间的网格曲面。
- ➢ 瀑布图：绘制数据曲面和 y 轴上低于数据点的区域。
- ➢ 箭头图：生成速度曲线。
- ➢ 带状图：生成由平行线组成的带状图。
- ➢ 条形图：生成由垂直条带组成的条形图。
- ➢ 饼图：生成饼状图。
- ➢ 三维曲面图：在三维空间绘制一个曲面。
- ➢ 三维参数图：在三维空间绘制一个参数图。
- ➢ 三维线条图：在三维空间绘制线条。
- ➢ ActiveX 三维曲面图：使用 ActiveX 技术，在三维空间绘制一个曲面。
- ➢ ActiveX 三维参数图：使用 ActiveX 技术，在三维空间绘制一个参数图。
- ➢ ActiveX 三维曲线图：使用 ActiveX 技术，在三维空间绘制一条曲线。

(a)

(b)

图 8-52　三维图形

前 14 项位于"控件"选板下【新式】→【图形】→【三维图形】子选板下，即图 8-52 图（a）所示；后 3 项位于【经典】→【经典图形】子选板下，即图 8-52 图（b）第 3 行。

 注意 ActiveX 三维图形控件仅在 Windows 平台上的 LabVIEW 完整版和专业版开发系统上可用。

与其他 LabVIEW 控件不同，这 3 个三维图形模块不是独立的。实际上这 3 个三维图形模块都是包含了 ActiveX 控件的 ActiveX 容器与某个三维绘图函数的组合。

8.5.1　三维曲面图

三维曲面图用于显示三维空间的一个曲面。在前面板放置一个三维曲面图时，程序框图将出现两个图标，如图 8-53 所示。

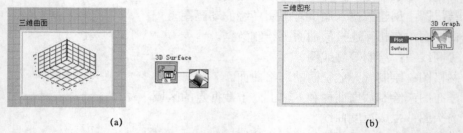

(a)　　　　　　　　　　　　(b)

图 8-53　"经典"选板 ActiveX 三维曲面图、"新式"选板中的三维曲面图

在图 8-53 图（a）中可以看出，三维曲面图相应的程序框图由两部分组成：3D Surface 和三维曲面。其中 3D Surface 只负责图形显示，作图则由三维曲面来完成。

三维曲面的图标和端口如图 8-54 所示。三维图形输入端口是 ActiveX 控件输入端，该端口的下面是两个一维数组输入端，用以输入 X、Y 坐标值。Z 矩阵端口的数据类型为二维数组，用以输入 Z 坐标。三维曲面在作图时采用的是描点法，即根据输入的 X、Y、Z 坐标在三维空间确定一系列数据点，然后通过插值得到曲面。在作图时，三维曲面根据 X 和 Y 的坐标数组在 XY 平面上确定一个矩形网络，每个网格结点都对应着三维曲线上的一个点在 XY 坐标平面的投影。Z 矩阵数组给出了每个网格节点所对应的曲面点的 Z 坐标，三维曲面根据这些信息就能够完成作图。三维曲面不能显示三维空间的封闭图形，如果显示封闭图形应使用三维参数曲面。

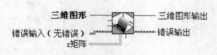

图 8-54　三维曲面的图标和端口

图 8-55 所示为使用三维曲面图输出了正弦信号。

需要注意的是，此时使用的是"信号处理"子选板中的信号生成的正弦信号，而不是波形生成中的正弦波形。因为正弦波形函数输出的是簇数据类型，而 Z 矩阵输入端口接受的是二维数组。图 8-56 所示为三维曲面图的错误使用例。

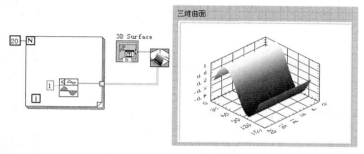

图 8-55 正弦信号的三维曲面图

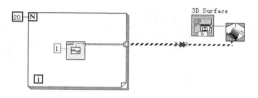

图 8-56 三维曲面图的错误使用

图 8-57 显示的是用三维曲面图显示 $z=\sin(x)\cos(y)$，其中 x 和 y 都在 $0\sim2\pi$ 的范围内，X、Y 坐标轴上的步长为 $\pi/50$。

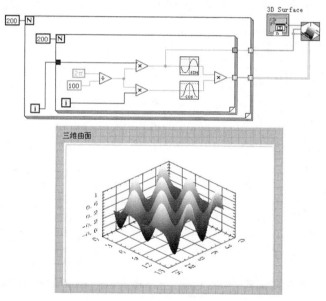

图 8-57 曲面 $z=\sin(x)\cos(y)$

框图中的 For 循环边框的自动索引功能将 Z 坐标组成了一个二维数组。但对于输入 x 向量和 y 向量来说，由于要求不是二维数组，所以程序框图中的 For 循环的自动索引应禁止使用，否则将出错，如图 8-58 所示。

对于前面板的三维曲面图，按鼠标左键并移动光标可以改变视点位置，三维曲面图发生了旋转，松开鼠标后将显示新视点的观察图形，如图 8-59 所示。

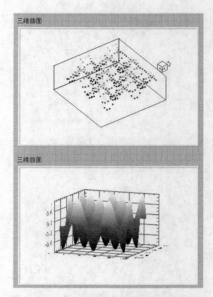

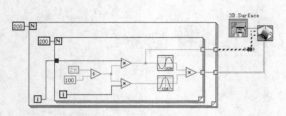

图 8-58　三维曲面图的错误使用

图 8-59　三维曲面图的旋转操作

在 LabVIEW 中可以更改三维曲面图的显示方式，方法是在三维曲面图上单击鼠标右键，从弹出的快捷菜单中选择【CWGraph3D】，从下一级菜单中选择【属性】，如图 8-60 所示。将弹出属性设置的对话框，同时会出现一个小的 CWGraph3D 控件面板，如图 8-61 所示。

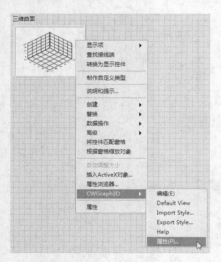

图 8-60　三维曲面图特性的选择

图 8-61　CWGraph3D 控件的属性设置对话框

属性对话框中共有 7 个分项，包括 Graph、Plots、Axes、Value Pairs、Format、Cursors、About。下面对常用的属性对话框进行介绍，其他各项属性的设置方法相似。

Graph 中包含 4 部分：General、3D、Light、Grid Planes，即常规属性设置、三维显示设置、灯光设置、网格平面设置。

常规属性设置用来设置 CWGraph3D 控件的标题；Font 用来设置标题的字体；Graph frame Visible 用来设置图像边框的可见性；Enable dithering 用来设置是否开启抖动，开启抖动可以使颜色过渡更为平滑；Use 3D acceleration 用来设置是否使用 3D 加速；Caption color 用来设置标题颜色；Background color 用来设置标题的背景色；Track mode 用来设置跟踪的时间类型。

　　三维显示设置中的 Projection 用来设置投影类型，有正交投影（Orthographic）和透视（Perspective）；Fast Draw for Pan/Zoom/Rotate 用来设置是否开启快速画法，此项开启时，在进行移动、缩放、旋转时将用数据点来代替曲面，以提高作图速度，默认值为 True；Clip Data to Axes Ranges 用来设置是否剪切数据，当此项为 True 时只显示坐标轴范围内的数据，默认值为 True；View Direction 用来设置视角；User Defined View Direction 用来设置用户视角，共有 3 个参数：纬度、精度、视点距离，如图 8-62 所示。

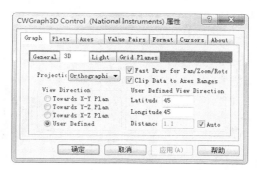

图 8-62　三维显示设置对话框

　　在灯光设置里，除了默认的光照，CWGraph3D 控件还提供了 4 个可控制的灯。Enable Lighting 用来设置是否开启辅助灯光照明；Ambient 用来设置环境光的颜色；Enable Light 用来具体设置每一盏灯的属性，包括纬度（Latitude）、精度（Longitude）、距离（Distance）、衰减（Attenuation），如图 8-63 所示。

　　例如若想添加光影效果，可单击【Enable Light】图标，添加光影效果后的正弦曲面如图 8-64 所示。

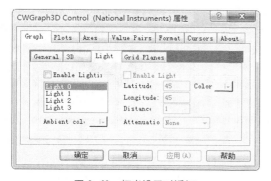

图 8-63　灯光设置对话框

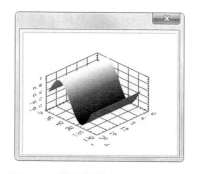

图 8-64　添加了光影效果的正弦曲面图

　　在网格平面设置里，Show Grid Plane 用来设定显示网格的平面；Smooth grid line 选中后可以平滑网格线；Grid frame color 用来设置网格边框的颜色。如图 8-65 所示。

　　在 CWGraph3D 的 Plot 选项中，可以更改图形的显示风格。Plot 项对话框如图 8-66 所示。

　　若要改变显示风格，可单击【Plot Style】，将显示 9 种风格，如图 8-67 所示，默认时为【Surface】。例如若选择【Surf+Line】将出现新的显示风格，如图 8-68 所示。

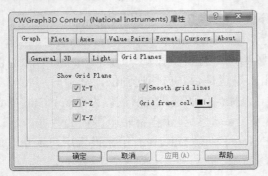

图 8-65　网格平面设置对话框

图 8-66　Plot 项对话框

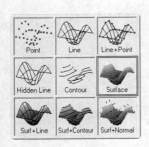

图 8-67　图形的显示风格

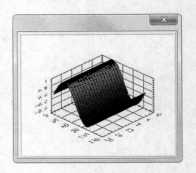

图 8-68　Surf+Line 显示风格

在三维曲面图中，经常会使用到光标，用户可在 CWGraph3D 的 Cursor 选项中选择。添加方法是单击【Add】，设置需要的坐标即可，如图 8-69 所示。添加了光标的三维曲面图如图 8-70 所示。

图 8-69　光标的添加

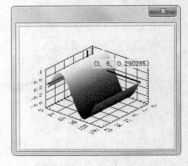

图 8-70　添加了光标的三维曲面图

8.5.2　三维参数图

上一小节介绍了三维曲面的使用方法，三维曲面可以显示三维空间的一个曲面，但在显示三维空间的封闭图形时就无能为力了，这时就需要使用三维参数图了。图 8-71 所示的是三维参数图的前面板显示和程序框图。在其程序框图中将出现两个图标：一个是 3D Parametric Surface，另一个是三维参数曲面。

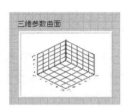 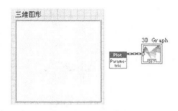

图 8-71 "经典"选板的 ActiveX 三维参数图、"新式"选板的三维参数图

图 8-72 所示为三维参数曲面图标，三维参数曲面各端口的含义是：三维图形表示 3D Parametric 输入端，x 矩阵表示参数变化时 x 坐标所形成的二维数组；y 矩阵表示参数变化时 y 坐标所形成的二维数组，z 矩阵表示参数变化时 z 坐标所形成的二维数组。三维参数曲面的使用较为复杂，但借助参数方程的形式可以容易地理解，需要 3 个方程：x=fx(i,j)；y=fy(i,j)；z=fz(i,j)。其中，x，y，z 是图形中点的三维坐标；i，j 是两个参数。

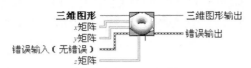

图 8-72 三维参数曲面的图标和端口

8.5.3 课堂练习——绘制三维球面

绘制三维球面

本小节绘制一个三维球面。球面的参数方程为：

$$\begin{cases} x = \cos\alpha\cos\beta \\ y = \cos\alpha\sin\beta \\ z = \sin\beta \end{cases}$$

 操作提示：

（1）其中 α 为球到球面任意一点的矢径与 Z 轴之间的夹角，β 是该矢径在 XY 平面上的投影与 X 轴的夹角。

（2）令 α 从 0 变化到 π，步长为 $\pi/24$，β 从 0 变化到 2π，步长为 $\pi/12$，通过球面的参数方程将确定一个球面。程序框图如图 8-73 所示，前面板如图 8-74 所示。

（3）前面板显示时要将特性中的 Plots 的 Plot Style 设置为【Surf+Line】，以利于观察。

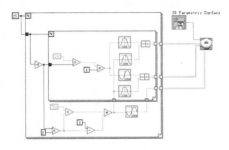 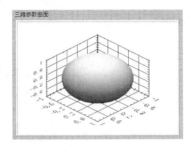

图 8-73 程序框图　　　　　　　　图 8-74 前面板显示

8.5.4　三维曲线图

三维曲线图是用于显示三维空间中的一条曲线。三维曲线图的前面板和程序框图如图 8-75 所示。程序框图中将出现两个图标。一个是 **3D Curve** 图标，另一个是三维曲线的图标。

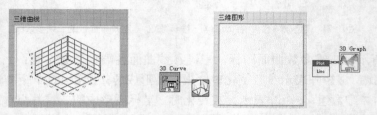

图 8-75　"经典"选板的 ActiveX 三维曲线图、"新式"选板的三维线条图

如图 8-76 所示，三维曲线有 3 个重要的输入数据端口，分别是 x 向量、y 向量、z 向量。分别对应曲线的 3 个坐标向量。在编写程序时，只要分别在 3 个坐标向量上连接一维数组数据就可以显示三维曲线。

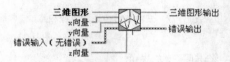

图 8-76　三维曲线的图标及其端口

图 8-77 所示为使用三维曲线图显示余弦的三维曲线。

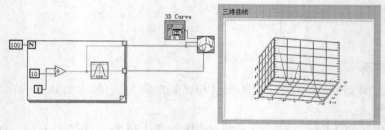

图 8-77　三维的余弦曲线

使用三维曲线图在绘制三维的数学图形时是比较方便的，如绘制螺旋线：$x=\cos\theta$，$y=\sin\theta$，$z=\theta$。其中 θ 在 $0\sim2\pi$ 的范围内，步长为 $\pi/12$。具体程序框图如图 8-78 所示。相应的前面板如图 8-79 所示。

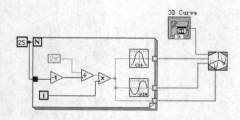

图 8-78　绘制螺旋线的程序框图

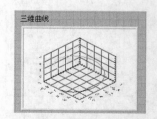

图 8-79　螺旋线的前面板显示

从图中可以看出特性若不加设置而直接输出效果不好，所以要进行特性设置，三维曲线的特性设置与三维曲面图的设置类似。对于"特性"对话框中的 General 选项，将其中的 Plot area color 设置为黑色，将 Grid planes 中的 Grid frame color 设置为红色；对于 Axes 选项，将其中的 Grid 的子选项 Major Grid 的 Color 设置为绿色；对于 Plots 选项，将 Style 的 Color map style 设置为 Color Spectrum。设置后的前面板如图 8-80 所示。

三维曲线图有"属性浏览器"窗口，通过"属性浏览器"窗口用户可以很方便地浏览并修改对象的属性，在三维曲线图上单击鼠标右键，从弹出的快捷菜单中选择【属性浏览器】，将弹出三维曲线"属性浏览器"窗口，如图 8-81 所示。

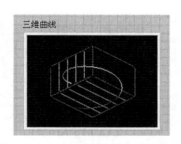
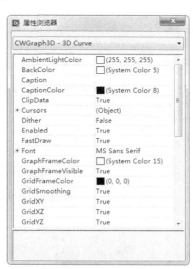

图 8-80 经过特性设置后的螺旋线设置　　　图 8-81 "属性浏览器"窗口

8.5.5 极坐标图

极坐标图实际上是一个图片控件，极坐标的使用相对简单。极坐标图的前面板和程序框图如图 8-82 所示。

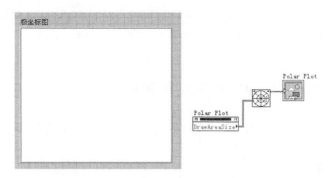

图 8-82 极坐标图的前面板和程序框图

在使用极坐标图时，需要提供以极径极角方式表示的数据点的坐标。极坐标图的图标和端口如图 8-83 所示。数据数组[大小、相位（度）]端口连接点列的坐标数组，尺寸（宽度、高度）端口用于设置极坐标图的尺寸。在默认设置下，该尺寸等于新图的尺寸。极坐标属性端口用于设置极坐标图的图形颜色、网格颜色、显示象限等属性。

图 8-83　极坐标图的图标和端口

数学函数的极坐标图

8.5.6　课堂练习——数学函数的极坐标图

本小节设置数学函数 $\rho = \sin 3\alpha$ 的极坐标图。

 操作提示：

如图 8-84 所示，在极坐标属性端口创建簇输入控件以创建极坐标图属性，为了观察的方便可以将其中的网格颜色设置为红色。

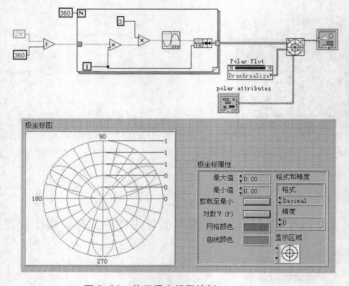

图 8-84　使用极坐标图绘制 $\rho = \sin 3\alpha$

使用 Express VI 生成曲线

8.6　课堂实例——使用 Express VI 生成曲线

本例首先产生一个仿真信号，然后通过创建 XY 图，在 XY 图中显示一条生成的曲线。

1. 设置工作环境

（1）新建 VI。选择菜单栏中的【文件】→【新建 VI】命令，新建一个 VI，一个空白的 VI 包括前面板及程序框图。

（2）保存 VI。选择菜单栏中的【文件】→【另存为】命令，输入 VI 名称为"使用 Express

VI 生成曲线"。

2. 设置前面板

（1）在"控件"选板上选择【银色】→【数值】→【垂直指针滑动杆】【水平指针滑动杆】控件。

（2）在"控件"选板上选择【Express】→【图形显示控件】→【Express XY 图】控件，如图 8-85 所示。

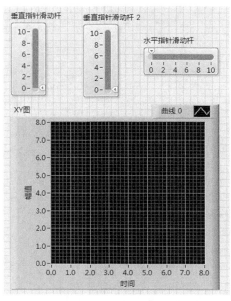

图 8-85　放置控件

（3）选中水平、垂直滑动杆控件，单击鼠标右键，选择【标尺】→【样式】，弹出刻度样式表，选择如图 8-86 所示的样式，并适当调整控件外形大小。

（4）选择【XY 图】控件，单击鼠标右键，选择【替换】→【银色】→【图形】→【XY 图】，替换当前控件，前面板最终结果如图 8-87 所示。

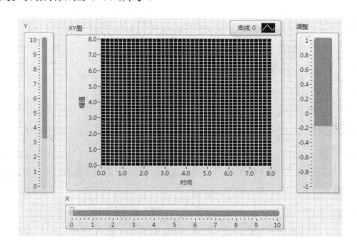

图 8-86　刻度样式表　　　　　　　　　图 8-87　调整后的前面板

3. 生成公式波形

（1）打开程序框图，在【函数】选板中选择【编程】→【结构】→【While 循环】函数，创建循环结构。

（2）在"函数"选板中选择【Express】→【算数与比较】→【公式】VI，弹出"配置公式"对话框，如图 8-88 所示。

（3）调整"公式波形"VI 输入端与输出端，连接 X、调整控件，如图 8-89 所示。

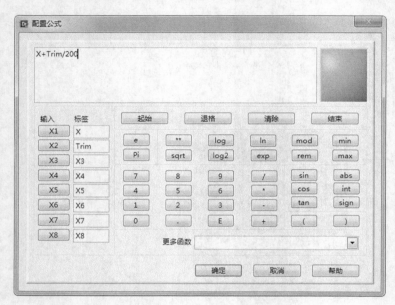

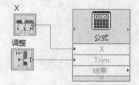

图 8-88　"配置公式"对话框　　　　图 8-89　输出公式波形

4. 创建仿真信号

（1）在"函数"选板中选择【Express】→【输入】→【仿真信号】VI，将"仿真信号"Express VI 放置在程序框图中，这时 LabVIEW 将自动打开"配置仿真信号"对话框。在对话框中进行如下设置。

➢ 在"信号类型"下拉列表框中选择【正弦】信号。

➢ 在"频率（Hz）"一栏中将频率设为 1Hz。

➢ 在"幅值"一栏中输入 0.95。

➢ 在"采样数"一栏中输入 1010。

➢ 取消【自动】复选框的勾选。

（2）在更改设置的时候，可以从右上角"结果预览"区域中观察当前设置的信号的波形。其他项保持默认设置，完成后的设置如图 8-90 所示。单击【确定】按钮，退出"配置仿真信号"对话框。

（3）按<Ctrl>键的同时拖动仿真信号，复制仿真信号，双击仿真信号，修改频率为 10，其余参数设置为默认，如图 8-91 所示。

（4）调整信号输入为"频率"，结果如图 8-92 所示。

（5）在"函数"选板中选择【编程】→【对话框与用户界面】→【合并错误】函数，合

并该仿真信号输出错误，并连接到【编程】→【对话框与用户界面】→【简易错误处理器】
VI 输入端。

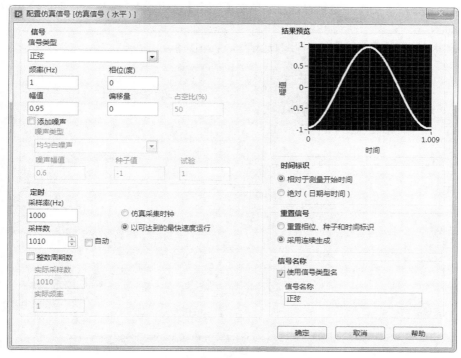

图 8-90　"配置仿真信号"对话框

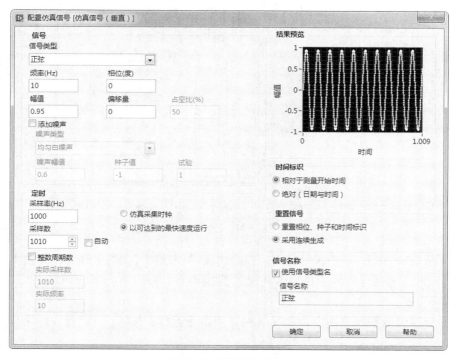

图 8-91　设置参数信息

（6）在"函数"选板中选择【编程】→【定时】→【等待】VI，创建常量 10。

在循环条件输入端放置"或"函数，在该函数输入端连接创建的布尔输入控件与"创建 XY 图"错误输出端。在程序运行过程中，单击【停止】按钮或 VI 输出错误时，停止程序运行。

（7）修改 X、Y 表示法为 I32。

（8）程序最终的前面板和程序框图如图 8-93 和图 8-94 所示。

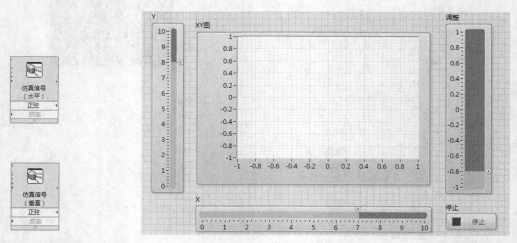

图 8-92　信号设置结果　　　　　　　　　　　图 8-93　前面板

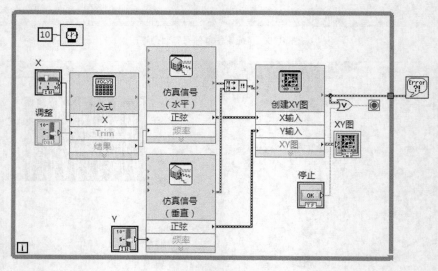

图 8-94　程序框图

（9）选择【XY 图】，单击鼠标右键，在弹出菜单中选择【属性】命令，弹出"图形属性：XY 图"对话框。选择【曲线】选项卡，设置曲线类型，如图 8-95 所示。

5．运行程序

在前面板窗口或程序框图窗口的工具栏中单击【运行】按钮，运行 VI，结果如图 8-96 所示。

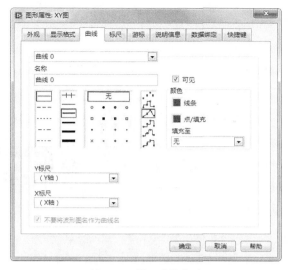

图 8-95　设置曲线类型

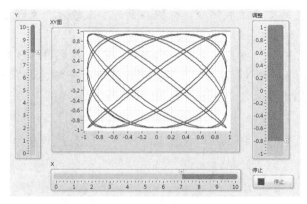

图 8-96　程序运行结果

8.7　课后习题

1．创建一个 VI，显示基本带幅值混合单频信号。
2．在波形图中显示任意仿真信号。
3．创建一个 VI，显示实时时间，以数字形式显示。
4．创建一个 VI，叠加显示正弦波形与余弦波形。
5．使用三维参数图显示一个圆。
6．使用 XY 图显示一个椭圆。
7．在波形图中显示方波与正弦波，并分别显示不同的颜色。

习题 1　　习题 2　　习题 3　　习题 4　　习题 5　　习题 6　　习题 7

第 **9** 章 文件操作与管理

内容指南

LabVIEW 提供了功能强大的文件 I/O 函数,以实现不同文件的操作需求。文件操作与管理是测试系统软件开发的重要组成部分,数据存储、参数输入、系统管理都离不开文件的建立、操作和维护。

本章将首先介绍文件的一些基础知识,如路径、引用及文件 I/O 格式的选择等。然后在此基础上对 LabVIEW 中相关 VI 和函数及其使用方法进行介绍。最后是文件 I/O 操作的实践部分,将通过具体实例讲解文件 I/O 函数和 VI 的使用方法。

知识重点

- 📖 文件类型
- 📖 文件操作
- 📖 文件管理

9.1 文件类型

LabVIEW 的文件 I/O 操作是通过其 I/O 节点来实现的,这些 VI 和函数节点位于【编程】→【文件 I/O】子选板中,如图 9-1 所示。

"函数"选板中"文件 I/O"选板上的 VI 和函数可用于常见文件 I/O 操作,如读写以下类型的数据:在电子表格文本文件中读写数值;在文本文件中读写字符;从文本文件读取行;在二进制文件中读写数据。

可将读取文本文件、写入文本文件函数配置为可执行常用文件 I/O 操作。这些执行常用操作的 VI 和函数可打开文件或弹出提示对话框要求用户打开文件,执行读写操作后即关闭文件,从而节省了编程时间。如"文件

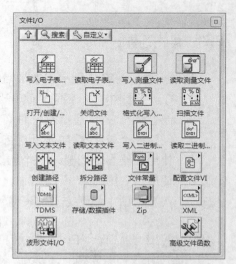

图 9-1 "文件 I/O"选板

I/O" VI 和函数被设置为执行多项操作,则每次运行时都将打开关闭文件,所以尽量不要将

它们放在循环中。执行多项操作时可将函数设置为始终保持文件打开。

9.1.1　文件常量

可以使用"文件常量"子选板中的节点与文件 I/O 函数和 VI 配合使用。在【编程】→【文件 I/O】子选板中选择"文件常量"子选板，如图 9-2 所示。

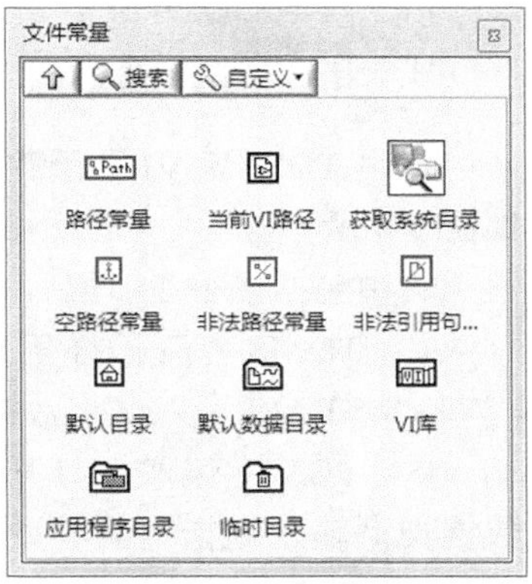

➢ 路径常量：使用路径常量在程序框图中提供一个常量路径。

➢ 空路径常量：该节点返回一个空路径。

➢ 非法路径常量：返回一个值为<非法路径>的路径。当发生错误而不想返回一个路径时，可以使用该节点。

➢ 非法引用句柄常量：该节点返回一个值为非法引用句柄的引用句柄。当发生错误时，可使用该节点。

➢ 当前 VI 路径：返回当前 VI 所在文件的路径。如果当前 VI 没有保存过，将返回一个非法路径。

➢ VI 库：返回当前所使用的 VI 库的路径。

➢ 默认目录：返回默认目录的路径。

➢ 临时目录：返回临时目录路径。

➢ 默认数据目录：所配置的 VI 或函数所产生的数据存储的位置。

图 9-2　"文件常量"子选板

9.1.2　配置文件

配置文件 VI 可读取和创建标准的 Windows 配置（.ini）文件，并以独立于平台的格式写入特定平台的数据（例如，路径），从而可以跨平台使用 VI 生成的文件。对于配置文件，"配置文件" VI 不使用标准文件格式。通过"配置文件" VI 可在任何平台上读写由 VI 创建的文件。在【编程】→【文件 I/O】子选板中选择【配置文件 VI】子选板，如图 9-3 所示。

图 9-3　"配置文件 VI"子选板

其中包括以下 9 项。

➢ 打开配置数据：打开配置文件的路径所指定数据的引用句柄。

➢ 读取键：读取引用句柄所指定的配置数据文件中的键数据。

➢ 写入键：写入引用句柄所指定的配置数据文件中的键数据。

➢ 删除键：删除由引用句柄指定的配置数据中段输入端指定的键。

➢ 删除段：删除由引用句柄指定的配置数据中的段。

➢ 关闭配置数据：将数据写入由引用句柄指定的独立于平台的配置文件，然后关闭对该文件的引用。

➢ 获取键名：获取由引用句柄指定的配置数据中特定段的所有键名。

➢ 获取段名：获取由引用句柄指定的配置数据文件的所有段名。

➢ 非法配置数据引用句柄：判断配置数据引用是否有效。

9.1.3 TDM 流

使用 TDM 流 VI 和函数可以将波形数据和属性写入二进制测量文件。"TDM 流"子选板如图 9-4 所示。

其中包括以下 11 项。

➢ TDMS 打开：打开一个扩展名为".tdms"的文件。

➢ TDMS 写入：将数据流写入指定".tdms"数据文件。

➢ TDMS 读取：打开指定的".tdms"文件，并返回由数据类型输入端指定的类型的数据。

图 9-4 "TDM 流"子选板

➢ TDMS 关闭：关闭一个使用 TDMS 打开函数带开的".tdms"文件。

➢ TDMS 列出内容：列出由 TDMS 文件输入端指定的".tdms"文件中包含的组和通道名称。

➢ TDMS 设置属性：设置指定".tdms"文件的属性、组名称或通道名。

➢ TDMS 获取属性：返回指定".tdms"文件的属性。

➢ TDMS 刷新：刷新系统内存中的".tdms"文件数据以保持数据的安全性。

➢ TDMS 文件查看器：打开由文件路径输入端指定的".tdms"文件，并将文件数据在 TDMS 查看器窗口中显示出来。

➢ TDMS 碎片整理：整理由文件路径指定的".tdms"文件的数据。

➢ 高级 TDMS：对".tdms"文件进行高级 I/O 操作。

9.1.4 存储/数据插件

"函数"选板上的存储/数据插件 VI 可在二进制测量文件（.tdm）中读取和写入波形及波形属性。通过".tdm"文件可在 NI 软件（如 LabVIEW 和 DIAdem）间进行数据交换。

图 9-5 "存储/数据插件"子选板

存储/数据插件 VI 将波形和波形属性组合，从而构成通道。通道组可管理一组通道。一个文件中可包括多个通道组。如按名称保存通道，就可从现有通道中快速添加或获取数据。除数值之外，存储/数据插件 VI 也支持字符串数组和时间标识数组。在程序框图上，引用句柄可代表文件、通道组和通道。存储 VI 也可查询文件以获取符合条件的通道组或通道。

如开发过程中系统要求发生改动，或需要在文件中添加其他数据，则存储/数据插件 VI 可修改文件格式且不会导致文件不可用。"存储/数据插件"子选板如图 9-5 所示。

其中包括以下 11 项。

➢ 打开数据存储：打开 NI 测试数据格式交换文件 ".tdm"。

➢ 写入数据：添加一个通道组或单个通道至指定文件。

➢ 读取数据：返回用于表示文件中通道组或通道的引用的句柄数组。

➢ 关闭数据存储：对文件进行读写操作后，将数据保存至文件并关闭文件。

➢ 设置多个属性：对已经存在的文件、通道组或单个通道定义属性。

➢ 获取多个属性：从文件、通道组或者单个通道中读取属性值。

➢ 删除数据：删除一个通道组或通道。

➢ 数据文件查询器：连线数据文件的路径至数据文件查看器 VI 的文件路径输入，运行 VI，可显示该对话框。

➢ 转换至 TDM 或 TDMS：将指定文件转换成.tdm 格式的文件或.tdms 格式的文件。

➢ 管理数据插件：将所选择的 ".tdms" 格式的文件转换成.tdm 格式的文件。

➢ 高级存储：进行程序运行期间的数据的读取、写入和查询。

9.1.5 Zip 文件

使用 "Zip" VI 可以创建新的 Zip 文件，向 Zip 文件添加文件，以及关闭 Zip 文件。"Zip" 子选板如图 9-6 所示。

其中包括以下 4 项。

➢ 新建 Zip 文件。

➢ 添加文件至 Zip 文件。

➢ 关闭 Zip 文件。

➢ 解压缩。

图 9-6 "Zip" 子选板

9.1.6 XML 格式

XML VI 和函数用于操作 XML 格式的数据，XML（可扩展标记语言）是一种独立于平台的标准化统一标记语言（SGML），可用于存储和交换信息。使用 XML 文档时,可使用解析器提取和操作数据,而不必直接转换为 XML 格式。例如，文档对象模型（DOM）核心规范定义了创建、读取和操作 XML 文档的编程接口。DOM 核心规范还定义了 XML 解析器必须支持的属性和方法。"XML" 子选板如图 9-7 所示。

图 9-7 "XML" 子选板

其中包括以下两项。

➢ LabVIEW 模式 VI 和函数:操作 XML 格式的 LabVIEW 数据。

➢ XML 解析器：确定某个 XML 文档是否有效。

9.1.7 波形文件 I/O 函数

"波形文件 I/O" 选板上的函数用于从文件读取写入波形数据。"波形文件 I/O" 子选板如图 9-8 所示。

其中包括以下 3 项。

➢ 写入波形至文件函数：创建新文件或添加至现有文件，在文件中指定数量的记录，然后关闭文件，检查是否发生错误。

图 9-8 "波形文件 I/O" 子选板

➤ 从文件读取波形函数：打开使用写入波形至文件 VI 创建的文件，每次从文件中读取一条记录。

➤ 导出波形函数至电子表格文件：使波形转换为文本字符串，然后使字符串写入新字节流文件或添加字符串至现有文件。

9.1.8 高级文件 I/O 函数

"文件 I/O"选板上的函数可控制单个文件 I/O 操作，这些函数可创建或打开文件，向文件读写数据及关闭文件。上述 VI 可实现以下任务。

➤ 创建目录。

➤ 移动、复制或删除文件。

➤ 列出目录内容。

➤ 修改文件特性。

➤ 对路径进行操作。

使用高级文件函数 VI 和函数可对文件、目录及路径进行操作。"高级文件函数"子选板如图 9-9 所示。

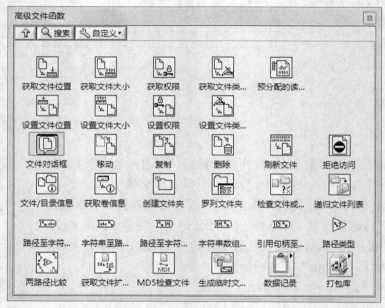

图 9-9 "高级文件函数"子选板

其中包括以下 9 项。

➤ 获取文件位置：返回引用句柄指定的文件的相对位置。

➤ 获取文件大小：返回文件的大小。

➤ 获取权限：返回由路径指定文件或目录的所有者、组和权限。

➤ 获取文件类型和创建者：获取有路径指定的文件的类型和创建者。

➤ 预分配的读取二进制文件：从文件读取二进制数据，并将数据放置在已分配的数组中，不另行分配数据的副本空间。

➢　设置文件位置：将引用句柄所指定的文件根据模式自（0：起始）移动到偏移量的位置。

➢　设置文件大小：将文件结束标记设置为文件起始处到文件结束位置的大小字节，从而设置文件的大小。

➢　设置权限：设置由路径指定的文件或目录的所有者、组和权限。

➢　设置文件类型和创建者：设置由路径指定的文件类型和创建者。

9.2　文件操作

文件不可能直接进行操作，还需要进行基本的打开、关闭才能进行高级的拆分路径等操作，本节将详细介绍文件的操作函数。

1．打开/创建/替换文件

使用编程方式或对话框的交互方式可以打开一个存在的文件、创建一个新文件或替换一个已存在的文件。可以选择使用对话框的提示或使用默认文件名。打开/创建/替换文件函数的节点图标和端口定义如图 9-10 所示。

2．关闭文件

可以关闭一个引用句柄指定的打开的文件，并返回文件的路径及应用句柄。这个节点不管是否有错误信息输入，都要执行关闭文件的操作。所以，必须从错误输出中判断关闭文件操作是否成功。关闭文件函数的节点图标和端口定义如图 9-11 所示。关闭文件要进行下列操作。

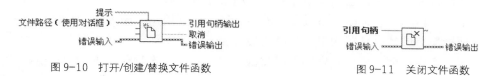

图 9-10　打开/创建/替换文件函数　　　　　图 9-11　关闭文件函数

（1）把文件写在缓冲区里的数据写入物理存储介质中。

（2）更新文件列表的信息，如大小、最后更新日期等。

（3）释放引用句柄。

3．格式化写入文件

将字符串、数值、路径或布尔型数据格式化为文本格式并写入文本文件中。格式化写入文件函数的节点图标和端口定义如图 9-12 所示。

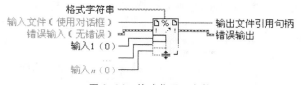

图 9-12　格式化写入文件

使用鼠标左键在格式化写入文件节点图标上双击，或者在节点图标上单击鼠标右键，在弹出的快捷菜单中选择【编辑格式字符串】，会显示 "编辑格式字符串" 对话框，如图 9-13

所示。该对话框用于将数字转换为字符串。

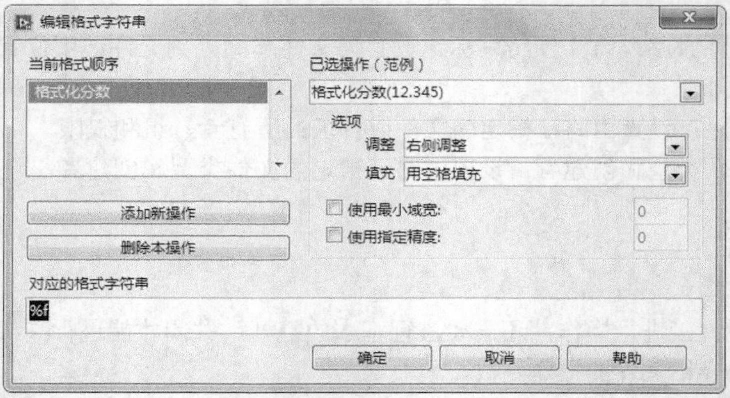

图 9-13 "编辑格式字符串"对话框

该对话框包括以下部分。

➢ 当前格式顺序：表示将数字转换为字符串的已选操作格式。

➢ 添加新操作：将已选操作列表框中的一个操作添加到当前格式顺序列表框。

➢ 删除本操作：将选中的操作从当前格式顺序列表框中删除。

➢ 对应的格式字符串：显示已选格式顺序或格式操作的格式字符串。该选项显示为只读。

➢ 已选操作：列出可选的转换操作。

➢ 选项：指定以下格式化选项。

➢ 右侧调整：设置输出字符串为右侧调整或左侧调整。

➢ 用空格填充：设置以空格或零对输出字符串进行填充。

➢ 使用最小域宽：设置输出字符串的最小域宽。

➢ 使用指定精度：根据指定的精度将数字格式化。本选项仅在选中"已选操作"下拉菜单的【格式化分数（12.345）】【格式化科学计数法数字（1.234E1）】或【格式化分数/科学计数法数字（12.345）】后才可用。

➢ 对应的格式字符串：指定输出与文本框中输入的内容完全相同。该选项仅当在"已选操作"下拉列表中选择【输出精确字符串（abc）】后有效。

4．扫描文件

在一个文件的文本中可以扫描字符串、数值、路径和布尔数据，将文本转换成一种数据类型，并返回引用句柄的副本及按顺序输出扫描到的数据。可以使用该函数节点读取文件中的所有文本。但是使用该函数节点不能指定扫描的起始点。扫描文件函数的节点图标和端口定义如图 9-14 所示。

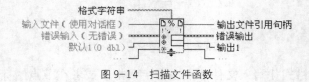

图 9-14　扫描文件函数

使用鼠标左键在扫描文件节点图标上双击，或者在节点图标上单击鼠标右键，在弹出的快捷菜单中选择【编辑扫描字符串】，都会显示"编辑扫描字符串"对话框，如图 9-15 所示。
该对话框用于指定将输入的字符串转换为输出参数的方式。

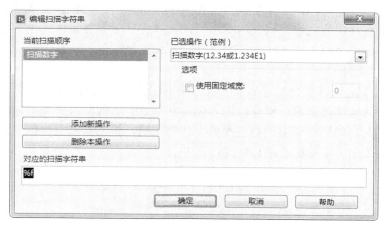

图 9-15　"编辑扫描字符串"对话框

该对话框包括以下部分。

➤　当前扫描顺序：表示已选的将数字转换为字符串的扫描操作。

➤　已选操作：列出可选的转换操作。

➤　添加新操作：将"已选操作"列表框中的一个操作添加到"当前扫描顺序"列表框。

➤　删除本操作：将选中的操作从"当前扫描顺序"列表框中删除。

➤　使用固定域宽：设置输出参数的固定域宽。

➤　对应的扫描字符串：显示已选扫描顺序或格式操作的格式字符串。该选项显示为只读。

5．创建路径

创建路径节点用于在一个已经存在的基路径后添加一个字符串输入，构成一个新的路径
名。创建路径的节点图标及端口定义如图 9-16 所示。

在实际应用中，可以把基路径设置为工作目录，这样每次存取文件时就不用在路径输入
控件中输入一个很长的目录名，而只需输入相对路径或文件名即可。

6．拆分路径

拆分路径节点用于把输入路径从最后一个反斜杠的位置分成两部分，分别从拆分的路径
输出端和名称输出端口输出。因为一个路径的后面常常是一个文件名，所以这个节点可以用
来把文件名从路径中分离出来。如果要写一个文件重命名的 VI，就可以使用这个节点。拆分
路径函数的节点图标和端口定义如图 9-17 所示。

图 9-16　创建路径的节点　　　　　　　　　　图 9-17　拆分路径的节点

9.3　文件管理

本节介绍对不同类型的文件进行写入与读取操作的函数。

9.3.1　文本文件

要将数据写入文本文件，必须将数据转化为字符串。由于大多数文字处理应用程序读取文本时并不要求格式化的文本，因此将文本写入文本文件无需进行格式化。如需将文本字符串写入文本文件，可用写入文本文件函数自动打开和关闭文件。

1．写入文本文件

写入文本文件函数以字母的形式将一个字符串或从行的形式将一个字符串数组写入文件。如果将文件地址连接到对话框窗口输入端，在写 VI 之前将打开或创建或一个文件，或者替换已有的文件。如果将引用句柄连接到文件输入端，将从当前文件位置开始写入内容。写入文本文件函数的节点图标及端口定义如图 9-18 所示。

图 9-18　写入文本文件函数

➢　对话框窗口：在对话框窗口中显示的提示。
➢　文件：文件路径输入。可以直接在"对话框窗口"端口中输入一个文件路径和文件名，如果文件是已经存在的，则打开这个文件，如果输入的文件不存在，则创建这个新文件。如果"对话框窗口"端口的值为空或非法的路径，则调用对话框窗口，通过对话框来选择或输入文件。

2．读取文本文件

从一个字节流文件中读取指定数目的字符或行。默认情况下读取文本文件函数读取文本文件中所有的字符。将一个整数输入到计数输入端，指定从文本文件中读取以第一个字符为起始的多少个字符。单击鼠标右键在弹出的快捷菜单中选择【读取行】，计数输入端输入的数字是所要读取的以第一行为起始的行数。如果计数输入端输入的值为-1，将读取文本文件中所有的字符和行。读取文本文件函数的节点图标和端口定义如图 9-19 所示。

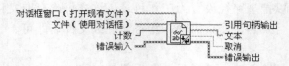

图 9-19　读取文本文件函数

9.3.2　课堂练习——写入/读取正弦数据

本小节设置文本文件的写入与读取。

正弦数据的读取　正弦数据的写入

操作提示：

（1）新建一个 VI，在程序的程序框图中新建一个循环次数为 200 的 For 循环。
（2）在 For 循环中用余弦函数产生余弦数据。
（3）使用格式化写入字符串函数（位于"函数"选板→【字符串】子选板中），按照小数点后保留 4 位的精度将余弦数据转换为字符串。

（4）将转换为字符串后的数据索引成为一个数组，一次性存储在 D 盘根目录下的 data 文件中。

实例的程序框图如图 9-20 所示。

（5）运行程序，可以发现在 D 盘根目录下生成了一个名为 data 的文件，使用 Windows 的记事本程序打开这个文件，可以发现记事本中显示了这 200 个余弦数据，每个数据的精度保证了小数点后有 4 位，如图 9-21 所示。

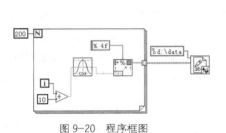

图 9-20　程序框图

图 9-21　程序存储的余弦数据

可以使用 Microsoft Excel 电子表格程序打开这个数据文件，绘图以观察波形，如图 9-22 所示，可以看到图中显示了数据的余弦波形。

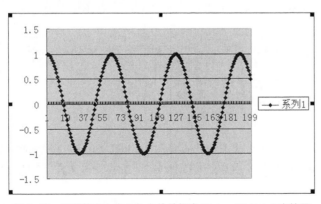

图 9-22　用存储在文本文件中的数据在 Microsoft Excel 中绘图

（6）新建一个 VI，用于文本文件读取的演示程序的程序框图如图 9-23 所示。

程序中，读取文本文件 VI 有两个重要的输入数据端口，分别是文件和计数。两个数据端口分别用以表示读取文件的路径、文件读取数据的字节数（如果值为-1，则表示一次读出所有数据）。

读取文本文件 VI 读取 D 盘根目录下的 data 文件，该文件中的数据由上例的程序存入，并将读取的结果在文本框中显示出来。程序的前面板及运行结果如图 9-24 所示。

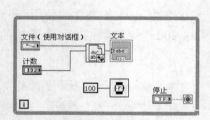

图 9-23　程序框图

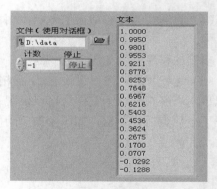

图 9-24　程序前面板

9.3.3　电子表格文件

LabVIEW 2014 提供了两个 VI 用于写入和读取电子表格文件，它们分别是写入电子表格文件 VI 和读取电子表格文件 VI。

要将数据写入电子表格，必须格式化字符串为包含分隔符（如制表符）的字符串。

写入电子表格文件 VI 或数组至电子表格字符串转换函数可将来自图形、图表或采样的数据集转换为电子表格字符串。

1. 写入电子表格文件

可以将字符串、数值的一维或二维数组转换为文本字符串并将其写入一个字节流文件中。输入一维或二维数据输入端的数据的类型决定了所调用的多态 VI 的实例。也可以将数组进行转置。在写入之前创建或打开一个文件，写入后关闭该文件。该 VI 调用数组至电子表格字符串转换函数转换数据。写入电子表格文件 VI 的节点图标及端口定义如图 9-25 所示。

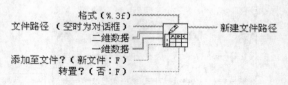

图 9-25　写入电子表格文件 VI

➤ 添加至文件？（新文件：F）：如果输入为 TRUE，VI 将数据添加在已存在的文件后面。如果输入为 FALSE（默认），VI 使用数据替换已存在的文件。如果没有已经存在的文件，VI 将创建一个新文件。

➤ 转置？（否：F）：如果输入为 TRUE，VI 将其从字符串转换为数据后对其进行转置，默认为 FALSE。

2. 读取电子表格文件

可以从特定的数字文本文件中读取特定的行或列，并将其转换为数组。用户必须手动选择所要使用的多态 VI 实例。可以选择对数组进行转置。VI 在读取之前先打开文件，在读取之后关闭文件。可以使用该 VI 读取以文本格式保存的电子表格文件。该 VI 调用电子表格字符串至数组转换函数来转换数据。读取电子表格文件 VI 的节点图标和端口定义如图 9-26 所示。

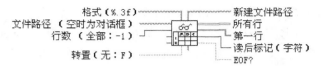

图 9-26　读取电子表格文件 VI

> 行数：VI 读取的最大行数。对于该 VI，一行使用回车换行符或换行符隔开；或到了文件尾部。如果输入小于 0，VI 读取整个文件。默认为-1。

9.3.4　课堂练习——写入/读取电子表格文件

写入/读取电子表格文件

本小节演示电子表格的写入与读取。

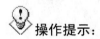操作提示：

（1）使用写入电子表格文件 VI 演示文件 I/O 函数的流盘操作。

① 使用打开/替换/创建 VI，打开一个文件，它的操作端口设置为 create or open，即创建文件或替换已有文件。文件名的后缀并不重要，但习惯上常取"txt"或"dat"。

② 利用 While 循环将数据写入电子表格文件。

③ 使用关闭文件函数节点关闭文件。

信号源是一个随机噪声。VI 的前面板和程序框图如图 9-27 和图 9-28 所示。

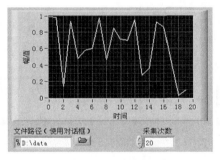

图 9-27　连续写入电子表格文件前面板

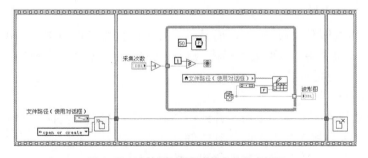

图 9-28　连续写入电子表格文件程序框图

可以使用 Windows 操作系统的文本编辑工具查看文件中的数据。图 9-29 所示是用记事本打开的所存储的数据文件。从图中可以看出，数据共有一列 13 行，每一行对应一次数据采集，每次数据采集包含一个数据。

（2）下面使用读取电子表格文件 VI 演示数据读取中的流盘操作。

① 使用打开/替换/创建 VI 打开一个文件，它的操作端口设置为 open，即打开已有文件。

② 使用读取电子表格文件 VI 将保存在文件中的数据逐个读出。将这些数据打包成数组送入波形图显示。

③ 使用关闭文件函数节点关闭数据文件。

VI 的前面板及运行结果如图 9-30 所示，VI 的程序框图如图 9-31 所示。

图 9-29　写入电子表格文件中的数据

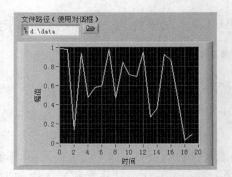

图 9-30　连续读取电子表格文件程序前面板

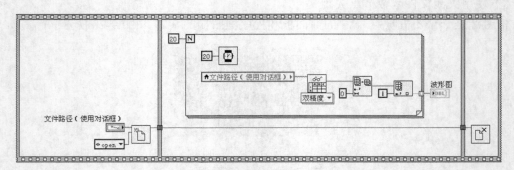

图 9-31　连续读取电子表格文件程序框图

9.3.5　二进制文件

尽管二进制文件的可读性比较差，而且是一种不能直接编辑的文本格式，但是由于它是 LabVIEW 中格式最为紧凑、存取效率最高的一种文件格式，因而在 LabVIEW 程序设计中这种文件类型得到了广泛的应用。

1. 写入二进制文件

该函数将二进制数据写入一个新文件或追加到一个已存在的文件。如果连接到文件输入端的是一个路径，函数将在写入之前打开或创建文件，或者替换已存在的文件。如果将引用句柄连接到文件输入端，将从当前文件位置开始追加写入内容。写入二进制文件函数的节点图标及端口定义如图 9-32 所示。

2. 读取二进制文件

该函数从一个文件中读取二进制数据并从数据输出端返回这些数据。数据怎样被读取取决于指定文件的格式。读取二进制文件函数的节点图标和端口定义如图 9-33 所示。

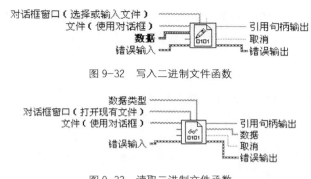

图 9-32　写入二进制文件函数

图 9-33　读取二进制文件函数

> 数据类型：函数从二进制文件中读取数据所使用的数据类型。函数从当前文件位置开始以选择的数据类型来翻译数据。如果数据类型是一个数组、字符串或包含数组和字符串的簇，那么函数将认为每一个数据实例都包含大小信息。如果数据实例中不包含大小信息，那么函数将曲解这些数据。如果 LabVIEW 发现数据与数据类型不匹配，它会将数据设置为默认数据类型并返回一个错误。

9.3.6　数据记录文件的创建和读取

（1）启用前面板数据记录或使用数据记录函数可以采集数据并将数据写入文件，从而创建和读取数据记录文件。无需将数据记录文件中的数据按格式处理。但是，读取或写入数据记录文件时，必须首先指定数据类型。例如，采集带有时间和日期标识的温度读数时，将这些数据写入数据记录文件需要将该数据指定为包含一个数字和两个字符串的簇。

如读取一个带有时间和日期记录的温度读数文件，需将要读取的内容指定为包含一个数字和两个字符串的簇。

（2）数据记录文件中的记录可包含各种数据类型。数据类型由数据记录到文件的方式决定。LabVIEW 向数据记录文件写入数据的类型要与写入数据记录函数创建的数据记录文件的数据类型一致。

在通过前面板数据记录创建的数据记录文件中，数据类型为由两个簇组成的簇。第一个簇包含时间标识，第二个簇包含前面板数据。时间标识中用 32 位无符号整数代表秒，16 位无符号整数代表毫秒，根据 LabVIEW 系统时间计时。前面板上数据簇中的数据类型与控件的 Tab 键顺序一一对应。

9.3.7　课堂练习——写入/读取温度计数据

本小节演示文本文件的写入与读取。

操作提示：

（1）记录并读取文件在读写时需要指定数据类型

① 使用文件对话框 VI 打开一个文件对话框，选择文件路径。

数据的写入　　数据的读取

使用打开/创建/替换数据记录文件函数将指定的文件打开或创建一个记录文件。创建记录文件时，必须指定数据类型，方法是将所需类型的数据连接到打开/创建/替换数据记录文件函数的记录类型输入端。指定的数据类型必须和需要存储的数据的类型相同。

② 使用写入数据记录文件函数节点将数据写入数据记录文件。数据包含当前日期和时间的簇数据。

③ 使用关闭文件节点关闭数据文件。

本实例的程序前面板及程序框图如图 9-34 和图 9-35 所示。

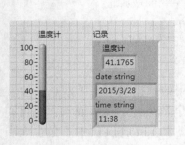

图 9-34　程序前面板

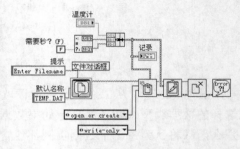

图 9-35　程序框图

（2）读取数据记录文件

① 使用文件对话框 VI 打开一个文件对话框，选择文件路径。使用打开/创建/替换数据记录文件函数将指定的文件打开。

② 使用读取记录文件函数将指定的数据记录文件打开。实例中打开的数据记录文件为图 9-34 所示的保存的记录数据。

③ 读取完毕，使用关闭文件函数节点关闭数据文件。

程序前面板及运行结果如图 9-36 所示，VI 的程序框图如图 9-37 所示。

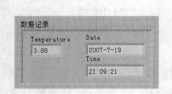

图 9-36　程序前面板及运行结果

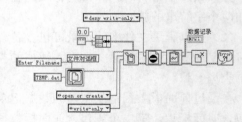

图 9-37　程序框图

9.3.8　测量文件

1．写入测量文件

写入测量文件 Express VI 用于将数据写入基于文本的测量文件（.lvm）、二进制测量文件（.tdm 或.tdms）。写入测量文件 Express VI 的初始图标及端口定义如图 9-38 所示。

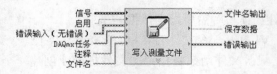

图 9-38　写入测量文件 Express VI

将写入测量文件 Express VI 放到程序框图中时，会弹出"配置写入测量文件"窗口，如图 9-39 所示。

图 9-39　"配置写入测量文件"窗口

下面对配置写入测量文件窗口中的选项进行介绍。

（1）文件名

文件名用于显示被写入数据的文件的完整路径。仅在文件名输入端未连线时，该 Express VI 才将数据写入该参数所指定的文件。如文件名输入端已连线，则数据将被该 Express VI 写入该输入端所指定的文件。

（2）文件格式

➢　文本（LVM）：将文件格式设置为基于文本的测量文件（.lvm），并在文件名中设置文件扩展名为.lvm。

➢　二进制（TDMS）：将文件格式设置为二进制测量文件（.tdms），并在文件名中将文件扩展名设置为.tdms。如选择该选项，则不可使用分隔符部分，以及数据段首部分的无段首选项。

➢　带 XML 头的二进制（TDM）：将文件格式设置为二进制测量文件（.tdm），并在文件名中将文件扩展名设置为.tdm。如选择该选项，则不可使用分隔符部分，以及数据段首部分的无段首选项。

当选择该文件格式时，可勾选【锁定文件以提高访问速度】复选框。勾选该复选框可明显加快读写速度，但将影响对某些任务的多任务处理能力。通常情况下推荐使用该选项。启用该选项后，当两个 Express VI 中的一个正在写一系列文件时，另一个 Express VI 不能同时访问该文件。

（3）动作

➤ 保存至单个文件：将所有数据保存至一个文件。

➤ 提示用户选择文件：显示对话框，提示用户选择文件。

➤ 仅询问一次：提示用户选择文件，仅提示一次。只有勾选【提示用户选择文件】复选框时，该选项才可用。

➤ 每次循环时询问：每次 Express VI 运行时都提示用户选择文件。只有勾选【提示用户选择文件】复选框时，该选项才可用。

➤ 保存至一系列文件（多个文件）：将数据保存至多个文件。如重置为 TRUE，则 VI 将从序列中的第一个文件开始写入。当指定文件已经存在时将采取何种措施，由"配置多文件设置"对话框"现有文件"选项的值决定。如 test_001.lvm 被保存为 test_004.lvm，则 test_001.lvm 可能已经被重命名、覆盖或者跳过。

➤ 设置：显示"配置多文件设置"对话框。只有勾选了【保存至一系列文件（多个文件）】复选框，才可使用该选项。

（4）如文件已存在

➤ 重命名现有文件：如重置为 TRUE，则重命名现有文件。

➤ 使用下一可用文件名：如重置为 TRUE，向文件名添加下一个顺序数字。例如，当 test.lvm 已存在时，LabVIEW 将文件保存为 test1.lvm。

➤ 添加至文件：将数据添加至文件。如选中【添加至文件】，VI 将忽略重置的值。

➤ 覆盖文件：如重置为 TRUE，将覆盖现有文件的数据。

（5）数据段首

➤ 每数据段一个段首：在被写入文件的每个数据段创建一个段首。适用于数据采样率因时间而改变、以不同采样率采集两个或两个以上信号、被记录的一组信号随时间而变化的情况。

➤ 仅一个段首：在被写入文件中仅创建一个段首。适用于以相同的恒定采集率采集同一组信号的情况。

➤ 无段首：不在被写入的文件中创建段首。只有选择【文件格式部分的文本（LVM）】时，该选项才可用。

（6）X 值列

➤ 每通道一列：为每个通道产生的时间数据创建单独的列。对于每列 y 轴的值，都会生成一列相应 x 轴的值。适用于采集率不恒定或采集不同类型信号的情况。

➤ 仅一列：仅为所有通道生成的时间数据创建一个列。仅包括一列 x 轴的值。适用于以相同的恒定采集率采集同一组信号的情况。

➤ 空时间列：为所有通道生成的时间数据创建一个空列。不包括 x 轴的数据。只有选择了【文件格式部分的文本（LVM）】选项，才可使用该选项。

（7）分隔符

➤ 制表符：用制表符分隔文本文件中的字段。

➤ 逗号：用逗号分隔文本文件中的字段。

只有选择了【文件格式部分的文本（LVM）】选项，才可使用该选项。

（8）文件说明

文件说明是指包含.lvm、.tdm 或.tdms 文件的说明。LabVIEW 将本文本框中输入的文本添加到文件的段首中。

➤ 高级：显示"配置用户定义属性"对话框。只有选择了【二进制（TDMS）】或【带 XML 头的二进制（TDM）】，才可使用该选项。

2. 读取测量文件

读取测量文件 Express VI 用于从基于文本的测量文件（.lvm）、二进制测量文件（.tdm 或.tdms）中读取数据。如安装了 Multisim 9.0 或更高版本，也可使用该 VI 读取 Multisim 数据。读取测量文件 Express VI 的初始图标及端口定义如图 9-40 所示。

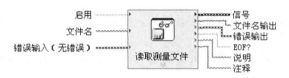

图 9-40　读取测量文件 Express VI

将读取测量文件 Express VI 放到程序框图中时，会弹出"配置读取测量文件"窗口，如图 9-41 所示。

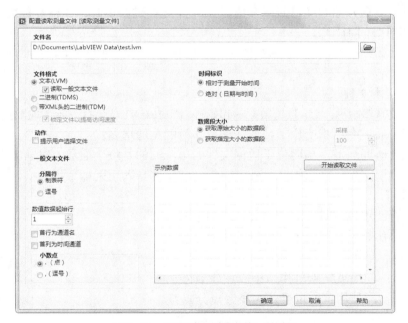

图 9-41　"配置读取测量文件"对话框

下面对"配置读取测量文件"窗口中的选项进行介绍。

（1）文件名

文件名用于显示希望读取其数据的文件的完整路径。仅在文件名输入端未连线时，Express VI 从参数所指定的文件读取数据。如文件名输入端已连线，则 Express VI 将从输入端所指定的文件读取数据。

（2）文件格式

➤ 文本（LVM）：将文件格式设置为基于文本的测量文件（.lvm），并在文件名中设置文件扩展名为.lvm。

➢ 二进制（TDMS）：将文件格式设置为二进制测量文件（.tdms），并在文件名中将文件扩展名设置为.tdms。

➢ 带 XML 头的二进制（TDM）：将文件格式设置为二进制测量文件（.tdm），并在文件名中将文件扩展名设置为.tdm。当选择该文件格式时，可勾选【锁定文件以提高访问速度】复选框。勾选该复选框可明显加快读写速度，但将影响对某些任务的多任务处理能力。通常情况下推荐使用该选项。

（3）动作

➢ 提示用户选择文件：显示文件对话框，提示用户选择一个文件。

（4）数据段大小

➢ 获取原始大小的数据段：按照信号数据段原来的大小从文件读取信号的数据段。

➢ 获取指定大小的数据段：按照采样中指定的大小从文件读取信号的数据段。

➢ 采样：指定在从文件读取的数据段中希望包含的采样数量。默认值为 100。只有选择【获取指定大小的数据段】时，该选项才可用。

（5）时间标识

➢ 相对于测量开始时间：显示数值对象从 0 起经过的小时、分钟及秒数。例如，十进制 100 等于相对时间 1：40。

➢ 绝对（日期与时间）：显示数值对象从格林尼治标准时间 1904 年 1 月 1 号零点至今经过的秒数。

（6）一般文本文件

➢ 数值数据起始行：表示数值数据的起始行。Express VI 从该行开始读取数据。默认值为 1。

➢ 首行为通道名：指明位于数据文件第一行的是通道名。

➢ 首列为时间通道：指明位于数据文件的第一列的是每个通道的时间数据。

➢ 开始读取文件：将数据从文件名中指定的文件导入至采样数据表格。

（7）分隔符

➢ 制表符：用制表符分隔文本文件中的字段。

➢ 逗号：用逗号分隔文本文件中的字段。

（8）小数点

➢ .（点）：使用英文点号作为小数点分隔符。

➢ ,（逗号）：使用英文逗号作为小数点分隔符。

9.4 课堂案例——编辑选中文件

编辑选中文件

本实例演示用罗列文件夹函数读取文件夹路径，并对该文件夹下文件进行复制、删除操作。

1. 设置工作环境

（1）新建 VI。选择菜单栏中的【文件】→【新建 VI】命令，新建一个 VI，一个空白的 VI 包括前面板及程序框图。

（2）保存 VI。选择菜单栏中的【文件】→【另存为】命令，输入 VI 名称为"编辑选中文件"。

2．设计程序框图

将程序框图置为当前。

（1）获取文件路径

① 在"函数"选板上选择【编程】→【文件 IO】→【高级文件函数】→【罗列文件夹】函数，在输入端创建"路径""模式"输入控件。

② 在"函数"选板上选择【编程】→【结构】→【For 循环】，拖动光标，创建 For 循环。

③ 在"函数"选板上选择【编程】→【文件 IO】→【创建路径】函数，在输入端将"路径"输入控件连接到"基路径"输入端，将"文件名"输出端连接到"模式"输入端，获取选定文件路径，程序框图如图 9-42 所示。

（2）编辑显示对话框

① 在"函数"选板中选择【编程】→【字符串】→【连接字符串】函数，在输入端连接"文件夹名"与"编辑该文件""?"字符常量，将 3 组字符连在一起。

② 在"函数"选板上选择【编程】→【对话框与用户界面】→【三按钮对话框】函数，在"消息"输入端连接合并的字符串，创建 3 个按钮常量"复制""删除""取消"，程序运行过程中，其将显示在对话框中，程序框图如图 9-43 所示。

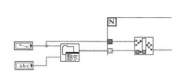

图 9-42　获取文件路径

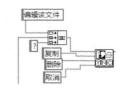

图 9-43　设置显示对话框

（3）设置编辑条件

① 在"函数"选板上选择【编程】→【结构】→【条件结构】，拖动光标，在"For 循环"内部创建条件结构。

条件结构的选择器标签包括"真""假"两种，单击鼠标右键，在弹出菜单中选择【在后面添加分支】，显示 3 种条件。

② 将按钮对话框的"哪个按钮"输出端连接到"条件结构"中的"分支选择器"端，分支选择器自动根据按钮转换标签名，如图 9-44 所示。根据按钮的显示选择执行哪个条件。

③ 选择【Left Button，默认】选项，在"函数"选板上选择【编程】→【文件 IO】→【高级文件函数】→【复制】函数，如图 9-45 所示。

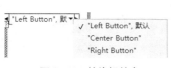

图 9-44　转换标签名

图 9-45　复制文件

④ 选择【Center Button】，在"函数"选板上选择【编程】→【文件 IO】→【高级文件函数】→【删除】函数，如图 9-46 所示。

⑤ 选择【Right Button】，直接连接输入输出端，如图 9-47 所示。

图 9-46　删除文件

图 9-47　取消操作

⑥ 在"函数"选板上选择【编程】→【对话框与用户界面】→【简易错误处理器】，连接输出错误。

连接剩余程序框图，单击工具栏中的【整理程序框图】按钮，整理程序框图，结果如图 9-48 所示。

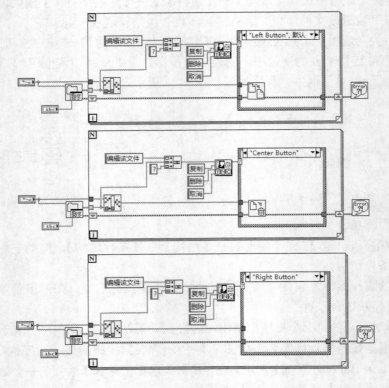

图 9-48　整理后的程序框图

3．显示程序框图

打开程序框图，在控件中输入路径与类型，如图 9-49 所示。

4．运行程序

（1）在前面板窗口或程序框图窗口的工具栏中单击【运行】按钮，运行 VI，结果如图 9-50 所示。

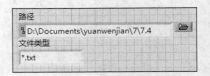

图 9-49　输入路径及类型

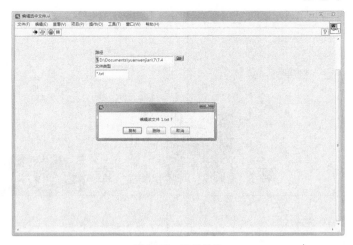

图 9-50 运行结果

（2）单击【复制】按钮，弹出图 9-51 所示的"选择或输入需复制的终端文件路径"对话框，输入复制文件名称，选择路径，完成文件的复制。

图 9-51 复制文件

（3）单击【删除】按钮，则直接删除选中的文件。

（4）单击【取消】按钮，关闭该对话框，不对选中文件执行任何操作，返回程序框图。

9.5 课后习题

1．文件类型有哪几种？

2．配置文件与一般文件有什么区别？

3．什么是测量文件？

4．什么是数据记录文件？

5．文本文件与二进制文件有什么区别？

习题 6　　习题 7　　习题 8

6．在一个波形图中显示读取的文本文件与二进制文件，两曲线以不同颜色显示。

7．将正弦、余弦数据分别写入到文本文件中，并在波形图中显示数据和。

8．将正弦波与方波写入到二进制文件中。

第**10**章 　数据采集

内容指南

NI 公司为 LabVIEW 用户提供了丰富的数据采集设备，最大限度地满足了各个领域用户的需要。数据采集（DAQ）是 LabVIEW 的核心功能，用户若要使用 LabVIEW，必须要先掌握如何使用 DAQ。LabVIEW 2014 具有强大的 DAQ 功能。

本章首先介绍 DAQ 的基本知识，然后对 DAQmx 节点及其使用方法进行介绍，最后对数据采集中经常使用的 DAQ 助手进行简单介绍。

知识重点

- 数据采集基础
- 数据采集节点

10.1　数据采集基础

随着计算机和总线技术的发展，基于 PC 的数据采集（Data Acquisition，DAQ）板卡产品得到广泛应用。一般而言，DAQ 板卡产品可以分为内插式（plug-in）板卡和外挂式板卡两类。内插式板卡包括基于 ISA、PCI、PXI/Compact PCI、PCMCIA 等各种计算机内总线的板卡，外挂式 DAQ 板卡则包括 USB、IEEE1394、RS232/RS485 和并口板卡。内插式 DAQ 板卡速度快，但插拔不方便；外挂式 DAQ 板卡连接使用方便，但速度相对较慢。NI 公司最初以研制开发各种先进的 DAQ 产品成名，因此，丰富的 DAQ 产品支持和强大的 DAQ 编程功能一直是 LabVIEW 系统的显著特色之一，并且许多厂商也将 LabVIEW 驱动程序作为其 DAQ 产品的标准配置。另外，NI 公司还为没有 LabVIEW 驱动程序的 DAQ 产品提供了专门的驱动程序开发工具——LabWindows/CVI。

在学习 LabVIEW 所提供的功能强大的数据采集和分析软件以前，首先了解数据采集系统的原理、构成是非常有必要的。因此，本节首先对 DAQ 系统进行介绍，然后对 NI-DAQ 的安装及 NI-DAQ 节点中常用的参数进行介绍。

10.1.1　DAQ 功能概述

典型的基于 PC 的 DAQ 系统框图如图 10-1 所示。它包括传感器、信号调理模块、数据采集硬件设备以及装有 DAQ 软件的 PC。

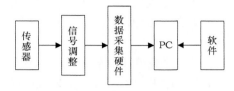

图 10-1　典型的基于 PC 的 DAQ 系统

下面对数据采集系统的各个组成部分进行介绍,并介绍使用各组成部分的最重要的原则。

1. 个人计算机（PC）

数据采集系统所使用的计算机性能会极大地影响连续采集数据的最大速度,而当今的技术已可以使用 Pentium 和 PowerPC 级的处理器,它们能结合更高性能的 PCI、PXI/CompactPCI 和 IEEE1394（火线）总线以及传统的 ISA 总线和 USB 总线。PCI 总线和 USB 接口是目前绝大多数台式计算机的标准设备,而 ISA 总线已不再经常使用。随着 PCMCIA、USB 和 IEEE 1394 的出现,为基于桌面 PC 的数据采集系统提供了一种更为灵活的总线替代选择。对于使用 RS-232 或 RS-485 串口通信的远程数据采集应用,串口通信的速率常常会使数据吞吐量受到限制。在选择数据采集设备和总线方式时,请记住所选择的设备和总线所能支持的数据传输方式。

计算机的数据传送能力会极大地影响数据采集系统的性能。所有 PC 都具有可编程 I/O 和中断传送方式。目前绝大多数 PC 可以使用直接内存访问（Direct memory access,DMA）传送方式,它使用专门的硬件把数据直接传送到计算机内存,从而提高了系统的数据吞吐量。采用这种方式后,处理器不需要控制数据的传送,因此它就可以用来处理更复杂的工作。为了利用 DMA 或中断传送方式,选择的数据采集设备必须能支持这些传送类型。例如,PCI、ISA 和 IEEE1394 设备可以支持 DMA 和中断传送方式,而 PCMCIA 和 USB 设备只能使用中断传送方式。所选用的数据传送方式会影响数据采集设备的数据吞吐量。

使采集数据量受到限制的因素常常是硬盘,磁盘的访问时间和硬盘的分区化会极大地降低数据采集和存储到硬盘的最大速率。对于要求采集高频信号的系统,就需要为您的 PC 选择高速硬盘,从而保证有连续（非分区）的硬盘空间来保存数据。此外,要用专门的硬盘进行采集并且在把数据存储到磁盘时使用另一个独立的磁盘运行操作系统。

对于要实时处理高频信号的应用,需要用到 32 位的高速处理器以及相应的协处理器或专用的插入式处理器,如数字信号处理（DSP）板卡。然而,对于在 1s 内只需采集或换算一两次数据的应用系统而言,使用低端的 PC 就可以满足要求。

在满足短期目标的同时,要根据投资所能产生的长期回报的最大值来确定选用何种操作系统和计算机平台。影响选择的因素可能包括开发人员和最终用户的经验和要求、PC 的其他用途（现在和将来）、成本的限制以及在实现系统期间内可使用的各种计算机平台。

2. 传感器和信号调理

传感器感应物理现象并生成数据采集系统可测量的电信号。例如,热电偶、电阻式测温计（RTD）、热敏电阻器和 IC 传感器可以把温度转变为模拟数字转化器（analog-to-digital,ADC）可测量的模拟信号。其他例子包括应力计、流速传感器、压力传感器,它们可以相应地测量应力、流速和压力。在所有这些情况下,传感器可以生成和它们所检测的物理量呈比例的电信号。

为了适合数据采集设备的输入范围，由传感器生成的电信号必须经过处理。为了更精确地测量信号，使用信号调理配件放大低电压信号，并对信号进行隔离和滤波。此外，某些传感器需要有电压或电流激励源来生成电压输出。

3．数据采集硬件

（1）模拟输入：模拟输入的基本考虑在模拟输入的技术说明中将给出关于数据采集产品的精度和功能的信息。基本技术说明适用于大部分数据采集产品，包括通道数目、采样速率、分辨率和输入范围等方面的信息。

（2）模拟输出：模拟输出电路来为数据采集系统提供激励源的情况很多。数模转换器（DAC）的一些技术指标决定了所产生输出信号的质量－稳定时间、转换速率和输出分辨率。

（3）触发器：许多数据采集的应用过程需要基于一个外部事件来启动或停止一个数据采集的工作。数字触发使用外部数字脉冲来同步采集与电压生成。模拟触发主要用于模拟输入操作，当一个输入信号达到一个指定模拟电压值时，根据相应的变化方向来启动或停止数据采集的操作。

（4）RTSI 总线：NI 公司为数据采集产品开发了 RTSI 总线。RTSI 总线使用一种定制的门阵列和一条带形电缆，能在一块数据采集卡上的多个功能之间或者两块甚至多块数据采集卡之间发送定时和触发信号。通过 RTSI 总线，用户可以同步模数转换、数模转换、数字输入、数字输出和计数器/计时器的操作。例如，通过 RTSI 总线，两个输入板卡可以同时采集数据，同时第 3 个设备可以与该采样率同步地产生波形输出。

（5）数字 I/O（DIO）：DIO 接口经常在 PC 数据采集系统中使用，它被用来控制过程、产生测试波形、与外围设备进行通信。在每一种情况下，最重要的参数有可应用的数字线的数目、在这些通路上能接收和提供数字数据的速率以及通路的驱动能力。如果数字线被用来控制事件，比如打开或关掉加热器、电动机或灯，由于上述设备并不能很快地响应，因此通常不采用高速输入输出。

数字线的数量当然应该与需要被控制的过程数目相匹配。在上述的每一个例子中，需要打开或关掉设备的总电流必须小于设备的有效驱动电流。

（6）定时 I/O：计数器/定时器在许多应用中具有很重要的作用，包括对数字事件产生次数的计数、数字脉冲计时，以及产生方波和脉冲。通过 3 个计数器/计时器信号就可以实现所有上述应用——门、输入源和输出。门是指用来使计数器开始或停止工作的一个数字输入信号。输入源是一个数字输入，它的每次翻转都导致计数器的递增，因而提供计数器工作的时间基准。在输出线上输出数字方波和脉冲。

4．软件

软件使 PC 和数据采集硬件形成了一个完整的数据采集、分析和显示系统。没有软件，数据采集硬件是毫无用处的；或者使用比较差的软件，数据采集硬件也几乎无法工作。大部分数据采集应用实例都使用了驱动软件。软件层中的驱动软件可以直接对数据采集硬件的寄存器编程，管理数据采集硬件的操作并把它和处理器终端、DMA 和内存这样的计算机资源结合在一起。驱动软件隐藏了复杂的硬件底层编程细节，为用户提供容易理解的接口。

随着数据采集硬件和软件复杂程度的增加，好的驱动软件就显得尤为重要。合适的驱动软件可以最佳地结合灵活性和高性能，同时还能极大地降低开发数据采集程序所需的时间。

为了开发出用于测量和控制的高质量数据采集系统，用户必须了解组成系统的各个部分。

在所有数据采集系统的组成部分中，软件是最重要的。这是由于插入式数据采集设备没有显示功能，软件是用户和系统的唯一接口。软件提供了系统的所有信息，用户也需要通过它来控制系统。软件把传感器、信号调理、数据采集硬件和分析硬件集成为一个完整的多功能数据采集系统。

10.1.2　NI-DAQ 安装

NI 公司官方提供了支持 LabVIEW 2014 的 DAQ 驱动程序，下载地址为：http://sine.ni.com/psp/app/doc/p/id/psp-268。把 DAQ 卡与计算机连接后，就可以开始安装驱动程序了。把压缩包解压以后，双击【Setup】，就会出现图 10-2 所示的对话框。

图 10-2　NI-DAQmx 安装界面之一

（1）单击【下一步】按钮，对安装路径进行选择，如图 10-3 所示。

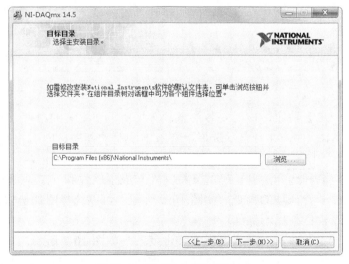

图 10-3　NI-DAQmx 安装界面之二

（2）单击【下一步】按钮，选择安装类型，经典、自定义可由自己选择，如图 10-4 所示。

（3）单击【下一步】按钮，显示许可协议，选择【我接受该许可协议】，如图 10-5 所示。

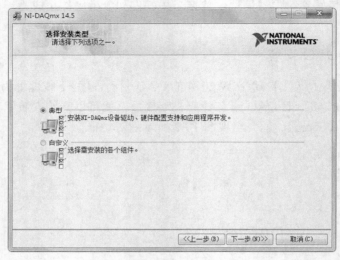

图 10-4　NI-DAQmx 安装界面之三

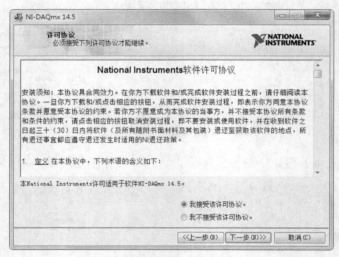

图 10-5　NI-DAQmx 安装界面之四

（4）单击【下一步】按钮，核对安装信息，选择所需要安装的组件，安装程序会自动检测系统中已安装的 NI 软件，并且自动选择最新版本的驱动程序、应用软件和语言支持文件，如图 10-6 所示。

检查安装程序检测和选择的是正确的支持文件与应用软件和（或）语言的正确版本号。双击特征项可以展开子特征项的列表，如图 10-6 所示。可以选择附加选项来安装支持文件、范例和文档。请按照软件的提示操作。

直接单击【下一步】按钮，最后出现安装进度条，如图 10-7 所示。

当安装程序完成时，会打开一个消息提示框询问是否想立刻重新启动计算机。重启计算机，即可使用 DAQ 了。

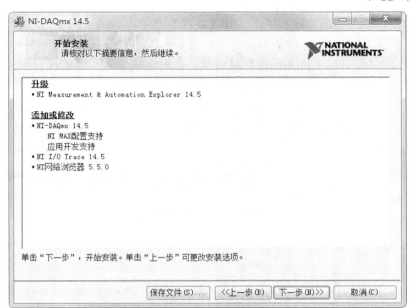

图 10-6 NI-DAQmx 安装界面之五

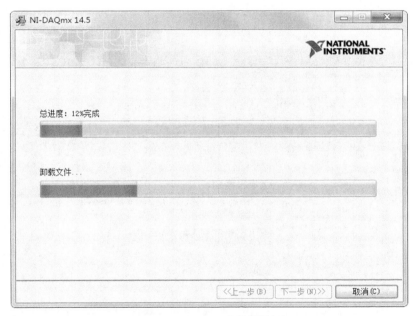

图 10-7 NI-DAQmx 安装界面之六

10.1.3 安装设备和接口

双击桌面上的图标，或选择【开始】→【NI MAX】。将出现"我的系统-Measurement & Automation Explorer"窗口。从该窗口中可以看到现在的计算机所拥有的 NI 公司的硬件和软件的情况，如图 10-8 所示。

安装完成后，选择 PCI 接口，将显示 DAQ 虚拟通道和物理通道，在图 10-8 所示的窗口中的"设备和接口"上单击鼠标右键，选择【新建】命令，如图 10-9 所示。弹出"新建"对话框，选择【仿真 NI-DAQmx 设备或模块化仪器】选项，如图 10-10 所示。单击【完成】按钮，弹出"创建 NI-DAQmx 仿真设备"对话框。在对话框中选择所需接口型号，如图 10-11 所示。单击【确定】按钮，完成接口的选择，如图 10-12 所示。

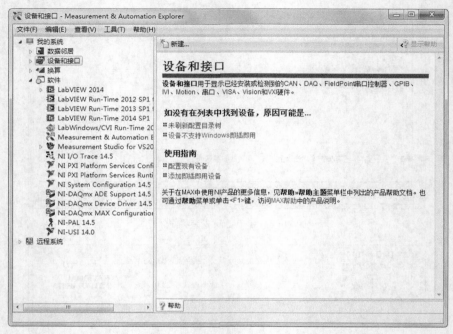

图 10-8 "Measurement & Automation explorer" 窗口

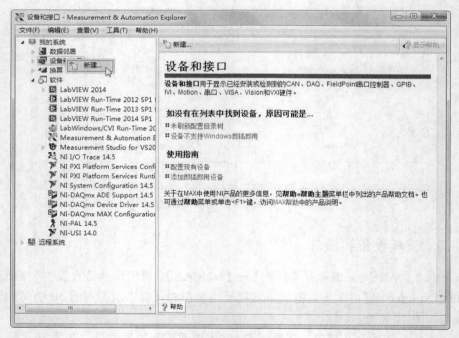

图 10-9 新建接口

图 10-10　"新建"对话框

图 10-11　选择接口型号

图 10-12　"Measurement & Automation explorer" 窗口

10.2　数据采集节点介绍

安装完 NI-DAQmx 后，"函数"选板中将出现"DAQ"子选板。

LabVIEW 是通过 DAQ 节点来控制 DAQ 设备完成数据采集的，所有的 DAQ 节点都包含在"函数"选板中的【测量 I/O】→【DAQmx-数据采集】子选板中，如图 10-13 所示。

图 10-13 "DAQmx-数据采集"子选板

10.2.1 DAQ 节点常用的参数简介

在详细介绍 DAQ 节点的功能之前，为使用户更加方便地学习和使用 DAQ 节点，有必要先介绍一些 LabVIEW 通用的 DAQ 参数的定义。

1．设备号和任务号（Device ID 和 Task ID）

输入端口 Device 是指在 DAQ 配置软件中分配给所用 DAQ 设备的编号，每一个 DAQ 设备都有一个唯一的编号与之对应。在使用工具 DAQ 节点配置 DAQ 设备时，这个编号可以由用户指定。输出参数 Task ID 是系统给特定的 I/O 操作分配的一个唯一的标识号，贯穿于以后的 DAQ 操作的始终。

2．通道（Channel）

在信号的输入输出时，每一个端口叫做一个 Channel。Channel 中所有指定的通道会形成一个通道组（Group）。VI 会按照 Channel 中所列出的通道顺序进行采集或输出数据的 DAQ 操作。

3．通道命名（Channel Name Addressing）

要在 LabVIEW 中应用 DAQ 设备，必须事先对 DAQ 硬件进行配置。为了让 DAQ 设备的 I/O 通道的功能和意义更加直观地为用户所理解，用每个通道所对应的实际物理参数意义或名称来命名通道是一个理想的方法。在 LabVIEW 中配置 DAQ 设备的 I/O 通道时，可以在 Channel 中输入具有一定物理意义的名称来确定通道的地址。

用户在使用通道名称控制 DAQ 设备时，就不需要再连接 device、input limits 以及 input config 这些输入参数了，LabVIEW 会按照在 DAQ Channel Wizard 中的通道配置自动来配置这些参数。

4．通道编号命名（Channel Number Addressing）

如果用户不使用通道名称来确定通道的地址，那么还可以在 Channel 中使用通道编号来确定通道的地址。可以将每个通道编号都作为一个数组中的元素；也可以将数个通道编号填入一个数组元素中，编号之间用逗号隔开；还可以在一个数组元素中指定通道的范围，例如0:2，表示通道 0、1、2。

5．I/O 范围设置（Limit Setting）

Limit Setting 是指 DAQ 卡所采集或输出的模拟信号的最大/最小值。请注意，在使用模拟输入功能时，用户设定的最大最小值必须在 DAQ 设备允许的范围之内。一对最大/最小值组成一个簇，多个这样的簇形成一个簇数组，每一个通道对应一个簇，这样用户就可以为每一个模拟输入或模拟输出通道单独指定最大/最小值了，如图 10-14 所示。

　　按照通道设置，第一个设备的 AI0 通道的范围是-10～10。

　　在模拟信号的数据采集应用中，用户不但需要设定信号的范围，还要设定 DAQ 设备的极性和范围。一个单极性的范围只包含正值或只包含负值，而双极性范围可以同时包含正值和负值。用户需要根据自己的需要来设定 DAQ 设备的极性。

6．组织 2D 数组中的数据

　　当用户在多个通道进行多次采集时，采集到的数据以 2D 数组的形式返回。在 LabVIEW 中，用户可以用两种方式来组织 2D 数组中的数据。

　　（1）第一种方式是用数组中的行（row）来组织数据。假如数组中包含了来自模拟输入通道中的数据，那么，数组中的一行就代表一个通道中的数据，这种方式通常称为行顺方式（row major order）。当用户用一组嵌套 For 循环来产生一组数据时，内层的 For 循环每循环一次就产生 2D 数组中的一行数据。用这种方式构成的 2D 数组如图 10-15 所示。

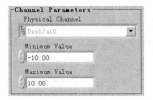

图 10-14　I/O 范围设置

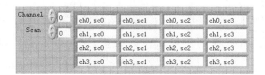

图 10-15　行顺方式组织数据

　　（2）第二种方式是通过 2D 数组中的列（column）来组织数据。节点把从一个通道采集来的数据放到 2D 数组的一列中，这种组织数据的方式通常称之为列顺方式（column major order），此时 2D 数组的构成如图 10-16 所示。

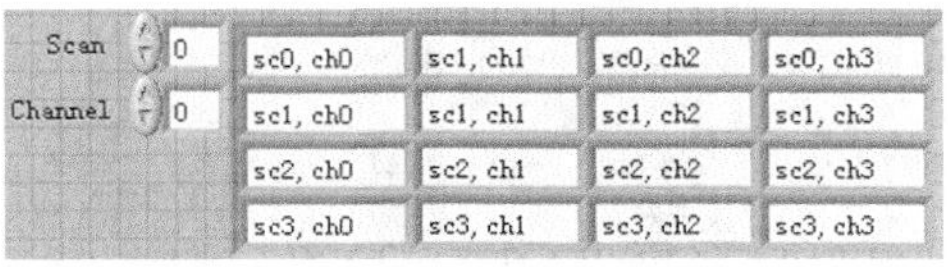

图 10-16　列顺方式组织数据

注意　　在图 10-15 和图 10-16 中出现了一个术语 Scan，称为扫描。一次扫描是指用户指定的一组通道按顺序进行一次数据采集。

　　假如需要从这个 2D 数组中取出其中某一个通道的数据，将数组中相对应的一列数据取出即可，如图 10-17 所示。

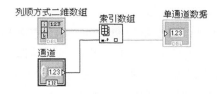

图 10-17　从二维数组中取出其中某一个通道的数据

7. 扫描次数（Number of Scans to Acquire）

扫描次数是指在用户指定的一组通道中进行数据采集的次数。

8. 采样点数（Number of Samples）

采样点数是指一个通道采样点的个数。

9. 扫描速率（Scan Rate）

扫描速率是指每秒完成一组指定通道数据采集的次数，它决定了所有的通道中在一定时间内所进行数据采集次数的总和。

10.2.2 DAQmx 节点

完成 DAQ 安装后，在"函数"面板中会显示 DAQ 节点函数，下面对常用的 DAQmx 节点进行介绍。

1. DAQmx 创建虚拟通道

NI-DAQmx 创建虚拟通道函数创建了一个虚拟通道并且将它添加成一个任务。它也可以用来创建多个虚拟通道并将它们都添加至一个任务。如果没有指定一个任务，那么这个函数将创建一个任务。NI-DAQmx 创建虚拟通道函数有许多的实例，这些实例对应于特定的虚拟通道所实现的测量或生成类型。NI-DAQmx 创建虚拟通道的节点图标及端口定义如图 10-18 所示。图 10-19 所示为 4 个不同的 NI-DAQmx 创建虚拟通道 VI 实例的例程。

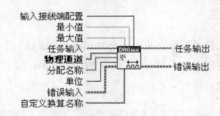

图 10-18 DAQmx 创建虚拟通道节点图标及端口定义

图 10-19 DAQmx 创建的不同类型的虚拟通道

NI-DAQmx 创建虚拟通道函数的输入随每个函数实例的不同而不同，但是，某些输入对大部分函数的实例是相同的。例如一个输入需要用来指定虚拟通道将使用的物理通道（模拟输入和模拟输出）、线数（数字）或计数器。此外，模拟输入、模拟输出和计数器操作使用最小值和最大值输入来配置和优化基于信号最小和最大预估值的测量和生成。而且，一个自定义的刻度可以用于许多虚拟通道类型。在图 10-20 所示的 LabVIEW 程序框图中，NI-DAQmx 创建虚拟通道 VI 用来创建一个热电偶虚拟通道。

2. DAQmx 清除任务

NI-DAQmx 清除任务函数可以清除特定的任务。如果任务现在正在运行，那么这个函数首先中止任务然后释放掉它所有的资源。一旦一个任务被清除，那么它就不能再被使用，除非重新创建它。因此，如果一个任务还会使用，那么 NI-DAQmx 结束任务函数就必须用来中止任务，而不是清除它。DAQmx 清除任务的节点的图标及端口定义如图 10-21 所示。

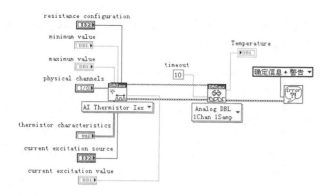

图 10-20　利用创建虚拟通道 VI 创建热电偶虚拟通道

图 10-21　DAQmx 清除任务的节点图标及端口定义

对于连续的操作，NI-DAQmx 清除任务函数必须用来结束真实的采集或生成。在图 10-22 所示的 LabVIEW 程序框图中，一个二进制数组不断输出直至等待循环退出和 NI-DAQmx 清除任务 VI 执行。

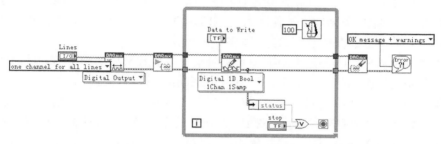

图 10-22　DAQmx Clear Task 应用实例

3．DAQmx 读取

NI-DAQmx 读取函数需要从特定的采集任务中读取采样。这个函数的不同实例允许选择采集的类型（模拟、数字或计数器）、虚拟通道数、采样数和数据类型。其节点的图标及端口定义如图 10-23 所示。图 10-24 所示是 4 个不同的 NI-DAQmx 读取 VI 实例的例程。

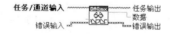

图 10-23　DAQmx 读取的节点图标及端口定义

图 10-24　不同 NI-DAQmx 读取 VI 的实例

可以读取多个采样的 NI-DAQmx 读取函数的实例包括一个输入来指定在函数执行时读取数据的每通道采样数。对于有限采集，将每通道采样数指定为-1，这个函数将等待所有请求的采样数采集完毕，然后读取这些采样。对于连续采集，将每通道采样数指定为-1，这使得该函数在执行过程中读取所有现在保存在缓冲中可得的采样。在图 10-25 所示的 LabVIEW 程序框图中，NI-DAQmx 读取 VI 已经被配置成从多个模拟输入虚拟通道中读取多个采样并以波形的形式返回数据。而且，既然每通道采样数输入已经配置成常数 10，那么每次 VI 执行的时候它就会从每一个虚拟通道中读取 10 个采样。

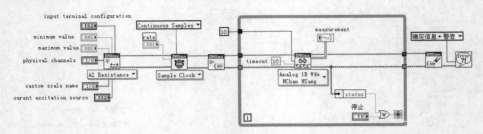

图 10-25　从模拟通道读取多个采样值实例

4．DAQmx 开始任务

NI-DAQmx 开始任务函数显式地将一个任务转换到运行状态。在运行状态，这个任务完成特定的采集或生成。如果没有使用 NI-DAQmx 启动任务函数，那么在 NI-DAQmx 读取函数执行时，一个任务可以隐式地转换到运行状态，或者自动开始。这个隐式的转换也发生在如果 NI-DAQmx 开始任务函数未被使用而且 NI-DAQmx 写入函数与它相应指定的自启动输入一起执行时。其节点的图标及端口定义如图 10-26 所示。

虽然不是经常需要，但是使用 NI-DAQmx 启动任务函数来启动一个与硬件定时相关的采集或生成任务是更值得选择的。而且，如果 NI-DAQmx 读取函数或 NI-DAQmx 写入函数将会执行多次，例如在循环中，NI-DAQmx 启动任务函数就应当使用，否则，任务的性能将会降低，因为它将会重复地启动和停止。图 10-27 所示的 LabVIEW 程序框图演示了不需要使用 NI-DAQmx 启动函数的情形，因为模拟输出生成仅仅包含一个单一的、软件定时的采样。

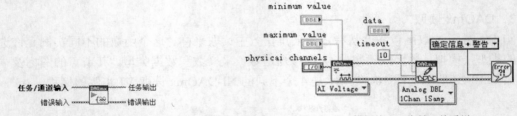

图 10-26　DAQmx 开始任务的节点图标及端口定义　　　　图 10-27　模拟输出一个单一的采样

图 10-28 所示的 LabVIEW 程序框图演示了应当使用 NI-DAQmx 启动函数的情形，因为 NI-DAQmx 读取函数需要执行多次来从计数器读取数据。

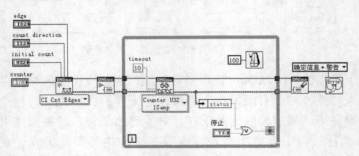

图 10-28　多次读取计数器数据实例

5. DAQmx 停止任务

DAQmx 停止任务函数用于停止任务。任务经过该节点后将进入 DAQmx Start Task VI 节点之前的状态。

如果不使用 DAQmx 开始任务和 DAQmx 停止任务，而只是多次使用 DAQmx 读取或 DAQmx 写入，例如在一个循环里，这将会严重降低应用程序的性能。其节点的图标及端口定义如图 10-29 所示。

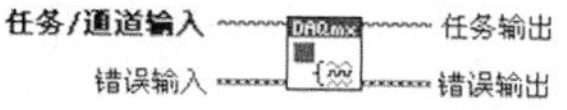

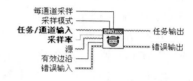

图 10-29　DAQmx 停止任务的节点图标及端口定义

6. DAQmx 定时

NI-DAQmx 定时函数配置定时以用于硬件定时的数据采集操作。这包括指定操作是否连续或有限、为有限的操作选择用于采集或生成的采样数量以及在需要时创建一个缓冲区。其节点的图标及端口定义如图 10-30 所示。

图 10-30　DAQmx 定时的节点图标和端口定义

对于需要采样定时的操作（模拟输入、模拟输出和计数器），NI-DAQmx 定时函数中的采样时钟实例设置了采样时钟的源（可以是一个内部或外部的源）和它的速率。采样时钟控制了采集或生成采样的速率。每一个时钟脉冲为每一个包含在任务中的虚拟通道初始化一个采样的采集或生成。图 10-31 中，LabVIEW 程序框图演示了使用 NI-DAQmx 定时 VI 中的采样时钟实例来配置一个连续的模拟输出生成（利用一个内部的采样时钟）。

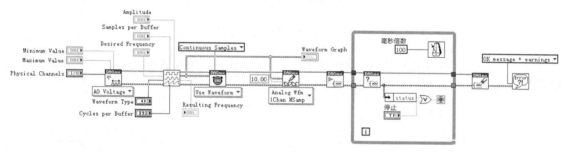

图 10-31　DAQmx 定时应用实例之一

为了在数据采集应用程序中实现同步，如同触发信号必须在一个单一设备的不同功能区域或多个设备之间传递一样，定时信号也必须以同样的方式传递。NI-DAQmx 也是自动地实现这个传递。所有有效的定时信号都可以作为 NI-DAQmx 定时函数的源输入。例如，在图 10-32 所示的 DAQmx 定时 VI 中，设备的模拟输出采样时钟信号作为同一个设备模拟输入通道的采样时钟源，而无需完成任何显式的传递。

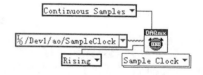

图 10-32　模拟输出时钟作为模拟输入时钟源

大部分计数器操作不需要采样定时，因为被测量的信号提供了定时。NI-DAQmx 定时函数的隐式实例应当用于这些应用程序。例如，在图 10-33 所示的 DAQmx 定时 VI 中，设备的模拟输出采样时钟信号作为同一个设备模拟输入通道的采样时钟源，而无需完成任何显式的传递。

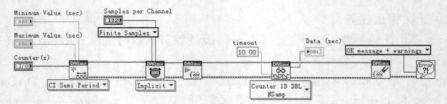

图 10-33　DAQmx 定时应用实例之二

　　某些数据采集设备支持将握手作为它们数字 I/O 操作的定时信号的方式。握手使用外部设备之间请求和确认定时信号的交换来传输每一个采样。NI-DAQmx 定时函数的握手实例为数字 I/O 操作配置握手定时。

7. DAQmx 触发

　　NI-DAQmx 触发函数配置一个触发器来完成一个特定的动作。最为常用的动作是一个启动触发器（Start Trigger）和一个参考触发器（Reference Trigger）。启动触发器初始化一个采集或生成。参考触发器确定所采集的采样集中的位置，在那里前触发器数据（pre trigger）结束，而后触发器（post trigger）数据开始。这些触发器都可以配置成发生在数字边沿、模拟边沿或者当模拟信号进入或离开窗口。在下面的 LabVIEW 程序框图中，利用 NI-DAQmx 触发 VI，启动触发器和参考触发器都配置成发生在一个模拟输入操作的数字边沿。其节点的图标及端口定义如图 10-34 所示。

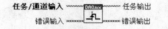

图 10-34　DAQmx 触发的节点图标和端口类型

　　在图 10-35 所示的 LabVIEW 程序框图中，利用 NI-DAQmx 触发 VI，启动触发器和参考触发器都配置成发生在一个模拟输入操作的数字边沿。

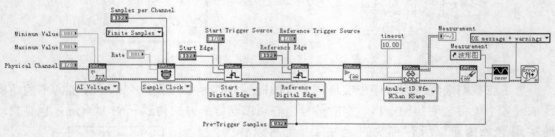

图 10-35　DAQmx 触发器应用实例

　　许多数据采集应用程序需要一个单一设备不同功能区域的同步（例如，模拟输出和计数器）。其他的则需要多个设备进行同步。为了达到这种同步性，触发信号必须在一个单一设备的不同功能区域和多个设备之间传递。NI-DAQmx 自动地完成了这种传递。当使用 NI-DAQmx 触发函数时，所有有效的触发信号都可以作为函数的源输入。例如，在图 10-36 所示的 NI-DAQmx 触发 VI 中，用于设备 2 的启动触发器信号可以用作设备 1 的启动触发器的源，而无需进行任何显式的传递。

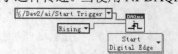

图 10-36　用设备 2 的触发信号触发设备 1

8. DAQmx 结束前等待

　　NI-DAQmx 结束前等待函数在结束之前等待数据采集操作的完成。这个函数应当用于保证在任务结束之前完成了特定的采集或生成。最为普遍的是，NI-DAQmx 等待直至完成函数用于有限操作。一旦这个函数完成了执行，有限采集或生成就完成了，而且无需中断操作就可以结束任务。此外，超时输入允许指定一个最大的等待时间。如果采集或生成不能在这段时间内完成，那么这个函数将退出而且会生成一个合适的错误信号。其节点的图标及端口定义如图 10-37 所示。图 10-38 所示 LabVIEW 程序框图中的 NI-DAQmx 等待直至完成 VI 用来验证有限模拟输出操作在任务清除之前就已经完成。

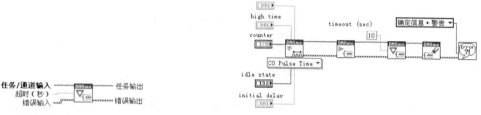

图 10-37　DAQmx 结束前等待函数的节点图标和端口类型

图 10-38　等待直至完成节点应用实例

9. DAQmx 写入

　　NI-DAQmx 写入函数将采样写入指定的生成任务中。这个函数的不同实例允许选择生成类型（模拟或数字）、虚拟通道数、采样数和数据类型。其节点的图标及端口定义如图 10-39 所示。图 10-40 所示是 4 个不同的 NI-DAQmx 写入 VI 实例的例程。

图 10-39　DAQmx 写入函数的节点图标及端口定义

图 10-40　不同 NI-DAQmx 写入 VI 的实例

　　每一个 NI-DAQmx 写入函数实例都有一个自启动输入来确定如果还没有显式地启动，那么这个函数是否将隐式地启动任务。正如在本文 NI-DAQmx 启动任务部分所讨论的那样，NI-DAQmx 启动任务函数应当用来显式地启动一个使用硬件定时的生成任务。它也应当用来最大化性能，如果 NI-DAQmx 写入函数将会多次执行。对于一个有限的模拟输出生成，图 10-41 所示的 LabVIEW 程序框图包括一个 NI-DAQmx 写入 VI 的自启动输入值为 "假" 的布尔值，因为生成任务是硬件定时的。NI-DAQmx 写入 VI 已经被配置为将一个通道模拟输出数据的多个采样以一个模拟波形的形式写入任务中。

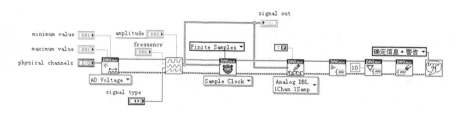

图 10-41　DAQmx 写入应用实例

10. DAQmx 属性节点

NI-DAQmx 属性节点提供了对所有与数据采集操作相关属性的访问，如图 10-42 所示。这些属性可以通过写入 NI-DAQmx 属性节点来设置，而且当前的属性值可以从 NI-DAQmx 属性节点中读取。而且，在 LabVIEW 中，一个 NI-DAQmx 属性节点可以用来写入多个属性或读取多个属性。例如，图 10-43 所示的 LabVIEW NI-DAQmx 定时属性节点设置了采样时钟的源，然后读取采样时钟的源，最后设置采样时钟的有效边沿。

图 10-42　DAQmx 的属性节点

图 10-43　DAQmx 定时属性节点使用

许多属性可以使用前面讨论的 NI-DAQmx 函数来设置。例如，采样时钟源和采样时钟有效边沿属性可以使用 NI-DAQmx 定时函数来设置。然而，一些相对不常用的属性只可以通过 NI-DAQmx 属性节点来访问。在图 10-44 所示的 LabVIEW 程序框图中，一个 NI-DAQmx 通道属性节点用来启用硬件低通滤波器，然后设置滤波器的截止频率来用于应变测量。

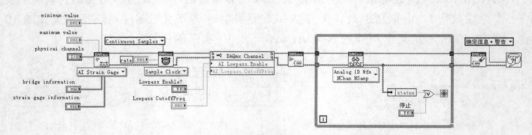

图 10-44　DAQmx 属性节点的使用实例

11. DAQ 助手

DAQ 助手是一个图形化的界面，用于交互式地创建、编辑和运行 NI-DAQmx 虚拟通道和任务。一个 NI-DAQmx 虚拟通道包括一个 DAQ 设备上的物理通道和对这个物理通道的配置信息，例如输入范围和自定义缩放比例。一个 NI-DAQmx 任务是虚拟通道、定时和触发信息以及其他与采集或生成相关属性的组合。DAQ 助手配置完成一个应变测量，其节点图标如图 10-45 所示。

图 10-45　未配置前的 DAQ 助手图标

10.3　课堂案例——DAQ 助手的使用

在所有的 DAQ 函数中，使用最多的是 DAQ Assistant（DAQ 助手），DAQ Assistant 是一个图形化的界面，用于交互式地创建、编辑和运行NI-DAQmx 虚拟通道和任务。一个 NI-DAQmx 虚拟通道包括一个 DAQ 设备上的物理通道和对这个物理通

DAQ 助手的使用

道的配置信息，例如输入范围和自定义缩放比例。一个 NI-DAQmx 任务是虚拟通道、定时和触发信息以及其他与采集或生成相关属性的组合。

1．打开 DAQ 助手

在 "DAQmx-数据采集" 子选板中打开【DAQ 助手】，放置一个 "DAQ 助手" 到程序框图上，系统会自动弹出图 10-46 所示的 "新建" 对话框。

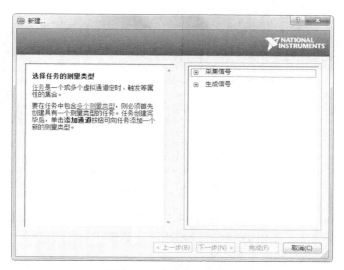

图 10-46 新建任务对话框

2．设置 DAQ 参数

下面介绍在 DAQ 输出正弦波时，DAQ 助手的配置方法。

（1）选择【模拟输出】，如图 10-47 所示。

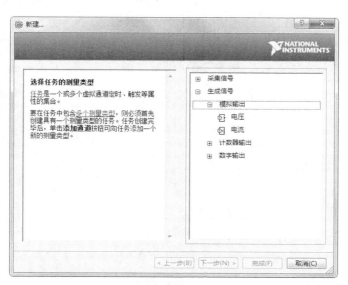

图 10-47 选择【模拟输出】

（2）选择【电压】，即用电压的变化来表示波形，系统会弹出对话框，如图 10-48 所示。

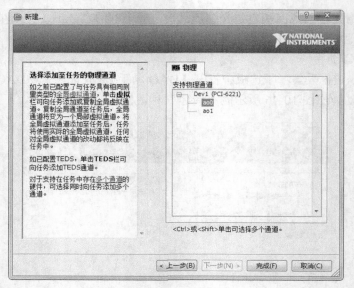

图 10-48　设备配置

（3）选择通道 0，单击【完成】按钮，将弹出图 10-49 所示的对话框。完成配置后，单击【确定】按钮，系统便开始对 DAQ 进行初始化，如图 10-50 所示。

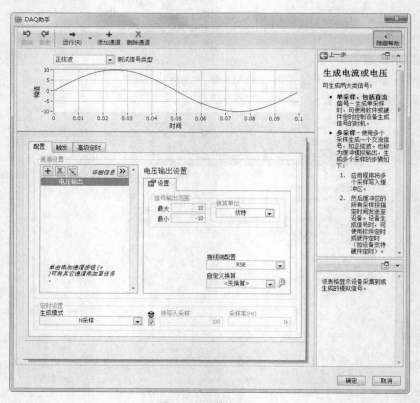

图 10-49　输出配置

（4）初始化完成后，DAQ 助手的图标变为如图 10-51 所示的样子。

图 10-50 DAQ 初始化

图 10-51 初始化完成后的 DAQ 助手图标

（5）至此，当用户向它输入信号的时候，DAQ 便可以向外输出用户输入的信号了。

3. 运行程序

利用仿真信号 Express VI 产生正弦信号，并通过 DAQ 助手输出，程序框图和前面板分别如图 10-52 和图 10-53 所示。

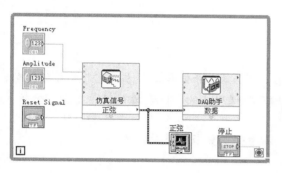

图 10-52 程序框图

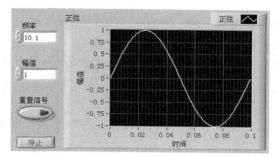

图 10-53 程序前面板

10.4 课后习题

1. 数据采集的功能主要有哪些？
2. 如何安装 DAQ？
3. 安装 DAQ 有什么要求？
4. DAQ 有哪些节点，分别有什么功能？
5. 数据采集的通道如何选择？

第 **11** 章　信号处理

内容指南

LabVIEW 作为虚拟测量领域的专业软件，在信号发生、分析和处理方面有着明显的优势，它为用户提供了非常丰富的信号发生工具，使用户在使用 LabVIEW 进行信号发生、分析和处理时游刃有余。

本章主要介绍 LabVIEW 中用于波形调理、测量的函数节点及使用方法。

知识重点

- 波形调理
- 波形测量
- 信号处理

11.1　波形调理

波形调理主要用于对信号进行数字滤波和加窗处理。波形调理 VI 节点位于"函数"选板→【信号处理】→【波形调理】子选板中，如图 11-1 所示。

下面对"波形调理"选板中包含的 VI 及其使用方法进行介绍。

11.1.1　数字 FIR 滤波器

数字 FIR 滤波器可以对单波形和多波形进行滤波。如果对多波形进行滤波，则 VI 将对每一个波形进行相同的滤波。信号输入端和 FIR 滤波器规范输入端的数据类型决定了使用哪一个 VI 多态实例。数字 FIR 滤波器 VI 的节点图标和端口定义如图 11-2 所示。

图 11-1　"波形调理"子选板

该 VI 根据 FIR 滤波器规范和可选 FIR 滤波器规范的输入数组来对波形进行滤波。如果对多波形进行滤波，VI 将对每一个波形使用不同的滤波器，并且会保证每一个波形是相互分离的。

➢ FIR 滤波器规范：选择一个 FIR 滤波器的最小值。FIR 滤波器规范是一个簇类型，它所包含的量如图 11-3 所示。

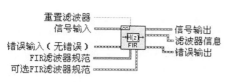

图 11-2　数字 FIR 滤波器

图 11-3　FIR 滤波器规范和可选 FIR 滤波器规范

➢ 拓扑结构：决定了滤波器的类型，包括的选项是 Off（默认）、FIR by Specification、Equi-ripple FIR 和 Windowed FIR。

➢ 类型：类型选项决定了滤波器的通带。包括的选项是 Lowpass（低通）、Highpass（高通）、Bandpass（带通）和 Bandstop（带阻）。

➢ 抽头数：FIR 滤波器的抽头的数量。默认为 50。

➢ 最低通带：两个通带频率中低的一个。默认为 100Hz。

➢ 最高通带：两个通带频率中高的一个。默认为 0。

➢ 最低阻带：两个阻带中低的一个。默认为 200。

➢ 最高阻带：两个阻带中高的一个。默认为 0。

➢ 可选 FIR 滤波器规范：用来设定 FIR 滤波器的可选的附加参数，是一个簇数据类型，如图 11-3 所示。

➢ 通带增益：通带频率的增益。可以是线性或对数来表示。默认为-3dB。

➢ 阻带增益：阻带频率的增益。可以是线性或对数来表示。默认为-60dB。

➢ 标尺：决定了通带增益和阻带增益的翻译方法。

➢ 窗：选择平滑窗的类型。平滑窗减小滤波器通带中的纹波，并改善阻带中滤波器衰减频率的能力。

11.1.2　课堂练习——对正弦波信号进行数字滤波

本小节演示数字 FIR 滤波器的使用。

对正弦波信号进行数字滤波

操作提示：

（1）首先使用仿真信号 Express VI 产生一个添加了白噪声的正弦信号波形。

（2）通过前面板上的输入控件，可以对正弦波形的幅值、频率和白噪声幅值进行调节。

（3）输出信号通过数字 FIR 滤波器 VI 进行滤波。通过 FIR 滤波器规范和可选 FIR 滤波器规范簇中包含的输入控件可以对滤波器的滤波参数进行调节。

（4）当拓扑结构选择 Off 时，滤波器被关闭，波形图中输出的是仿真信号 VI 输出的信号波形。

程序前面板及运行结果如图 11-4 所示，程序框图如图 11-5 所示。

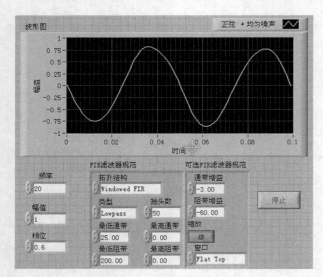

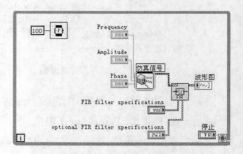

图 11-4　程序前面板及运行结果　　　　　　　图 11-5　程序框图

11.1.3　连续卷积（FIR）

该 VI 将单个或多个信号和一个或多个具有状态信息的 kernel 相卷积，该节点可以连续调用。连续卷积 VI 的节点图标和端口定义如图 11-6 所示。

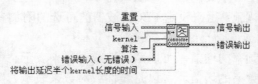

图 11-6　连续卷积（FIR）

> 信号输入：输入要和 kernel 进行卷积的信号。

> kernel：与信号输入端输入的信号进行卷积的信号。

> 算法：选择计算卷积的方法。当算法选择为 direct 时，VI 使用直接的线性卷积进行计算；当算法选择 frequency domain（默认）时，VI 使用基于 FFT 的方法计算卷积。

> 将输出延迟半个 kernel 长度的时间：当该端口输入为 TRUE 时，将输出信号在时间上延迟半个 kernel 的长度。半个 kernel 长度是通过 $0.5 \times N \times dt$ 得到的。N 为 kernel 中元素的个数，dt 是输入信号的时间。

11.1.4　滤波器

Express VI 用于通过滤波器和窗对信号进行处理。在"函数"选板→【Express】→【信号分析】子选板中也包含该 VI。滤波器 Express VI 的初始图标如图 11-7 所示。滤波器 Express VI 也可以像其他 Express VI 一样对图标的显示样式进行改变。

当将滤波器 Express VI 放置在程序框图上时，弹出图 11-8 所示的"配置滤波器"窗口。

使用鼠标左键双击滤波器图标或者在右键快捷菜单中选择【属性】选项也会显示该配置窗口。

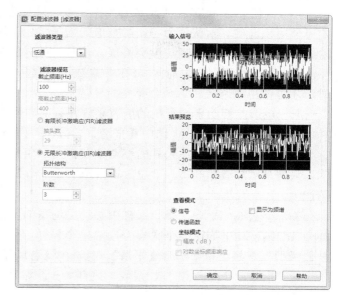

图 11-8　"配置滤波器"窗口

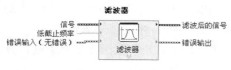

图 11-7　滤波器

在该窗口中可以对滤波器 Express VI 的参数进行配置。下面对窗口中的各选项进行介绍。

（1）滤波器类型

在滤波器中指定使用的类型有低通、高通、带通、带阻和平滑 5 种。默认值为低通。

（2）滤波器规范

➢ 截止频率（Hz）：指定滤波器的截止频率。只有从"滤波器类型"下拉菜单中选择【低通】或【高通】时，才可使用该选项。默认值为 100。

➢ 低截止频率（Hz）：指定滤波器的低截止频率。低截止频率（Hz）必须比高截止频率（Hz）低，且符合 Nyquist 准则。默认值为 100。只有从"滤波器类型"下拉菜单中选择【带通】或【带阻】时，才可使用该选项。

➢ 高截止频率（Hz）：指定滤波器的高截止频率。高截止频率（Hz）必须比低截止频率（Hz）高，且符合 Nyquist 准则。默认值为 400。只有从"滤波器类型"下拉菜单中选择【带通】或【带阻】时，才可使用该选项。

➢ 有限长冲激响应（FIR）滤波器：创建一个 FIR 滤波器，该滤波器仅依赖于当前和过去的输入。因为滤波器不依赖于过往输出，在有限时间内脉冲响应可衰减至零。因为 FIR 滤波器返回一个线性相位响应，所以 FIR 滤波器可用于需要线性相位响应的应用程序。

➢ 抽头数：指定 FIR 系数的总数，系数必须大于零。默认值为 29。只有选择了【有限长冲激响应（FIR）滤波器】选项，才可使用该选项。增加抽头数的值，可使带通和带阻之间的转化更加急剧。但是，抽头数增加的同时会降低处理速度。

➢ 无限长冲激响应（IIR）滤波器：创建一个 IIR 滤波器。该滤波器是带脉冲响应的数字滤波器，它的长度和持续时间在理论上是无穷的。

➢ 拓扑结构：确定滤波器的设计类型。可创建 Butterworth、Chebyshev、反 Chebyshev、椭圆或 Bessel 滤波器设计。只有选中了【无限长冲激响应（IIR）滤波器】，才可使用该选项。

默认值为 Butterworth。

➢ 其他：IIR 滤波器的阶数必须大于零。只有选中了【无限长冲激响应（IIR）滤波器】，才可使用该选项。默认值为 3。阶数值的增加将使带通和带阻之间的转换更加急剧。但是，阶数值增加的同时，处理速度会降低，信号开始时的失真点数量也会增加。

➢ 移动平均：产生前向（FIR）系数。只有从"滤波器类型"下拉菜单中选择【平滑】时，才可使用该选项。

➢ 矩形：移动平均窗中的所有采样在计算每个平滑输出采样时有相同的权重。只有从"滤波器类型"下拉菜单中选中【平滑】，且选中【移动平均】选项时，才可使用该选项。

➢ 三角形：用于使采样的移动加权窗为三角形，峰值出现在窗中间，两边对称斜向下降。只有从"滤波器类型"下拉菜单中选中【平滑】，且选中【移动平均】选项时，才可使用该选项。

➢ 半宽移动平均：指定采样中移动平均窗的宽度的一半。默认值为 1。若半宽移动平均为 M，则移动平均窗的全宽为 $N=1+2M$ 个采样。因此，全宽 N 总是奇数个采样。只有从"滤波器类型"下拉菜单中选中【平滑】，且选中【移动平均】选项时，才可使用该选项。

➢ 指数：产生首序 IIR 系数。只有从"滤波器类型"下拉菜单中选择【平滑】时，才可使用该选项。

➢ 指数平均的时间常量：指数加权滤波器的时间常量（秒）。默认值为 0.001。只有从"滤波器类型"下拉菜单中选中【平滑】，且选中【指数】选项时，才可使用该选项。

（3）输入信号：显示输入信号。如将数据连往 Express VI，然后运行，则输入信号将显示实际数据。如关闭后再打开 Express VI，则输入信号将显示采样数据，直到再次运行该 VI。

（4）结果预览：显示测量预览。如将数据连往 Express VI，然后运行，则结果预览将显示实际数据。如关闭后再打开 Express VI，则结果预览将显示采样数据，直到再次运行该 VI。

（5）查看模式

➢ 信号：以实际信号形式显示滤波器响应。

➢ 显示为频谱：指定将滤波器的实际信号显示为频谱，或保留基于时间的显示方式。频率显示适用于查看滤波器如何影响信号的不同频率成分。默认状态下，按照基于时间的方式显示滤波器响应。只有选中信号，才可使用该选项。

➢ 传递函数：以传递函数形式显示滤波器响应。

（6）坐标模式

➢ 幅度 dB：以 dB 为单位显示滤波器的幅度响应。

➢ 对数坐标频率响应：在对数标尺中显示滤波器的频率响应。

（7）幅度响应：显示滤波器的幅度响应。只有将查看模式设置为传递函数时，才可用该显示框。

（8）相位响应：显示滤波器的相位响应。只有将查看模式设置为传递函数时，才可用该显示框。

11.1.5 课堂练习——对正弦信号进行仿真滤波

本小节演示滤波器 Express VI 的使用。

对正弦信号进行
仿真滤波

操作提示:

（1）通过仿真信号 VI 产生一个包含白噪声信号的正弦波信号波形，然后通过滤波器 VI 进行滤波。

（2）滤波器 VI 配置为带通滤波器，低截止频率为 8Hz，高截止频率为 12Hz，如图 11-9 所示。当正弦波信号的频率在 8~12Hz 时，可以看到能够达到很好的滤波效果。

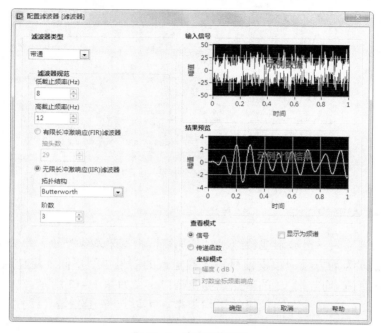

图 11-9 滤波器的配置

（3）图 11-10 所示的是前面板及运行效果，图 11-11 所示是程序框图。

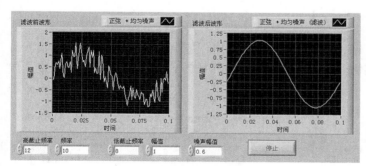

图 11-10 前面板及运行结果

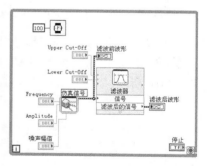

图 11-11 程序框图

11.2 波形测量

使用"波形测量"选板中的 VI 可以进行最基本的时域和频域测量，如直流、平均值、单频频率/幅值/相位测量、谐波失真测量、信噪比及 FFT 测量等。波形测量 VI 在"函数"选板→【信号处理】→【波形测量】子选板中，如图 11-12 所示。

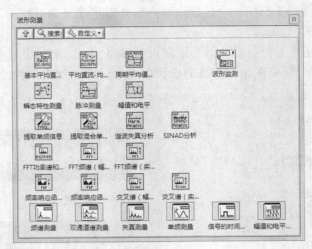

图 11-12 "波形测量"子选板

11.2.1 基本平均直流——均方根

从信号输入端输入一个波形或数组，对其加窗，根据平均类型输入端口的值计算加窗口信号的平均直流即为均方根。根据信号输入端输入的信号类型不同，将使用不同的多态 VI 实例。基本平均直流-均方根 VI 的节点图标及端口定义如图 11-13 所示。

➢ 平均类型：在测量期间使用的平均类型。可以选择 Linear（线性）或 Exponential（指数）。

➢ 窗：在计算 DC/RMS 之前给信号加的窗。可以选择 Rectangular（无窗）、Hanning 或 Low side lobe。

11.2.2 FFT 频谱（幅度—相位）

计算时间信号的 FFT 频谱。FFT 频谱的返回结果是幅度和相位。时间信号输入端输入信号的类型决定使用何种多态 VI 实例。FFT 频谱（幅值—相位）VI 的节点图标和端口定义如图 11-14 所示。

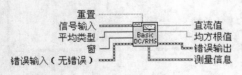

图 11-13 基本平均直流—均方根 VI

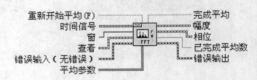

图 11-14 FFT 频谱（幅度—相位）VI

（1）重新开始平均：如果重新开始平均过程时，需要选择该端。

（2）窗：所使用的时域窗。包括矩形窗、Hanning 窗（默认）、Hamming 窗、Blackman-Harris 窗、Exact Blackman 窗、Blackman 窗、Flat Top 窗、4 阶 Blackman-Harris 窗、7 阶 Blackman-Harris

窗、Low Sidelobe 窗、Blackman Nuttall 窗、三角窗、Bartlett-Hanning 窗、Bohman 窗、Parzen 窗、Welch 窗、Kaiser 窗、Dolph-Chebyshev 窗和高斯窗。

（3）查看：定义了该 VI 不同的结果怎样返回。输入量是一个簇数据类型，如图 11-15 所示。

➤ 显示为 dB：结果是否以分贝的形式表示。默认为 FALSE。

➤ 展开相位：是否将相位展开。默认为 FALSE。

➤ 转换为度：是否将输出相位结果的弧度表示转换为度表示。默认为 FALSE。说明默认情况下相位输出是以弧度来表示的。

（4）平均参数：是一个簇数据类型，定义了如何计算平均值，如图 11-16 所示。

图 11-15　查看端口输入控件

图 11-16　平均参数输入控件

➤ 平均模式：选择平均模式。包括 No averaging（默认）、Vector averaging、RMS averaging 和 Peak hold 4 个选择项。

➤ 加权模式：为 RMS averaging 和 Vector averaging 模式选择加权模式。包括 Linear（线性）模式和 Exponential（指数）模式（默认）。

➤ 平均数目：进行 RMS 和 Vector 平均时使用的平均的数目。如果加权模式为 Exponential（指数）模式，平均过程连续进行；如果加权模式为 Linear（线性），在所选择的平均数目被运算后，平均过程将停止。

11.2.3　课堂练习——分析频谱相位

本小节练习 FFT 频谱（幅度—相位）VI 的使用。

分析频谱相位

操作提示：

（1）首先使用基本混合单频 VI 产生包含多个单频信号的混合信号，可以对该混合信号单频的数目、频率、相位关系等进行调节。

（2）将该混合信号输入到 FFT 频谱（幅度—相位）VI 的时间信号输入端，对混合信号的频率及相位信息进行分析。

（3）通过前面板的输入控件对分析过程中运算的参数进行调节。前面板及运行结果如图 11-17 所示，程序框图如图 11-18 所示。

11.2.4　幅值和电平测量

幅值和电平测量 Express VI 用于测量电平和电压。幅值和电平测量 Express VI 的初始图标如图 11-19 所示。该 Express VI 的图标也可以像其他 Express VI 图标一样改变显示样式。

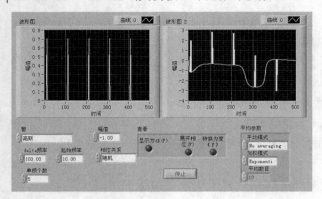

图 11-17 VI 的前面板

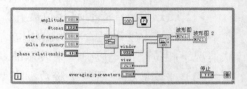

图 11-18 程序框图

图 11-19 幅值和电平测量 Express VI

幅值和电平测量 Express VI 放置在程序框图上后，将显示配置频谱测量窗口。在该窗口中，可以对幅值和电平测量 Express VI 的各项参数进行设置和调整，如图 11-20 所示。

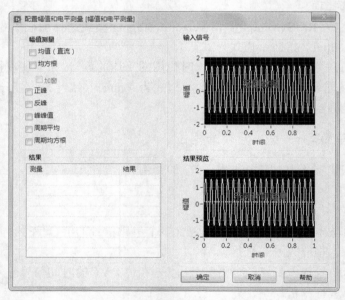

图 11-20 配置幅值和电平测量

下面对"配置幅值和电平测量"窗口中的选项进行介绍。

（1）幅度测量

➢ 直流：采集信号的直流分量。

➢ 均方根：计算信号的均方根值。

➢ 加窗：给信号加一个 low side lobe 窗。只有勾选了【直流】或【均方根】复选框，才可使用该选项。平滑窗可用于缓和有效信号中的急剧变化。如能采集到整数个周期或对噪声谱进行分析，则通常不在信号上加窗。

➢ 最大峰：测量信号中的最高正峰值。
➢ 最小峰：测量信号中的最低负峰值。
➢ 峰峰值：测量信号最高正峰和最低负峰之间的差值。
➢ 周期平均：测量周期性输入信号一个完整周期的平均电平。
➢ 周期均方根：测量周期性输入信号一个完整周期的均方根值。

（2）结果：显示该 Express VI 所设定的测量以及测量结果。单击测量栏中列出的任何测量项，结果预览中将出现相应的数值或图表。

（3）输入信号：显示输入信号。如将数据连往 Express VI，然后运行，则输入信号将显示实际数据。如关闭后再打开 Express VI，则输入信号将显示采样数据，直到再次运行该 VI。

（4）结果预览：显示测量预览。如将数据连往 Express VI，然后运行，则结果预览将显示实际数据。如关闭后再打开 Express VI，则结果预览将显示采样数据，直到再次运行该 VI。

"波形调理"子选板中的其他 VI 节点的使用方法与以上介绍的节点类似。

11.3 信号处理

使用"信号运算"选板中的 VI 可以进行信号的运算处理。信号运算 VI 在"函数"选板 →【信号处理】→【信号运算】子选板中，如图 11-21 所示。

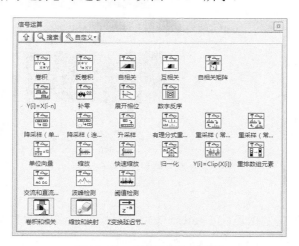

图 11-21 "信号运算"子选板

"信号运算"选板上的 VI 节点的端口定义都比较简单，因此使用方法也比较简单，下面只对该选板中包含的两个 Express VI 进行介绍。

11.3.1 卷积和相关

卷积和相关 Express VI 用于在输入信号上进行卷积、反卷积及相关操作。卷积和相关

Express VI 的初始图标如图 11-22 所示。该 Express VI 的图标也可以像其他 Express VI 图标一样改变显示样式。

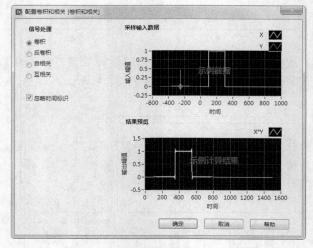

图 11-22　卷积和相关 Express VI

卷积和相关 Express VI 放置在程序框图上后，将显示"配置卷积和相关"窗口。在该窗口中，可以对卷积和相关 Express VI 的各项参数进行设置和调整，如图 11-23 所示。

下面对配置卷积和相关窗口中的选项进行介绍。

（1）信号处理

➢ 卷积：计算输入信号的卷积。

➢ 反卷积：计算输入信号的反卷积。

➢ 自相关：计算输入信号的自相关。

➢ 互相关：计算输入信号的互相关。

➢ 忽略时间标识：忽略输入信号的时间标识。只有勾选了【卷积】或【反卷积】复选框，才可使用该选项。

采样输入数据显示可用作参考的采样输入信号，确定用户选择的配置选项如何影响实际输入信号。如将数据连往该 Express VI，然后运行，则采样输入数据将显示实际数据。如关闭后再打开 Express VI，则采样输入数据将显示采样数据，直到再次运行该 VI。

图 11-23　配置卷积和相关 Express VI

（2）结果预览

显示测量预览。如将数据连往 Express VI，然后运行，则结果预览将显示实际数据。如关闭后再打开 Express VI，则结果预览将显示采样数据，直到再次运行该 VI。

11.3.2　课堂练习——卷积运算信号波

本小节练习卷积和相关 Express VI 的使用。

卷积运算信号波

 操作提示：

（1）使用基本函数发生器 VI 节点产生两个信号。这两个信号波形的类型、幅值、频率、相位等参数可调。

（2）将卷积和相关 Express VI 配置为进行卷积运算。

（3）程序前面板及运行结果如图 11-24 所示，程序框图如图 11-25 所示。

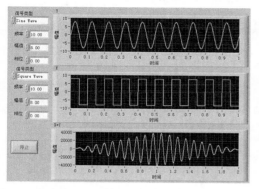

图 11-24　程序前面板及运行结果

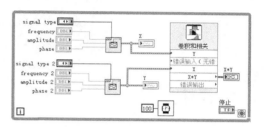

图 11-25　程序框图

11.4　窗

　　"窗"选板中的 VI 使用平滑窗对数据加窗处理。该选板中的 VI 可以返回一个通用 LabVIEW 错误代码或者特殊信号处理错误代码。信号运算 VI 在"函数"选板→【信号处理】→【窗】子选板中，如图 11-26 所示。

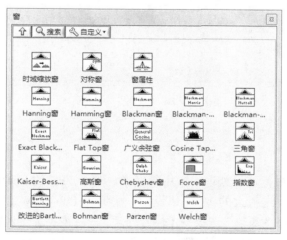

图 11-26　"窗"子选板

11.5　滤波器

　　使用滤波器 VI 可以进行 IIR、FIR 和非线性滤波。"滤波器"选板上的 VI 可以返回一个通用 LabVIEW 错误代码或一个特定的信号处理代码。滤波器 VI 在"函数"选板→【信号处理】→【滤波器】子选板中，如图 11-27 所示。

图 11-27 "滤波器"子选板

11.6 谱分析

使用谱分析 VI 节点可以进行基于数组的谱分析。"谱分析"选板上的 VI 可以返回一个通用 LabVIEW 错误代码或一个特定的信号处理代码。谱分析 VI 在"函数"选板→【信号处理】→【谱分析】子选板中，如图 11-28 所示。

"谱分析"选版中的其他 VI 节点与上述两节点类似，用法均比较简单，这里不再叙述。

图 11-28 "谱分析"子选板

11.7 变换

使用变换 VI 可以进行信号处理中常用的变换。基于 FFT 的 LabVIEW 变换 VI 使用不同的单位和标尺。"变换"选板上的 VI 可以返回一个通用 LabVIEW 错误代码或一个特定的信号处理代码。变换 VI 在"函数"选板→【信号处理】→【变换】子选板中，如图 11-29 所示。

"变换"选板中的 VI 节点的使用方法都比较简单，单个节点的使用方法不再叙述。

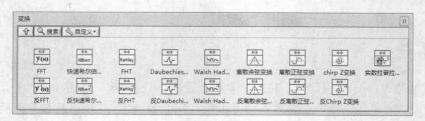

图 11-29 "变换"子选板

11.8 逐点

传统的基于缓冲和数组的数据分析过程是：缓冲区准备、数据分析、数据输出，分析是按数据块进行的。由于构建数据块需要时间，因此使用这种方法难以构建实时的系统。在逐点信号分析中，数据分析是针对每个数据点的，一个数据点接一个数据点连续进行的，因而数据可以实现实时处理。使用逐点信号分析库能够跟踪和处理实时事件，分析可以与信号同步，直接与数据相连，数据丢失的可能性更小，编程更加容易，而且因为无须构建数组，所以对采样速率要求更低。

逐点信号分析具有非常广泛的应用前景。实时的数据采集和分析需要高效稳定的应用程序，逐点信号分析是高效稳定的，因为它与数据采集和分析是紧密相连的，因此它更适用于控制 FPGA（field programmable gate array）芯片、DSP 芯片、内嵌控制器、专用 CPU 和 ASIC 等。

在使用逐点 VI 时要注意以下两点。

（1）初始化。逐点信号分析的程序必须进行初始化，以防止前后设置发生冲突。

（2）重入（Re-entrant）。逐点 VI 必须被设置为可重入的。可重入 VI 在每次被调用时将产生一个副本，每个副本会使用不同的存储区，所以使用相同 VI 的程序间不会发生冲突。

"逐点"节点位于"函数"选板→【信号处理】→【逐点】子选板中，如图 11-30 所示。逐点节点的功能与相应的标准节点相同，只是工作方式有所差异，在此不再一一列出。

图 11-30 "逐点"子选板

11.9 课堂案例——继电器控制开关信号

本实例演示使用继电器 Express VI 开关信号，运行程序后调整按钮的开关，控制信号在图表中的显示。

继电器控制
开关信号

1. 设置工作环境

（1）新建 VI。选择菜单栏中的【文件】→【新建 VI】命令，新建一个 VI，一个空白的 VI 包括前面板及程序框图。

（2）保存 VI。选择菜单栏中的【文件】→【另存为】命令，输入 VI 名称为"继电器控制开关信号"。

2. 输出仿真信号

（1）在前面板中打开【控件】选板，在【银色】→【图形】子选板选取两个【波形图表】控件，在【银色】→【布尔】子选板选取【开关按钮】和【停止按钮】控件。

（2）打开程序框图，新建一个 While 循环。

（3）在【函数】选板中【信号处理】→【波形生成】子选板中选取【仿真信号】函数，在弹出的"配置仿真信号"对话框中设置频率、幅值等参数值，如图 11-31（a）所示。

（4）单击【确定】按钮，完成设置，得到图 11-31（b）所示图形，双击"仿真信号"修改为"频率"，如图 11-31（c）所示，以方便显示。

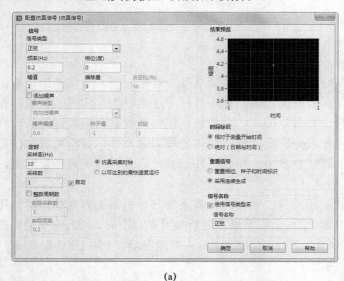

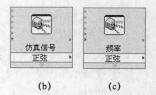

(a)　　　　　　　　　　　　　　(b)　(c)

图 11-31　配置仿真信号

（5）用同样的方法创建其余仿真信号 VI，并修改名称为"幅值""仿真信号""仿真正弦"。其中参数设置如表 11-1 所示。

表 11-1　　　　　　　　　　　　仿真参数

参数\VI 名称	幅值	仿真信号	仿真正弦
频率	0.2	5	1
幅值	2	2	1
偏移量	3	0	−8
采样率	10	1000	1000
采样数	1	100	100
"仿真采集时钟"单选钮	勾选	勾选	勾选
输出信号	正弦	正弦、频率、幅值	正弦

（6）按照上表设置其余仿真信号参数。

3．信号操作

（1）在【Express】→【信号操作】子选板中选取【继电器】VI，对"仿真信号"的输出数据进行控制。

（2）在【Express】→【信号操作】子选板中选取【合并信号】函数，分别将各仿真信号合并输出到前面板中创建的波形图中。

4．信号运算

（1）在【编程】→【布尔】子选板中选取【或】函数，放置在 While 循环的"循环条件"◉输入端，同时将"停止按钮"连接到函数输入端。

（2）在【编程】→【定时】子选板中选取【等待】函数，放置在 While 循环内并创建输入常量 10。

（3）在【编程】→【对话框与用户界面】子选板中选取【简单错误处理器】VI，并将循环后错误数据连接到输入端。

（4）将光标放置在函数及控件的输入输出端口，光标变为连线状态，连接程序框图。

（5）打开前面板，"布尔"控件"开关"显示为"真"，前面板如图 11-32 所示。

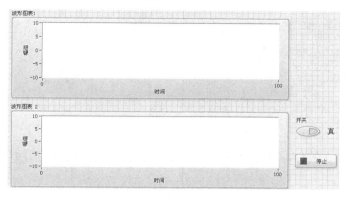

图 11-32　前面板

（6）整理程序框图，结果如图 11-33 所示。

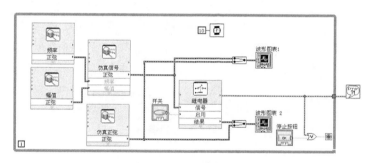

图 11-33　程序框图

5．运行程序

（1）单击【运行】按钮⇨，运行程序，可以在两输出波形控件中显示输出波形，如图 11-34 所示。

（2）单击【布尔】控件，"开关"显示为"假"，则波形图 2 仿真信号不显示，如图 11-35 所示。

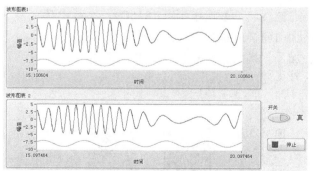

图 11-34　波形图 1

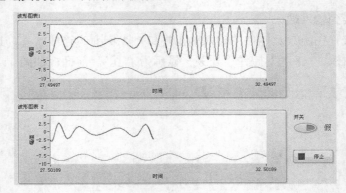

图 11-35　波形图 2

（3）单击【布尔】控件，"开关"显示为"真"，则波形图 2 仿真信号继续显示，如图 11-36 所示。

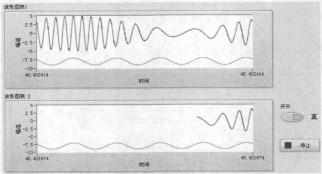

图 11-36　波形图 3

11.10　课后习题

1．滤波器在虚拟仪器中有什么应用？

2．滤波器包括哪些 VI？

3．频谱测量有哪些分类？

4．波形如何进行测量？

5．数字 FIR 滤波器有什么功能？

6．设计配置为带通滤波器，低截止频率为 10Hz，高截止频率为 15Hz 的滤波器信号。

7．设计并测量添加白噪声的仿真信号的幅值和采样信息。

8．在波形图中叠加显示椭圆滤波器和贝塞尔滤波器。

9．使用基本函数发生器 VI 节点产生方波和三角波，将卷积和相关 Express VI 配置为进行卷积运算。

习题 6　　习题 7　　习题 8　　习题 9

内容指南

串行通信是工业现场仪器或设备常用的通信方式，网络通信则是构建智能化分布式自动测试系统的基础。

本章主要介绍使用 LabVIEW 进行串行通信与网络通信的特点与步骤，以及 DataSocket 技术及其在 LabVIEW 中的使用方法和步骤。

知识重点

- 串行通信技术
- DataSocket 技术
- TCP 通信

12.1 串行通信技术

串行通信是一种古老但目前仍旧较为常用的通信方式，早期的仪器、单片机等均使用串口与计算机进行通信，当然，目前也有不少仪器或芯片仍然使用串口与计算机进行通信，如 PLC、Modem、OEM 电路板等。本节将详细介绍如何在 LabVIEW 中进行串行通信。

12.1.1 串行通信介绍

串行通信是指将构成字符的每个二进制数据位依照一定的顺序逐位进行传输的通信方式。计算机或智能仪器中处理的数据是并行数据，因此在串行通信的发送端，需要把并行数据转换成串行数据后再传输；而在接收端，又需要把串行数据转换成并行数据再处理。数据的串/并转换可以用软件和硬件两种方法来实现。硬件方法主要是使用了移位寄存器。在时钟控制下，移位寄存器中的二进制数据可以顺序地逐位发送出去；同样在时钟控制下，接收进来的二进制数据也可以在移位寄存器中装配成并行的数据字节。

根据时钟控制数据发送和接收的方式，串行通信分成为同步通信和异步通信两种，这两种通信的示意图如图 12-1 所示。

图 12-1　串行通信方式

（1）在同步通信中，为了使发送和接收保持一致，串行数据在发送和接收两端使用的时钟应同步。通常，发送和接收移位寄存器的初始同步是使用一个同步字符来完成的，当一次串行数据的同步传输开始时，发送寄存器发送出的第一个字符应该是一个双方约定的同步字符，接收器在时钟周期内识别该同步字符后，即与发送器同步，开始接收后续的有效数据信息。

（2）在异步通信中，只要求发送和接收两端的时钟频率在短期内保持同步。通信时发送端先送出一个初始定时位（称为起始位），后面跟着具有一定格式的串行数据和停止位。接收端首先识别起始位，同步它的时钟，然后使用同步的时钟接收紧跟而来的数据位和停止位，停止位表示数据串的结束。一旦一个字符传输完毕，线路空闲。无论下一个字符在何时出现，它们将再重新进行同步。

同步通信与异步通信相比较，优点是传输速度快；不足之处是，同步通信的实用性将取决于发送器和接收器保持同步的能力，若在一次串行数据的传输过程中，接收器接收数据时，若由于某种原因（如噪声等）漏掉一位，则余下接收的数据都是不正确的。

LabVIEW 中用于串行通信的节点实际上是 VISA 节点，为了方便用户使用 LabVIEW 将这些 VISA 节点单独组成一个子选板，设置了 8 个节点，分别实现配置串口、串口写入、出口读取、关闭串口、检测串口缓冲区和设置串口缓冲区等。这些节点位于"函数"选板→【数据通信】→【协议】→【串口】子选板中，如图 12-2 所示。

串行通信节点的使用方法比较简单，且易于理解，下面对各节点的参数定义、用法及功能进行介绍。

12.1.2　VISA 配置串口

VISA 配置串口节点用于初始化、配置串口。用该节点可以设置串口的波特率、数据位、停止位、奇偶校验位、缓存大小以及流量控制等参数。其图标及端口定义如图 12-3 所示。

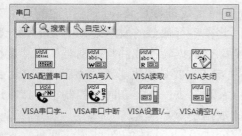

图 12-2　"串口"子选板

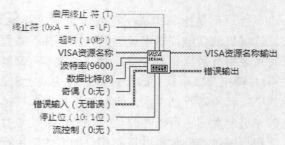

图 12-3　VISA 配置串口图标及端口定义

➢　启用终止符：串行设备做好识别终止符的准备。

> 终止符：通过调用终止读取操作。从串行设备读取终止符后读取操作将终止。0xA 是换行符（\n）的十六进制表示。将消息字符串的终止符由回车（\r）改为 0xD。

> 超时：设置读取和写入操作的超时值。

> VISA 资源名称：指定了要打开的资源。该控件也指定了会话句柄和类。

> 波特率：传输率。默认值为 9600。

> 数据比特：输入数据的位数。数据比特的值为 5～8。默认值为 8。

> 奇偶：指定要传输或接收的每一帧所使用的奇偶校验。默认为无校验。

> 错误输入：表示 VI 或函数运行前发生的错误情况。默认值为无错误。

> 停止位：指定用于表示帧结束的停止位的数量。10 表示停止位为 1 位，15 表示停止位为 1.5 位，20 表示停止位为 2 位。

> 流控制：设置传输机制使用的控制类型。

> VISA 资源名称输出：VISA 函数返回的 VISA 资源名称的一个副本。

> 错误输出：包含错误信息。如错误输入表明在 VI 或函数运行前已出现错误，错误输出将包含相同的错误信息。否则，它表示 VI 或函数中产生的错误状态。

12.1.3　课堂练习——指令的发送与接收

指令的发送与接收

向 PLC 发送一条命令，将 PLC 中的 0 号寄存器 R0000 中的数据位置 1，并接受 PLC 返回的信息。发送的命令是"%01#WCSR0000123\r"，PLC 收到该命令后，返回响应字符串"%01$WC14\r"。

操作提示：

（1）初始化串口，设置串口的通信阐述与 PLC 的串行通信参数一致。

（2）向 PLC 中发送命令字符串"%01#WCSR0000123\r"。

（3）延时 50ms，等待 PLC 执行命令，并返回相应字符串。

（4）从串口输入缓存中读出 PLC 的响应字符串。

（5）关闭串口。

本例的程序框图及结果如图 12-4 和图 12-5 所示。

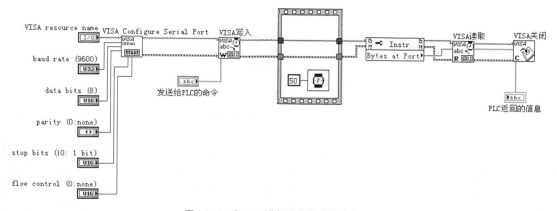

图 12-4　与 PLC 进行串行通信程序框图

图 12-5　与 PLC 进行串行通信程序结果

12.2　DataSocket 技术

DataSocket 技术是虚拟仪器的网络应用中一项非常重要的技术，本节将对 DataSocket 的概念和在 LabVIEW 中的使用方法进行介绍。

12.2.1　DataSocket 技术

DataSocket 技术是 NI 公司推出的一项基于 TCP/IP 协议的新技术，DataSocket 面向测量和网上实时高速数据交换，可用于一个计算机内或者网络中多个应用程序之间的数据交换。虽然目前已经有 TCP/IP、DDE 等多种用于两个应用程序之间共享数据的技术，但是这些技术都不是用于实时数据（Live Data）传输的。只有 DataSocket 是一项在测量和自动化应用中用于共享和发布实时数据的技术，如图 12-6 所示。

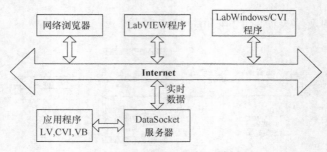

图 12-6　DataSocket 技术示意图

DataSocket 基于 Microsoft 的 COM 和 ActiveX 技术，源于 TCP/IP 协议并对其进行了高度封装，面向测量和自动化应用，用于共享和发布实时数据，是一种易用的高性能数据交换编程接口。它能有效地支持本地计算机上不同应用程序对特定数据的同时应用，以及网络上不同计算机的多个应用程序之间的数据交互，实现跨机器、跨语言、跨进程的实时数据共享。用户只需要知道数据源和数据宿及需要交换的数据就可以直接进行高层应用程序的开发，实现高速数据传输，而不必关心底层的实现细节，从而简化通信程序的编写过程，提高编程效率。

DataSocket 实际上是一个基于 URL 的单一的、一元化的末端用户 API，是一个独立于协议、独立于语言以及独立于操作系统的 API。DataSocket API 被制作成 ActiveX 控件、LabWindows 库和一些 LabVIEW VI，用户可以在任何编辑环境中使用。

DataSocket 包括 DataSocket Server Manager、DataSocketServer 和 DataSocket 函数库等三大部分，以及 DSTP（DataSocket Transfer Protocol）协议、通用资源定位符 URL（Uniform ResourDataSocket Server Managerce Locator）和文件格式等规程。DataSocket 遵循 TCP/IP 协议，并对底层进行高度封装，所提供的参数简单友好，只需要设置 URL 就可用来在 Internet 进行即时发送所需传输的数据。用户可以像使用 LabVIEW 中的其他数据类型一样使用 DataSocket 读写字符串、整型数、布尔量及数组数据。DataSocket 提供了 3 种数据目标：file、DataSocket Server、OPC Server，因而可以支持多进程并发。这样，DataSocket 摒除了较为复杂的 TCP/IP 底层编程，克服了传输速率较慢的缺点，大大简化了 Internet 网上测控数据交换的编程。

在 LabVIEW 中，利用 DataSocket 节点就可以完成 DataSocket 通信。DataSocket 节点位于"函数"选板→【数据通信】→【DataSocket】子选板中，如图 12-7 所示。

LabVIEW 将 DataSocket 函数库的功能高度集成到了 DataSocket 节点中，与 TCP/IP 节点相比，DataSocket 节点的使用方法更为简单和易于理解。

12.2.2 读取 DataSocket

从由连接输入端口指定的 URL 连接中读出数据。读取 DataSocket 的节点图标及端口定义如图 12-8 所示。

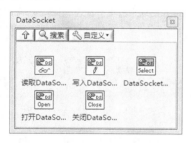

图 12-7 "DataSocket" 子选板

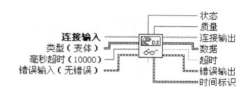

图 12-8 读取 DataSocket 节点

（1）连接输入：标明了读取数据的来源可以是一个 DataSocket URL 字符串，也可以是 DataSocket connection refnum（即打开 DataSocket 节点返回的连接 ID）。

（2）类型：标明所要读取的数据的类型，并确定了该节点输出数据的类型。默认为变体类型，该类型可以是任何一种数据类型。把所需数据类型的数据连接到该端口来定义输出数据的类型。LabVIEW 会忽略输入数据的值。

（3）毫秒超时：确定在连接输入缓冲区出现有效数据之前所等待的时间。如果 wait for updated value 端口输入为 FALSE 或连接输入为有效值，那么该端口输入的值会被忽略。默认输入为 10000ms。

（4）状态：报告来自 PSP 服务器或 Field Point 控制器的警告或错误。如果第 31 个 bit 位为 1，状态标明是一个错误。其他情况下该端口输入是一个状态码。

（5）质量：从"共享变量"或"NI Publish-Subscribe-Protocol"数据项中读取的数据的数据质量。该端口的输出数据是用来进行 VI 的调试。

（6）连接输出：连接数据所指定数据源的一个副本。

（7）数据：读取的结果。如果该函数多次输出，那么该端口将返回该函数最后一次读取的结果。如果在读取任何数据之前函数多次输出或者类型端口确定的类型与该数据类型不匹配，数据端口将返回 0、空值或无效值。

（8）超时：如果等待有效值的时间超过毫秒超时端口规定的时间，该端口将返回 TRUE。

（9）时间标识：返回"共享变量"和"NI-PSP"数据项的时间标识数据。

12.2.3 写入 DataSocket

将数据写到由连接输入端口指定的 URL 连接中。数据可以是单个或数组形式的字符串、逻辑（布尔）量和数值量等多种类型。写入 DataSocket 的节点图标及端口定义如图 12-9 所示。

（1）连接输入：标识了要写入的数据项。连接输入端口可以是一个描述 URL 或共享变量的字符串。

（2）数据：被写入的数据。该数据可以是 LabVIEW 支持的任何数据类型。

（3）毫秒超时：规定了函数等待操作结束的时间。默认为 0，说明函数将不等待操作结束。如果毫秒输入端口输入为-1，函数将一直等待直到操作完成。

（4）超时：如果函数在毫秒超时端口所规定的时间间隔内无错误地操作完成，该端口将返回 FALSE。如果毫秒超时端口输入为 0，超时端口将输出 FALSE。

12.2.4 打开 DataSocket

打开一个用户指定 URL 的 DataSocket 连接。打开 DataSocket 的节点图标及端口定义如图 12-10 所示。

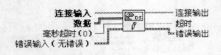

图 12-9 写入 DataSocket 节点

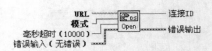

图 12-10 打开 DataSocket 节点

（1）模式：规定了数据连接的模式。根据要做的操作选择下面的一个值：只读，只写，读/写，读缓冲区，读/写缓冲区。默认值为 0，说明为只读。当使用 DataSocket 读取函数读取服务器写的数据时使用缓冲区。

（2）毫秒超时：使用 ms 规定了等待 LabVIEW 建立连接的时间。默认为 10000ms。如果该端口输入为-1，函数将无限等待。如果输入为 0，LabVIEW 将不建立连接并返回一个错误。

12.2.5 关闭 DataSocket

关闭一个 DataSocket 连接。关闭 DataSocket 的节点图标及端口定义如图 12-11 所示。

（1）毫秒超时：规定了函数等待操作完成的毫秒数。默认为 0，表明函数不等待操作的完成。该端口输入值为-1 时，函数将一直等待直到操作完成。

（2）超时：如果函数在毫秒超时端口规定的时间间隔内无错误地完成操作，该端口将返回 FALSE。如果毫秒超时端口输入为 0，超时端口输出为 FALSE。

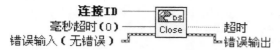

连接ID ————
毫秒超时(0) ———— [Close] ———— 超时
错误输入（无错误）————————— 错误输出

图 12-11 关闭 DataSocket 节点

12.2.6 课堂练习——正弦信号的远程通信

本小节演示 DataSocket 的打开与关闭。

操作提示：

1. 远程通信方法 1

包括一个服务器 VI 和一个客户机 VI，用以说明 DataSocket 节点的使用方法。

① 服务器 VI 产生一个波形数组，并利用写入 DataSocket 节点将数据发布到 URL "dstp://localhost/wave" 指定的位置中。服务器 VI 的前面板和程序框图如图 12-12 和图 12-13 所示。

图 12-12 DataSocket 服务器 VI 前面板

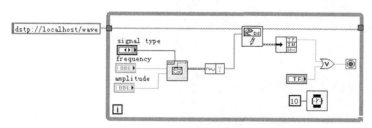

图 12-13 DataSocket 服务器 VI 程序框图

② 客户机 VI 利用读取 DataSocket 节点将数据从 URL "dstp:/localhost/wave" 指定的位置读出，并还原为原来的数据类型，送到前面板窗口中的波形图中显示。客户机 VI 的前面板和程序框图如图 12-14 和图 12-15 所示。

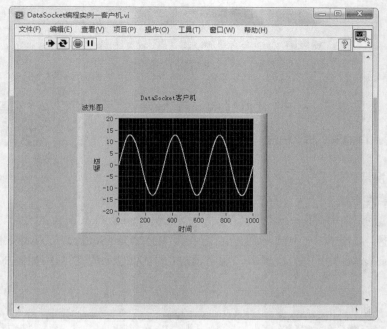

图 12-14　DataSocket 客户机 VI 前面板

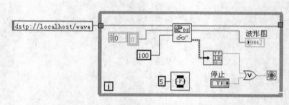

图 12-15　DataSocket 客户机 VI 程序框图

2．远程通信方法 2

按照上述方法改进的 DataSocket 通信的例子中服务器的前面板和程序框图如图 12-16 和图 12-17 所示。将波形数组在"波形"输出控件中显示，设置该输出控件的数据绑定属性。其属性配置如图 12-18 所示。

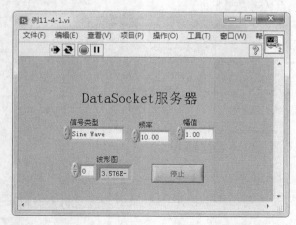

图 12-16　DataSocket 服务器 VI 前面板

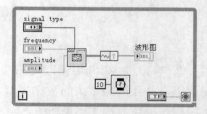

图 12-17　DataSocket 服务器 VI 程序框图

图 12-18 服务器 VI 中波形数组控件的数据绑定属性配置

　　DataSocket 通信的例子中客户机的前面板及程序框图如图 12-19 和图 12-20 所示。将波形图控件绑定为 DataSocket 通信节点后，可以看出框图程序非常简单。波形图控件的属性配置如图 12-21 所示。

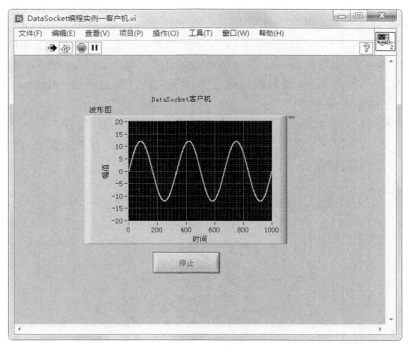

图 12-19 DataSocket 客户机 VI 前面板

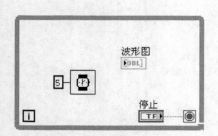

图 12-20 DataSocket 客户机 VI 程序框图

图 12-21 客户机 VI 中波形图控件的数据绑定属性配置

12.3 TCP 通信

LabVIEW 提供了强大的网络通信功能，包括 TCP、UDP、DataSocket 等，其中基于 TCP 协议的通信方式是最为基本的网络通信方式，本节将详细介绍怎样在 LabVIEW 中实现基于 TCP 协议的网络通信。

12.3.1 TCP 简介

TCP 协议是 TCP/IP 协议中的一个子协议。TCP/IP 是 Transmission Control Protocol/Internet Protocol 的简写，中文译名为传输控制协议/互联网络协议，是 Internet 最基本的协议。TCP/IP 协议是 20 世纪 70 年代中期美国国防部为其 ARPANET 广域网开发的网络体系结构和协议标准，以它为基础组件的 Internet 是目前国际上规模最大的计算机网络，Internet 的广泛使用，使得 TCP/IP 成了事实上的标准。

TCP/IP 实际上是一个由不同层次上的多个协议组合而成的协议簇，共分为 4 层：链路层、网络层、传输层和应用层，如图 12-22 所示。从图中可以看出 TCP 协议是 TCP/IP 传输层中的协议，使用 IP 作为网络层协议。

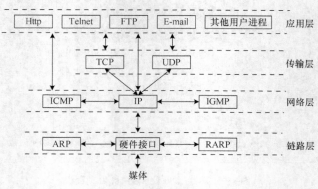

图 12-22 TCP/IP 协议簇层次图

TCP（Transmission Control Protocol，传输控制协议）协议使用不可靠的 IP 服务，提供一种面向连接的、可靠的传输层服务，面向连接是指在数据传输前就建立好了点到点的连接。大部分基于网络的软件都采用了 TCP 协议。TCP 采用比特流（即数据被作为无结构的字节流）通信分段传送数据，主机交换数据必须建立一个会话。通过为每个 TCP 传输的字段指定顺序号，以获得可靠性。如果一个分段被分解成几个小段，接收主机会知道是否所有小段都已收到。通过发送应答，可以确认别的主机收到了数据。对于发送的每一个小段，接收主机必须在一个指定的时间返回一个确认。如果发送者未收到确认，发送者会重新发送数据；如果收到的数据包损坏，接收主机会将其舍弃，而因为确认未被发送，发送者会重新发送分段。

在 LabVIEW 中，可以采用 TCP 节点来实现局域网通信，TCP 节点在"函数"选板→【数据通信】→【协议】→【TCP】子选板中。如图 12-23 所示。

图 12-23　"TCP"子选板

下面对 TCP 节点及其用法进行介绍。

12.3.2　TCP 侦听

创建一个接听者，并在指定的端口上等待 TCP 连接请求。该节点只能在作为服务器的计算机上使用。TCP 侦听 VI 的节点图标及端口定义如图 12-24 所示。

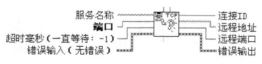

图 12-24　TCP 侦听 VI

➢ 端口：所要侦听的连接的端口号。

➢ 超时毫秒：连接所要等待的毫秒数。如果在规定的时间内连接没有建立，该 VI 将结束并返回一个错误。默认值为-1，表明该 VI 将无限等待。

➢ 连接 ID：是一个唯一标识 TCP 连接的网络连接 RefNum。客户机 VI 使用该标识来找到连接。

➢ 远程地址：与 TCP 连接协同工作的远程计算机的地址。

➢ 远程端口：使用该连接的远程系统的端口号。

12.3.3　打开 TCP 连接

用指定的计算机名称和远程端口来打开一个 TCP 连接。该节点只能在作为客户机的计算机上使用。打开 TCP 连接节点的节点图标及端口定义如图 12-25 所示。

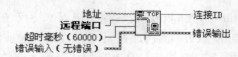

图 12-25　打开 TCP 连接节点

超时毫秒：在函数完成并返回一个错误之前所等待的毫秒数。默认值是 60000ms。如果是-1 则表明函数将无限等待。

12.3.4　读取 TCP 数据

从指定的 TCP 连接中读取数据。读取 TCP 数据节点的节点图标及端口定义如图 12-26 所示。

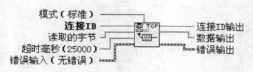

图 12-26　读取 TCP 数据节点

（1）模式：标明了读取操作的行为特性。

➤　0：标准模式（默认），等待直到设定需要读取的字节全部读出或超时。返回读取的全部字节。如果读取的字节数少于所期望得到的字节数，将返回已经读取到的字节数并报告一个超时错误。

➤　1：缓冲模式，等待直到设定需要读取的字节全部读出或超时。如果读取的字节数少于所期望得到的字节数，不返回任何字节并报告一个超时错误。

➤　2：CRLF 模式，等待直到函数接收到 CR（carriage return）和 LF（line feed），否则发生超时。返回所接收到的所有字节及 CR 和 LF。如果函数没有接收到 CR 和 LF，不返回任何字节并报告超时错误。

➤　3：立即模式，只要接收到字节便返回。只有当函数接收不到任何字节时才会发生超时。返回已经读取的字节。如果函数没有接收到任何字节，将返回一个超时错误。

（2）读取的字节：所要读取的字节数。可以使用以下方式来处理信息。

➤　在数据之前放置长度固定的描述数据的信息。例如，可以是一个标识数据类型的数字，或说明数据长度的整型量。客户机和服务器都先接收 8 个字节（每一个是一个 4 字节整数），把它们转换成两个整数，使用长度信息决定再次读取的数据包含多少个字节。数据读取完成后，再次重复以上过程。该方法灵活型非常高，但是需要两次读取数据。实际上，如果所有数据是用一个写入函数写入的话，第二次读取操作会立即完成。

➤　使每个数据具有相同的长度。如果所要发送的数据比确定的数据长度短，则按照事先确定的长度发送。这种方式效率非常高，因为它以偶尔发送无用数据为代价，使接收数据只读取一次就完成。

➤　以严格的 ASCII 码为内容发送数据，每一段数据都以 CR 和 LF 作为结尾。如果读取函数的模式输入端连接了 CRLF，那么直到读取到 CRLF 时，函数才结束。对于该方法，如果数据中恰好包含了 CRLF，那么将变得很麻烦，不过在很多 Internet 协议里，比如 POP3、

FTP 和 HTTP 中，这种方式应用得很普遍。

➢ 超时毫秒：以毫秒为单位来确定一段时间，在所选择的读取模式下返回超时错误之前所要等待的最长时间。默认为 25000ms。为-1 时表明将无限等待。

➢ 连接 ID 输出：与连接 ID 的内容相同。

➢ 数据输出：包含从 TCP 连接中读取的数据。

12.3.5 写入 TCP 数据

通过数据输入端口将数据写入到指定的 TCP 连接中。写入 TCP 数据节点的节点图标及端口定义如图 12-27 所示。

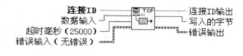

图 12-27 写入 TCP 数据节点

➢ 数据输入：包含要写入指定连接的数据。数据操作的方式请参见读取 TCP 数据节点部分的解释。

➢ 超时毫秒：函数在完成或返回超时错误之前将所有字节写入到指定设备的一段时间，以毫秒为单位。默认为 25000ms。如果为-1，表示将无限等待。

➢ 写入的字节：VI 写入 TCP 连接的字节数。

12.3.6 课堂练习——正弦波的网络通信

本小节演示利用 TCP 协议进行双机通信。

正弦波的网络通信

操作提示：

服务器的前面板及程序框图如图 12-28 和图 12-29 所示。

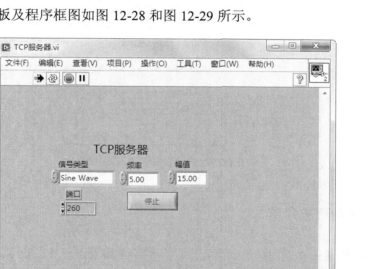

图 12-28 TCP 通信服务器程序前面板

（1）在服务器的框图程序中，首先指定网络端口，并用侦听 TCP 节点建立 TCP 侦听器，等待客户机的连接请求，这是初始化的过程。

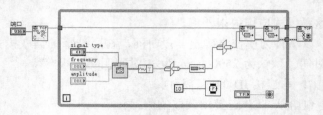

图 12-29　TCP 通信服务器程序框图

（2）程序框图采用了两个写入 TCP 数据节点来发送数据，第一个写入 TCP 数据节点发送的是波形数组的长度；第二个写入 TCP 数据节点发送的是波形数组的数据。这种发送方式有利于客户机接收数据。客户机的前面板及程序框图如图 12-30 和图 12-31 所示。

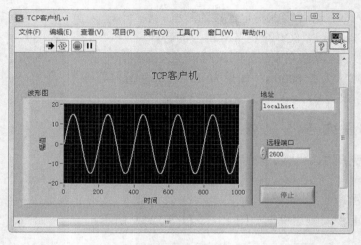

图 12-30　TCP 通信客户机程序前面板

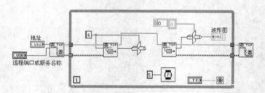

图 12-31　TCP 通信客户机程序框图

12.4　其他通信方法介绍

LabVIEW 的通信功能为满足应用程序的各种特定需求而设计。除了以上介绍的通信方法之外，还有以下方法供选择。

➤　共享变量：可用于与本地或远程计算机上的 VI 及部署于终端的 VI 共享实时数据。无需编程，写入方和读取方是多对多的关系。

➤　LabVIEW 的 Web 服务器：用于在网络上发布前面板图像。无须编程，写入方和读取方是一对多的关系。

➤　SMTP Email VI：可用于发送一个带有附件的 E-mail。需要编程，写入方和读取方是一对多的关系。

➢ **UDP VI 和函数**：可用于与使用 UDP 协议的软件包通信。需要编程，写入方和读取方是一对多的关系。

➢ **IrDA 函数**：用于与远程计算机建立无线连接。写入方和读取方是一对一的关系。

➢ **蓝牙 VI 和函数**：用于与蓝牙设备建立无线连接。写入方和读取方是一对一的关系。

12.4.1　UDP 通信

UDP 用于执行计算机各进程间简单、低层的通信。将数据报发送到目的计算机或端口即完成了进程间的通信。端口是发送数据的出入口。IP 用于处理计算机到计算机的数据传输。当数据报到达目的计算机后，UDP 将数据报移动到其目的端口。如果目的端口未打开，UDP 将放弃该数据报。

（1）对传输可靠性要求不高的程序可使用 UDP。例如，程序能十分频繁地传输有价值的数据，以至于遗失少量数据段无所谓。

（2）UDP 不是像 TCP 那样的基于连接的协议，因此无须在发送或接收数据前先建立与目的地址的连接。但是，需要在发送每个数据报前指定数据的目的地址。操作系统不报告传输错误。

UDP 函数在"函数"选板→【数据通信】→【协议】→【UDP】子选板中，如图 12-32 所示。

➢ "打开 UDP"函数用于在端口上打开一个 UDP 套接字。可同时打开的 UDP 端口数量取决于操作系统。

➢ "打开 UDP 多点传送"函数用于返回唯

图 12-32　UDP 子选板

一指定 UDP 套接字的网络连接句柄，该连接句柄可在以后的 VI 调用中引用这个套接字。

➢ "读取 UDP 数据"函数用于读取该数据。每个写操作需要一个目的地址和端口。每个读操作包含一个源地址和端口。UDP 会保留为发送命令而指定的数据报的字节数。

➢ "写入 UDP 数据"函数用于将数据发送到一个目的地址。

➢ "关闭 UDP"函数用于当端口上所有的通信完毕，可使用该函数释放系统资源。

理论上，数据报可以任意大小。然而，鉴于 UDP 可靠性不如 TCP，通常不会通过 UDP 发送大型数据报。

当端口上所有的通信完毕，可使用"关闭 UDP"函数以释放系统资源。

12.4.2　课堂练习——数据的地址传送

本小节演示使用 UDP 实现双机通信。

数据的地址传送

操作提示：

（1）图 12-33 和图 12-34 所示是实现 UDP 通信发送端的前面板和程序框图。图 12-35 和图 12-36 所示是实现 UDP 通信接收端的前面板和程序框图。

（2）UDP 函数通过广播与单个客户端（单点传送）或子网上的所有计算机进行通信。如需与多个特定的计算机通信，则必须配置 UDP 函数，使其在一组客户端之间循环。LabVIEW

向每个客户端发送一份数据，同时需维护一组对接受数据感兴趣的客户端，这样便造成了双倍的网络报文量。

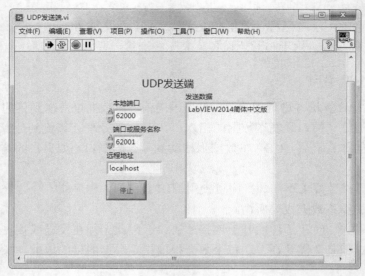

图 12-33　UDP 发送端前面板

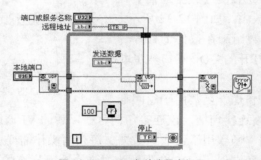

图 12-34　UDP 发送端程序框图

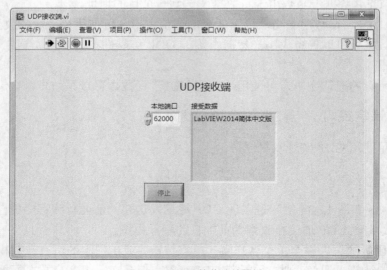

图 12-35　UDP 接收端前面板

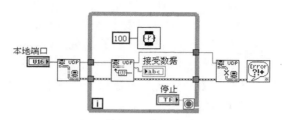

图 12-36 UDP 接收端程序框图

（3）发送方指定一个已定义多点传送组的多点传送 IP 地址。多点传送 IP 地址的范围是 224.0.0.0～239.255.255.255。若客户机想要加入一个多点传送组，它便接受了该组的多点传送 IP 地址。一旦接受多点传送组的传送地址，客户端便会收到发送至该多点传送 IP 地址的数据。

12.5　课堂案例——多路解调器

多路解调器

本实例演示使用通知器函数实现多路解调器的功能。循环数据使用发送通知函数发送数据，并利用等待通知函数接受数据，最终显示在数据接收端图表中。

1．设置工作环境

（1）新建 VI。选择菜单栏中的【文件】→【新建 VI】命令，新建一个 VI，一个空白的 VI 包括前面板及程序框图。

（2）保存 VI。选择菜单栏中的【文件】→【另存为】命令，输入 VI 名称为"多路解调器"。

2．添加图形控件

在前面板中打开【控件】选板，在【银色】→【图形】子选板中选取【波形图表】，连续放置 3 个控件，同时修改控件名称为"数据接收端 1""数据接收端 2"和"数据接收端 3"，如图 12-37 所示。

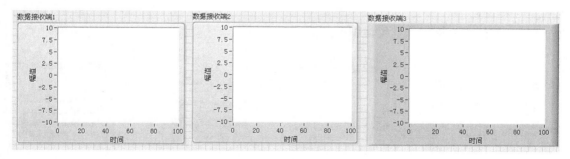

图 12-37　前面板

3．设计数据运算

（1）打开程序框图，新建一个 While 循环。

（2）在【函数】选板中【数学】→【初等与特殊函数】→【三角函数】子选板中选取【正弦】函数，在 While 循环中用正弦函数产生正弦数据。

（3）在【数据通信】→【同步】→【通知器操作】子选板下选取【获取通知器引用】函数，创建为 0 的 DBL 常量，将其连接到"元素数据类型"输入端。

（4）在【编程】→【数值】子选板中选取【除】函数，计算每个循环计数与 DBL 常量 50 相除的结果。

（5）在【数据通信】→【同步】→【通知器操作】子选板下选取【发送通知】函数，接收正弦函数输出的数据，发送等待的通知。

（6）在【编程】→【布尔】子选板中选取【或】函数，放置在 While 循环的"循环条件" ◎输入端，同时将"停止按钮"连接到函数输入端。

（7）在【编程】→【定时】子选板中选取【等待】函数，放置在 While 循环内并创建输入常量 10。

（8）在【数据通信】→【同步】→【通知器操作】子选板下选取【释放通知器引用】函数，在循环外接收数据。

（9）在【编程】→【对话框与用户界面】子选板中选取【简单错误处理器】VI，并将释放通知器引用后的错误数据连接到输入端。

4．设计数据源

（1）在 While 循环上添加"子程序框图标签"为"数据资源"。

（2）在程序框图新建一个"子程序框图标签"为"数据接收端 1"的 While 循环。

（3）在【数据通信】→【同步】→【通知器操作】子选板下选取【等待通知】函数，在循环内接收通知器输出数据。

（4）在 While 循环内创建条件结构循环。

（5）在"选择器标签"中将"真""假"标签修改为"错误""无错误"。

（6）在条件结构循环中选择【无错误】条件，在循环结构中放置【乘】函数（位于【编程】→【数值】选板），同时创建常量 0.5。

（7）在条件结构循环中选择【错误】条件，默认为空。

（8）用同样的方法，创建 While 循环"数据接收端 2""数据接收端 3"

（9）将光标放置在函数及控件的输入输出端口，光标变为连线状态，按照图 12-38 所示连接程序框图。

（10）整理程序框图，结果如图 12-38 所示。

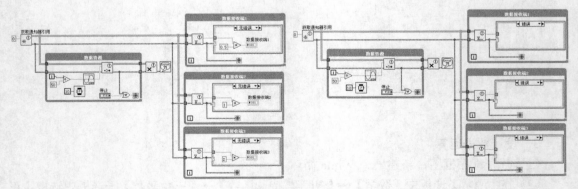

图 12-38　整理后的程序框图

5．运行程序框图

打开前面板，单击【运行】按钮 ⇨，运行程序，可以在输出波形控件中显示输出结果，如图 12-39 所示。

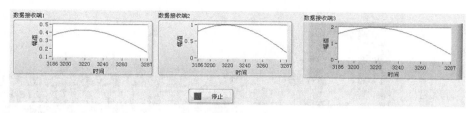

图 12-39　运行结果

12.6　课后习题

1．LabVIEW 有几种通信方法？分别是什么？
2．简述 VISA 配置串口的概念。
3．DataSocket 技术有哪些应用？
4．简述 VISA 的概念。
5．简述 TCP 协议和 UDP 协议的区别。

第13章 数字滤波器设计实例

内容指南

在前面的章节中，介绍了 LabVIEW 程序设计的基本方法及其调试技巧，本章将结合"数字滤波器"实例，综合应用前面章节中介绍的方法，详细讲解编写和调试 LabVIEW 应用程序的过程。

知识重点

- 生成、计算波形数据
- 配置滤波器
- 运行程序

13.1 设置工作环境

数字滤波器

（1）新建 VI。选择菜单栏中的【文件】→【新建 VI】命令，新建一个 VI，一个空白的 VI 包括前面板及程序框图。

（2）保存 VI。选择菜单栏中的【文件】→【另存为】命令，输入 VI 名称为"数字滤波器"。

13.2 设计程序

数字滤波器函数通过一定的规律将输入信号转化成所需信号，要设计这个程序就需要掌握这个规律，本节通过参数设置来确定信号的转换规律。

13.2.1 生成波形数据

（1）打开程序的前面板，从"控件"选板中的【图形】子选板中选取【波形图】对象，并放置在前面板的适当位置。

（2）切换到程序框图，从"函数"选板中的【编程】→【结构】子选板中选取【While 循环】，并在程序框图中拖出一个适当大小的方框。

（3）从"函数"选板中的【信号处理】→【波形生成】子选板中选择【正弦波形】，置于 While 循环中，并将第一个"正弦波形"的频率设置为 1Hz，幅值设置为 1V；在第二个"正弦波形"的频率和幅值两个输入数据端口分别新建一个输入控件。

13.2.2　计算波形数据

（1）从"函数"选板中的【编程】→【数值】子选板中选取【加法】函数 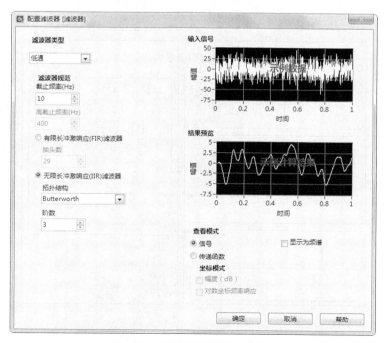，置于 While 循环中。

（2）将两个"正弦波形"节点的"信号输出"数据端口分别与"加法"函数的两个输入数据端口相连，将其输出数据端口与"波形图"的数据输入端口相连，即将两个不同频率、幅值的正弦信号相加，并将相加后的信号送给"波形图"来显示。

13.2.3　配置滤波器

（1）从"函数"选板中的【Express】→【信号分析】子选板中选取【滤波器】Express VI，在程序框图中放置"滤波器"Express VI，同时自动弹出其配置对话框，设置滤波参数。"滤波器类型"选择"低通"，"截止频率"调整为 10Hz，滤波器的"拓扑类型"选择为"Butterworth"，滤波器的"阶数"选择为 3 阶。"查看模式"选择为"信号"。

（2）将其输入数据端口与加法函数的输出端相连，将两个正弦波信号相加得到的信号传递给滤波器进行数字滤波。

（3）在"滤波器"Express VI 的输出端口单击鼠标右键，从弹出的快捷菜单中选择【创建】→【图形显示控件】，用于显示滤波后的波形。

（4）"配置滤波器"对话框如图 13-1 所示，编辑好的程序框图如图 13-2 所示。

图 13-1　"配置滤波器"对话框

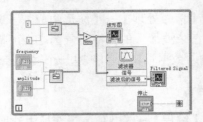

图 13-2 数字滤波器的程序框图

13.3 运行程序

（1）切换到程序的前面板，合理调整前面板的对象，完成代码的编辑。运行程序，程序的运行效果如图 13-3 所示。

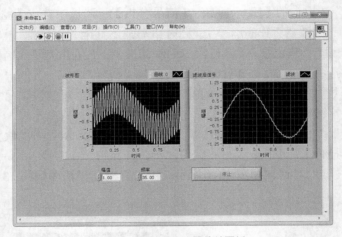

图 13-3 数字滤波器的前面板

（2）左边的示波器窗口显示了两个频率分别为 1Hz 和 35Hz，幅值为 1V 的正弦波的叠加结果，右边的示波器窗口显示了经过低通滤波后的信号。可以明显发现，高频信号的幅值被极大地削减，显露出 1Hz 低频信号的波形，可见滤波器的设计是成功的。

（3）以"高亮显示执行过程"的方式运行程序，观察程序的流程，看程序是否按照用户设定的流程在运行，高亮运行的程序框图如图 13-4 所示。

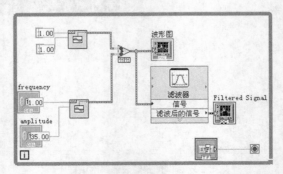

图 13-4 以高亮显示程序执行过程方式运行数字滤波器程序

第 **14** 章 **2D 图片旋转显示设计实例**

本实例演示通过使用"绘制还原像素图"VI 得到 2D 图片的过程，并利用旋钮控件控制图片内模型旋转的方向。

知识重点

- 设置基本数据
- 转换数据类型
- 设置显示时间

14.1 设置工作环境

2D 图片旋转显示

（1）新建 VI。选择菜单栏中的【文件】→【新建 VI】命令，新建一个 VI，一个空白的 VI 包括前面板及程序框图。

（2）保存 VI。选择菜单栏中的【文件】→【另存为】命令，输入 VI 名称为"2D 图片旋转"。

14.2 设置基本显示数据

（1）在前面板中打开【控件】选板，在【银色】子选板下【数值】选板中选取【旋钮（银色）】，同时在控件上单击鼠标右键，在快捷菜单中选择【显示项】→【数字显示】命令，能更精确地显示旋转数值。修改控件名称为"旋转角度（弧度）"，如图 14-1 所示。

（2）打开程序框图，新建一个 While 循环。

（3）在【编程】→【数组】子选板下选取【数组大小】【索引数组】函数，组合连接。在"数组大小"函数输入端创建类型为数组常量。

（4）在新建的数组常量上右键单击选择快捷命令【添加维度】，选择【表示法】→【V32】命令，修改名称为"飞机图片"。

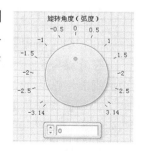

图 14-1 放置旋钮控件

（5）在程序框图中新建两个嵌套的 For 循环。

（6）在【编程】→【簇、类与变体】子选板中选取【捆绑】函数，将两个 For 循环中的"循环计数"组合成簇。

（7）在【编程】→【数值】子选板中选取【减】函数，计算组合成的簇数据与新建的"循环中心"簇常量（表示法为 I16）的差值。

14.3 设置图片显示

随着科技的发展，数字化应用越来越广泛，任何东西都可用不同的数字来表示、代替。"绘制还原像素图"函数实现了图形与数字的转换，本节将详细介绍转化过程。

14.3.1 设置基本数据

（1）在【编程】→【簇、类与变体】子选板中选取【解除捆绑】函数，将簇差值常量分解为两个 I32 格式的数值常量，在下面将数据流分为并列的两项。

（2）设置数据流 1

① 在【数学】→【初等与特殊函数】→【三角函数】子选板中选取【反正切（2 个输入）】函数，计算数值常量的反正切值。

② 在【编程】→【数值】子选板中选取【加】函数，计算反正切结果与"旋转角度（弧度）"的和。

③ 在【数学】→【初等与特殊函数】→【三角函数】子选板中选取【正弦与余弦】函数，输入弧度和值并输出正弦与余弦。

④ 在【编程】→【簇、类与变体】子选板中选取【捆绑】函数，组合弧度和的正弦与余弦值。

（3）设置数据流 2

① 在【编程】→【数值】子选板中选取【乘】函数，计算簇常量差值的二次方。

② 在【编程】→【簇、类与变体】子选板中选取【解除捆绑】函数，将簇平方常量分解为两个 I32 格式的数值常量。

③ 在【编程】→【数值】子选板中选取【加】函数，计算分解的两常量的和。

④ 在【编程】→【数值】子选板中选取【平方根】函数，计算常量和的平方根。

14.3.2 转换数据类型

（1）在【编程】→【数值】子选板中选取【乘】函数，计算两数据流的数据之积。

在【编程】→【数值】→【转换】子选板中选取【转换为双字节整型】函数，将经过解除捆绑表示法为 I32 的常量转换为整型。

（2）在【编程】→【数值】子选板中选取【加】常量，叠加"循环中心"簇常量（表示法为 I16）与整型常量，数值变为簇常量。

（3）在【编程】→【簇、类与变体】子选板中选取【解除捆绑】函数，将叠加后的簇常量分解为两个 I16 格式的数值常量。

（4）在【编程】→【数组】子选板中选取【索引数组】函数，从数组"飞机图片"中索引数据，将结果输出循环结构。

14.3.3　转换数据为图片

（1）在【编程】→【图片与声音】→【图片函数】子选板中选取【绘制还原像素图】函数，将其放置到程序框图中。

（2）将连接至输入端的数据组成的像素图转换为图片，将图片显示在右键单击创建的显示控件"2D 图片"中。

14.4　设置显示时间

（1）在 While 循环中"循环条件"上右击创建输入控件【停止】按钮。双击控件，返回前面板，利用右键命令将控件替换为【银色】→【布尔】→【停止按钮】控件。

（2）在【编程】→【定时】子选板中选取【等待（ms）】函数，放置在 While 循环内并创建输入常量 50。

（3）将光标放置在函数及控件的输入输出端口，光标变为连线状态，按照图 14-2 所示连接程序框图。

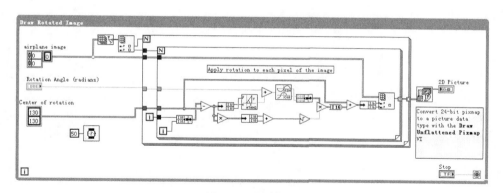

图 14-2　程序框图

（4）绘制完成的前面板如图 14-3 所示。

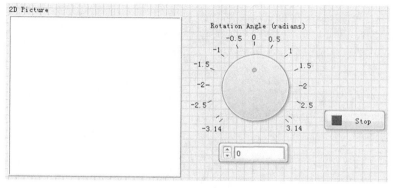

图 14-3　前面板

14.5 运行程序

（1）打开前面板，单击【运行】按钮 ⇨，运行程序，可以在"2D 图片"中显示飞机模型，如图 14-4 所示。

（2）在"旋转角度（弧度）"控件上旋转旋钮，在数值显示中显示旋转的角度，同时在"2D图片"控件中会显示旋转的模型。如图 14-5 所示。

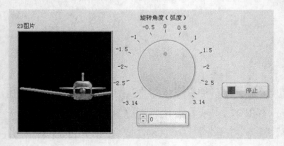

图 14-4 运行结果

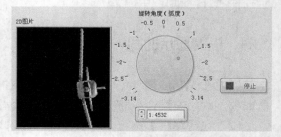

图 14-5 旋转模型

第 15 章 车速实时记录仪设计实例

内容指南

通过本例来测试系统前面板的设计，读者应能完整地掌握前面板的设计技巧，同时熟悉前面板中控件的位置，在绘制过程中熟练、快速地找到所需控件。

知识重点

📖 放置控件
📖 修改控件属性
📖 前面板设计

15.1 设置工作环境

车速实时记录仪

（1）新建 VI。选择菜单栏中的【文件】→【新建 VI】命令，新建一个 VI，一个空白的 VI 包括前面板及程序框图。

（2）保存 VI。选择菜单栏中的【文件】→【另存为】命令，输入 VI 名称为"车速实时记录系统"。

（3）固定"控件"选板。单击鼠标右键，在前面板中打开"控件"选板，单击选板左上角的【固定】按钮📌，将"控件"选板固定在前面板界面。

15.2 控件设计

控件与前面板的关系犹如石砖与高楼，控件是前面板设计的基础。不同控件按照一定的规律组合出不同的系统，以达到不同的目的。

15.2.1 放置控件

（1）选择【新式】→【数值】→【量表】控件，并放置在前面板的适当位置。
（2）选择【新式】→【布尔】→【圆形指示灯】控件，并放置在前面板的适当位置。
（3）选择【新式】→【布尔】→【停止按钮】控件，并放置在前面板的适当位置。

（4）选择【新式】→【字符串与路径】→【字符串输入控件】控件，并放置在前面板的适当位置。

（5）选择【新式】→【图形】→【波形图】控件，并放置在前面板的适当位置。结果如图 15-1 所示。

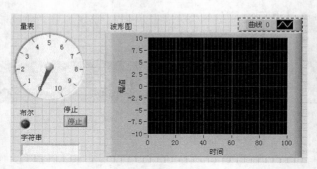

图 15-1　放置控件

（6）按照要求修改控件名称，结果如图 15-2 所示。

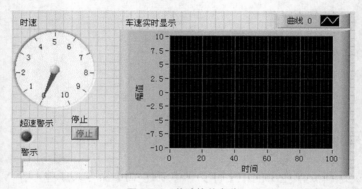

图 15-2　修改控件名称

15.2.2　修改控件属性

（1）选中【量表】控件，修改量表刻度，最大值为 100，其余刻度值自动变更为对应值，单击鼠标右键选择快捷命令【显示项】→【数字显示】，在量表右侧显示精确数字值。结果如图 15-3 所示。

（2）选中【停止按钮】控件，单击鼠标右键选择【显示项】→【标签】命令，取消该控件标签名的显示，结果如图 15-4 所示。

图 15-3　设置量表属性

图 15-4　设置【停止按钮】

（3）在警示文本框中输入"时速不得超过 60 千米/每小时，否则报警"，并按照文本长度调整控件大小，结果如图 15-5 所示。

（4）选择【波形图】控件，单击鼠标右键，在菜单中选择【属性】命令，弹出属性设置对话框，在"外观"选型卡中设置"曲线数"为 2，在波形图右上角添加曲线，同时修改曲线名称，结果如图 15-6 所示。

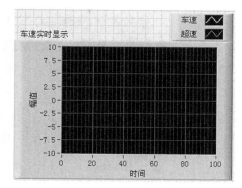

图 15-5　输入文本　　　　　　　　　　　　　　　　图 15-6　编辑控件

15.3　前面板设计

利用控件的组合进行前面板的设计是基本的操作，同时还可添加图片、设置颜色来对前面板进行装饰。

15.3.1　前面板布局

（1）利用复制、粘贴命令，在前面板中插入图片，拉伸成适当大小放置在对应位置，如图 15-7 所示。

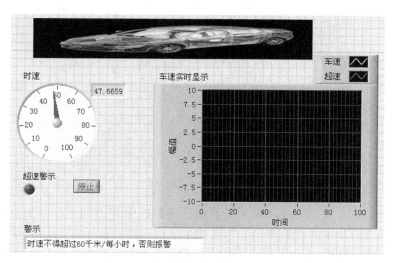

图 15-7　插入图片

（2）选中两个"布尔"控件，在工具条中单击【对齐对象】按钮，在下拉选单中选择【下边缘对齐】，对齐两控件。

（3）选中【量表】控件、【圆形指示灯】控件、【文本框】控件，选择【左边缘对齐】，向左对齐这 3 个控件。

（4）前面板布局结果如图 15-8 所示。

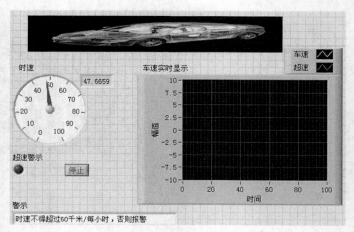

图 15-8　前面板布局结果

15.3.2　修饰前面板

（1）从控件选板的【修饰】子选板中选取【上凸盒】控件，拖出一个方框，并放置在控件上方，覆盖整个控件组，如图 15-9 所示。

图 15-9　放置上凸盒

（2）选中上凸盒，在工具栏中单击【重新排序】按钮下拉选单，选择【移至后面】命令，改变对象在窗口中的前后次序，如图 15-10 所示。

（3）从"控件"选板的【修饰】子选板中选取【下凹盒】控件，拖出一个方框，并放置在控件上方，如图 15-11 所示。

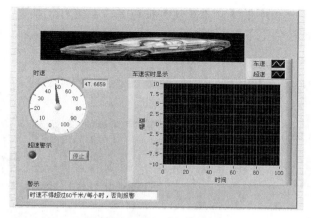

图 15-10　设置对象前后次序

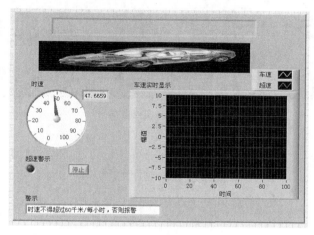

图 15-11　放置下凹盒

15.3.3　设置颜色

（1）选择"工具"选板中的【设置颜色工具】 ，为修饰控件设置颜色。将前面板的前景色设置为黄色、绿色，如图 15-12 所示。

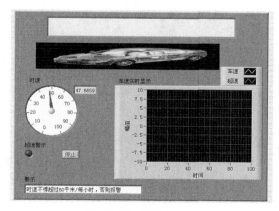

图 15-12　设置前景色

（2）单击"工具"选板中的【文本编辑】按钮A，将光标切换至文本编辑工具状态，光标变为口状态，在修饰控件上单击，输入系统名称，并修改文字的大小、样式，结果如图15-13所示。

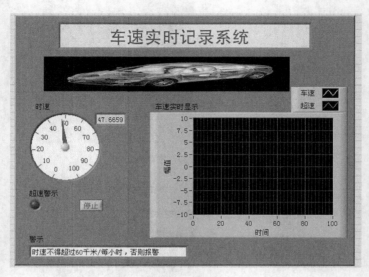

图15-13　最终效果

第16章 救护车呼救灯系统设计实例

第 16 章

🖐 内容指南

虚拟仪器设计不但需要保证程序的正确执行，而且要重视前面板的设计，尽量要将前面板设计得让使用者一目了然。本章通过枚举控件的不同属性来控制条件结构的设置，以达到切换 LED 灯亮灭显示的目的，同时，虚拟出系统的真实环境，帮助读者理解虚拟仪器设计。

🖐 知识重点

- 📖 设计前面板
- 📖 设置 VI 属性
- 📖 设计程序框图

16.1 设置工作环境

救护车呼救灯
系统

（1）新建 VI。选择菜单栏中的【文件】→【新建 VI】命令，新建一个 VI，一个空白的 VI 包括前面板及程序框图。

（2）保存 VI。选择菜单栏中的【文件】→【另存为】命令，输入 VI 名称为"救护车 LED 控制"。

16.2 设计前面板

单击前面板，将前面板置为当前。单击鼠标右键打开【控件】选板，将选板拖动到一侧并固定"控件"选板。

16.2.1 添加控件

（1）在"控件"选板上选择【新式】→【数值】→【数值输入控件】【银色】→【布尔】→【LED】【银色】→【布尔】→【停止按钮】控件，并放置在前面板的适当位置，修改控件名称。结果如图 16-1 所示。

（2）选择布尔控件【显示灯】，单击鼠标右键，选择【属性】命令，弹出"布尔类的属性：

显示灯"对话框，打开【外观】选项卡，在"颜色"选项组下设置开关颜色为红色、白色，如图 16-2 所示。

图 16-1　添加控件　　　　　　　　　图 16-2　"布尔类的属性：显示灯"对话框

（3）在前面板中导入图片，并放置在控件上方，覆盖整个控件组，在工具栏中单击【重新排序】按钮 下拉选单，选择【移至后面】命令，改变对象在窗口中的前后次序，同时取消控件标签名的显示。前面板设计结果如图 16-3 所示。

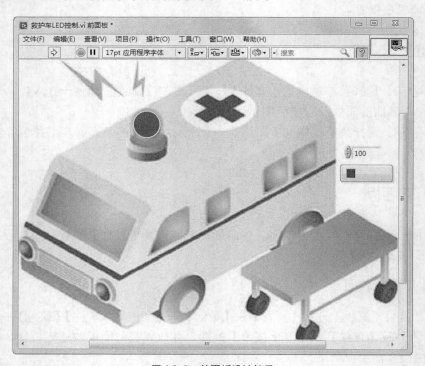

图 16-3　前面板设计结果

16.2.2 设置 VI 属性

（1）选择菜单栏中的【文件】→【VI 属性】命令，弹出"VI 属性"对话框，在"类别"下拉列表中选择【窗口外观】选项，如图 16-4 所示。

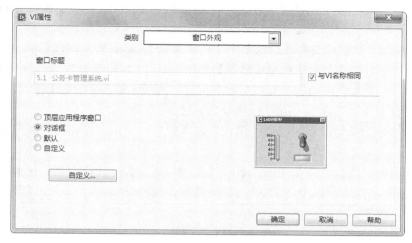

图 16-4 选择窗口外观

（2）单击【自定义】按钮，弹出"自定义窗口外观"对话框，设置运行过程中前面板的显示，如图 16-5 所示。

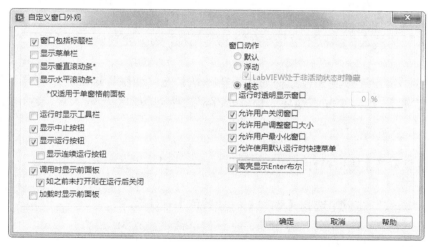

图 16-5 设置窗口外观

16.3 设计程序框图

选择菜单栏中的【窗口】→【显示程序框图】命令，或双击前面板中的任一输入输出控件，将程序框图置为当前。

16.3.1 设置循环

救护车 LED 灯的亮显是连续不间断的，要达到连续的目的必须使用循环结构，本节利用"While 循环"来持续 LED 灯的亮显。

（1）在"函数"选板上选择【编程】→【结构】→【While 循环】函数，将其放置在程序框图中。

（2）在"函数"选板中选择【数值】→【枚举常量】，将其放置在程序框图中。选中放置的常量，单击鼠标右键在菜单中选择【属性】命令，弹出"枚举常量属性"对话框，打开"编辑项"选项卡，在文本框中输入"亮灯"与"灭灯"两项，单击【确定】按钮，关闭对话框。将该枚举常量设置为"亮灯"，并连接到结构的移位寄存器上。

（3）在"循环"条件输入端连接"停止"输入控件，单击该按钮可在程序运行过程中停止程序的运行。

（4）在【函数】选板上选择【编程】→【图形与声音】→【蜂鸣器】函数，将其连接到"停止"按钮输入端，运行程序使 LED 等亮显过程中输出蜂鸣声，当单击【停止】按钮，中止程序，蜂鸣声消失。

16.3.2 设置条件结构

控制救护车车顶 LED 灯亮显可分为两种情况——亮灯与灭灯，使用条件结构可实现该效果，因此在"While 循环"内部嵌套条件结构。

（1）在"函数"选板上选择【编程】→【结构】→【条件结构】，拖动光标，在"While 循环"内部创建条件结构。

（2）条件结构的选择器标签包括"真""假"两种，为方便理解，修改标签名称为"亮灯""灭灯"。

（3）将枚举常量连接到条件结构的条件输入端。在"函数"选板上选择【编程】→【布尔】→【真常量】，通过 While 循环的移位寄存器连接到条件结构输入端、输出端。

16.3.3 设置亮灯

（1）将【显示灯】输出控件放置到"亮灯"选项，设置"亮灯"选择器。

（2）在"函数"选板中选择【编程】→【数值】→【枚举常量】，设置"亮灯"与"灭灯"显示项，将该枚举常量设置为"灭灯"，并连接到条件结构上。

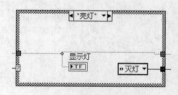

图 16-6 亮灯

（3）连接真常量输出到"显示灯"控件，显示符合该条件时，显示亮灯，如图 16-6 所示。

16.3.4 设置灭灯

（1）将"显示灯"输出控件放置到"灭灯"选项，设置"灭灯"选择器。

① 在"函数"选板上选择【编程】→【定时】→【等待】，放置到该结构中，并在输入端连接"时间"控件，控制灭灯时间。

② 在"函数"选板中选择【编程】→【布尔】→【非】函数，并连接真常量，输出与输入条件相反的数据。

③ 在"函数"选板中选择【编程】→【数值】→【枚举常量】，设置"亮灯"与"灭灯"显示项，将该枚举常量设置为"亮灯"，并连接到条件结构上，如图 16-7 所示。

（2）单击工具栏中的【整理程序框图】按钮 ，整理程序框图，结果如图 16-8 所示。

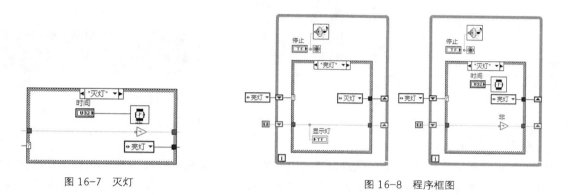

图 16-7 灭灯

图 16-8 程序框图

16.4 运行程序

在前面板窗口或程序框图窗口的工具栏中单击【运行】按钮 ，运行 VI 结果如图 16-9 所示。

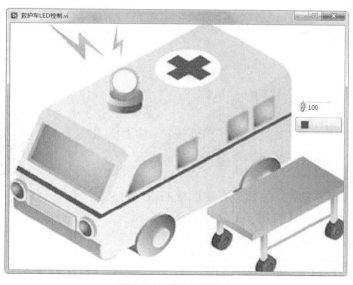

图 16-9 程序运行结果

第 17 章   课程设计

内容指南

在前面的章节中，已经详细地讲解了 LabVIEW 设计的基础知识，并通过工程应用案例使读者对讲解内容加深理解。本章准备了 4 个课程设计案例，通过课程设计案例的实施，以期帮助读者对本书所学内容进行巩固和应用提高。

知识重点

📖 设计要求
📖 设计目的
📖 设计思路

计算机控件

设计 1——计算机控件

1．设计要求
设计图 17-1 所示的图形化的计算机控件。

2．设计目的
通过该实例的设计，完整地完成了前面板控件的图形化设计，并结合了实际仪器的形象，前面板显示更生动。

图 17-1   控件结果

3．设计思路
（1）选择【液罐】控件，并放置在前面板的适当位置。

（2）选择【高级】→【自定义】命令，进入编辑状态，同时在控件右侧自动添加数值显示文本框，如图 17-2 所示。

（3）利用光标选中控件中单个对象，适当调整控件形状，结果如图 17-3 所示。

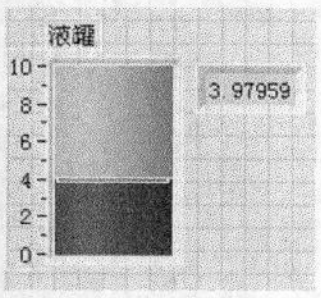

图 17-2   自定义状态

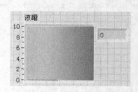

图 17-3   控件形状

（4）选择【以相同大小从文件导入】命令，在该控件上导入计算机图片，修改标签为"计算机"。

（5）关闭控件编辑窗口，返回 VI 前面板，显示编辑结果，在左侧显示刻度，单击鼠标右键，在快捷菜单中选择【标尺】→【样式】命令，选择图 17-4 所示的样式。

图 17-4　自定义状态

设计 2——火车故障检测系统

1. 设计要求

火车站的维护人员必须检测到火车上存在故障的车轮。当前的检测方式是由铁路工人使用锤子敲击车轮，通过听取车轮是否传出异常声响判定车轮是否存在问题。而我们设计的这个火车故障自动检测系统，在波形中可反映出每个车轮、火车末端及每个车轮末端的能量水平。

2. 设计目的

自动监控必须替代手动检测，因为手动检测速度过慢、容易出错且很难发现微小故障。自动解决方案也提供了动态检测功能，因为火车车轮在检测过程中可处于运转状态，而无需保持静止。逐点检测应用必须分别分析高频和低频组件。数组最大值与最小值（逐点）VI 提取波形数据。

3. 设计思路

（1）设置传感器参数。利用"数组常量""DBL 数值常量"，组合数组常量，如图 17-5 所示。

（2）过滤数据。在"While 循环"内，检测火车车轮故障。选择【信号处理】→【逐点】→【滤波器（逐点）】→【Butterworth 滤波器（逐点）】VI，创建两个逐点滤波，高频滤波、低频滤波，程序设计如图 17-6 所示。

图 17-5　创建数组常量

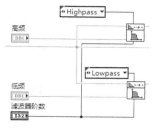

图 17-6　过滤数据

（3）获取车轮最大频率。对高频滤波后的 x 取绝对值，利用"数组最大值与最小值（逐点）"VI，输入高频率波结果；利用"表达式节点"函数，设置表达式为"$4*x$"，输出"最大值"显示在"阈值数据"波形图中，前面板显示如图 17-7 所示。

（4）检测数据峰值

① 利用"捆绑"函数组合"滤波""火车数据""阈值"，仿真数据，如图 17-8 所示。

② 将计算的"最大值"与输入的"阈值"进行"大于"函数计算，显示是否检测到火车，并将检测到的火车显示在输出控件上。

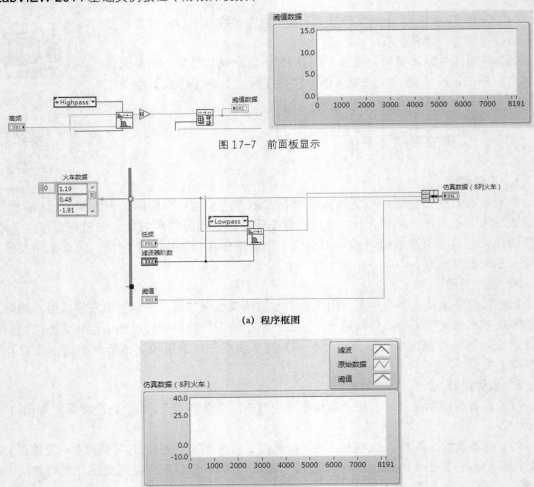

图 17-7　前面板显示

(a) 程序框图

(b) 前面板

图 17-8　生成仿真数据

③ 将计算的"最大值"与输入的"阈值"进行"大于"函数计算，显示是否检测到车轮，并显示在输出控件上。

程序框图显示如图 17-9 所示。

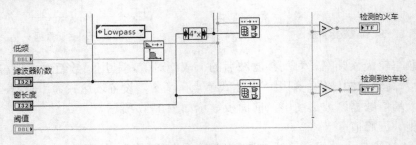

图 17-9　程序框图显示

④ 输出检测数据。利用"布尔值转换（逐点）"VI，分别将检测结果从布尔类型转换为

数值类型，对转换数值加 1，并分别输出在"火车数量"与"车轮数量"控件上。

前面板与程序框图显示如图 17-10 所示。

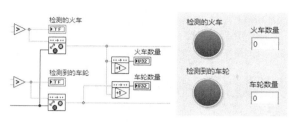

图 17-10 显示检测数据

（5）显示车轮故障

创建条件结构，将"车轮数量"布尔转换值连接到"分支选择器"上，根据车轮好坏显示结果。

① 在"选择器"标签中选择"真"。利用"空波形"与"阈值数据"创建数组，获取检测车轮时窗的最大振动值。

② 在"选择器"标签中选择"假"。将"火车数量"布尔转换值连接到"分支选择器"上，嵌套条件结构。

➤ 选择"真"条件。在"坏/好的车轮"中清除旧数据，显示控件上显示新火车车轮情况，如图 17-11 所示。

➤ 选择"假"条件。若没检测到新火车，则不刷新数据，继续监测数据，如图 17-12 所示。

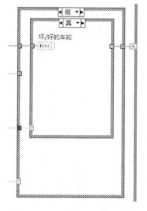

图 17-11 设置"真"条件

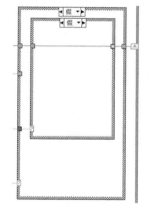

图 17-12 设置"假"条件

（6）清除缓存图表数据

创建图表控件"阈值数据"与"仿真数据"的属性节点"历史数据"，如图 17-13 所示。

图 17-13 创建属性节点

利用数组大小函数，连接"火车数据"数组常量，统计该数组的大小，程序框图如图 17-14 所示。

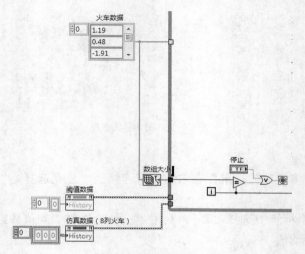

图 17-14　程序框图

（7）火车运行速度设置

① 设置每 3 次循环，使用等待减速，程序框图如图 17-15 所示。

② 整理程序框图，结果如图 17-16 所示。

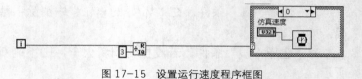

图 17-15　设置运行速度程序框图

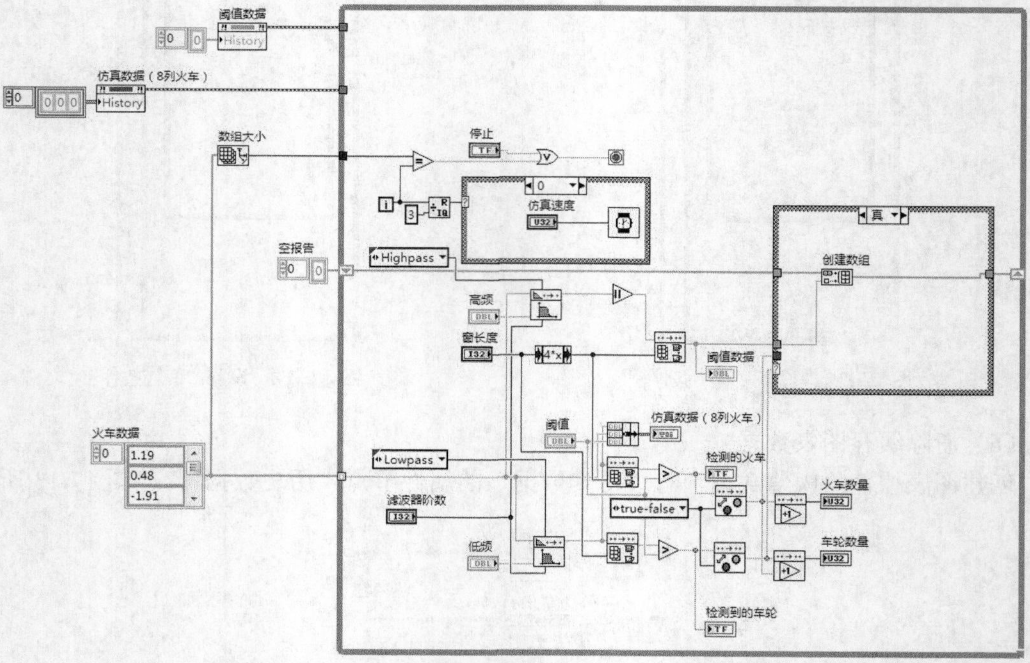

图 17-16　整理后的程序框图

③ 设计前面板，如图 17-17 所示。

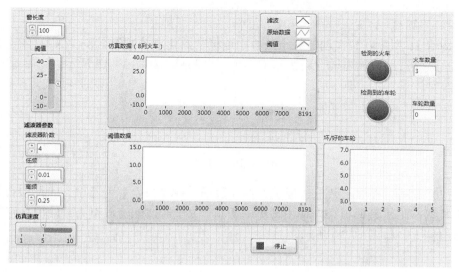

图 17-17 前面板设计结果

（8）运行 VI 结果如图 17-18 所示。

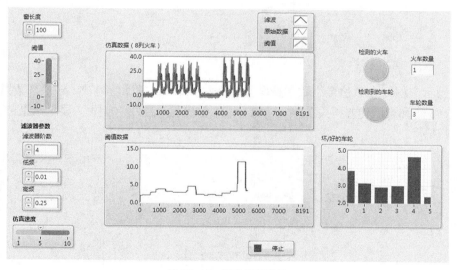

图 17-18 程序运行结果

设计 3——预测成本

预测成本

1. 设计要求
本例演示使用广义线性拟合 VI 预测成本的方法。

2. 设计目的
本设计主要应用数学函数 VI 来解决拟合数据的演示，同时，介绍了数学函数在虚拟技术中的应用。不同于一般仿真软件数学函数应用中庞大、繁琐的数字显示，这里可以转换成任何形式来进行显示、对比，达到图形合一的效果。

3. 设计思路

（1）构造 H 型矩阵。在创建数组函数中连接初始化后的数组、X1、X2，创建新数组；利用二维数组转置函数输出转置新数组 H，程序框图显示如图 17-19 所示。

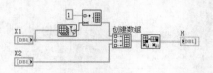

图 17-19　程序框图

（2）拟合数据。在"函数"选板上选择【数学】→【拟合】→【广义线性拟合】函数，输出拟合数据；将"最佳拟合"输出数据与数组"Y"通过创建数组函数输出显示到"波形图"显示控件上，如图 17-20 所示。

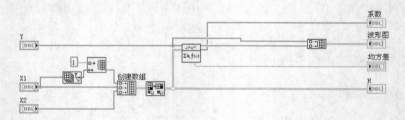

图 17-20　拟合数据

（3）显示方程。在数值至小数字符串转换函数中，设置精度值为 2，转换系数类型，根据索引输出的 3 个元素创建方程关系 $Y=a+bX1+cX2$，输出显示控件"方程"，显示结果，如图 17-21 和图 17-22 所示。

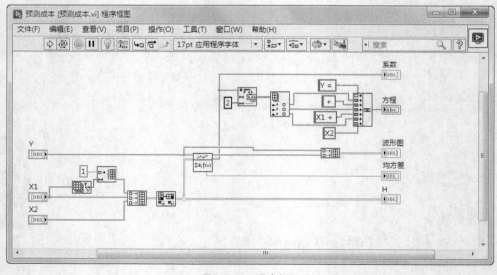

图 17-21　程序框图

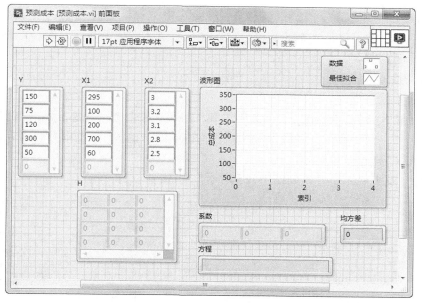

图 17-22 前面板

（4）运行程序。运行 VI 结果如图 17-23 所示。

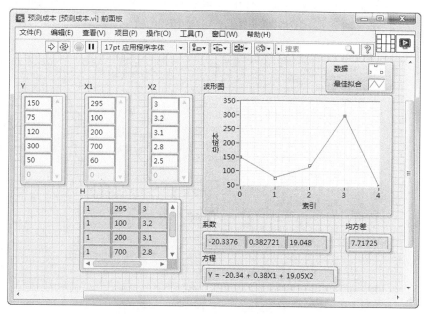

图 17-23 程序运行结果

设计 4——播放演讲稿

播放演讲稿

1. 设计要求

本例主要显示如何将一段文本分段仿真显示，其中显示模式为渐入渐出。

2．设计目的

本设计中应用的不仅是文本的简单输出，还包括文本时间的延迟、颜色的渐变。这些都可以通过不同函数实现。

3．设计思路

（1）设置颜色渐变

在"醒目显示颜色" VI 中，创建颜色常量，实现从黑色递增和递减的灰度值；利用"反转一维函数"和"创建数组"函数，创建颜色输出端组合的数组，如图 17-24 所示。

（2）将文字分段

① 创建"演讲稿"控件，如图 17-25 所示。

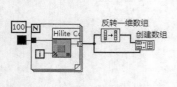

图 17-24　程序显示

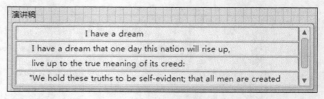

图 17-25　放置控件

② 连接创建的字符串数组控件，统计该数组每个维度的元素个数；通过"While 循环"函数，循环抽取该数组不同维度元素；利用"索引数组大小"函数，连接字符串数组控件，索引数为"商与余数"函数输出的商结果值，如图 17-26 所示。

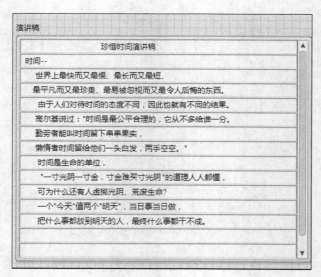

图 17-26　程序显示

（3）仿真显示

在"在绘制点插入文本" VI 中创建原点坐标为（50，50），连接"索引数组"结果到"文本"输入端，连接颜色数组结果到"文本颜色"输入端；在"循环条件"输入端创建布尔控件，控制循环的截止。结果如图 17-27 所示。

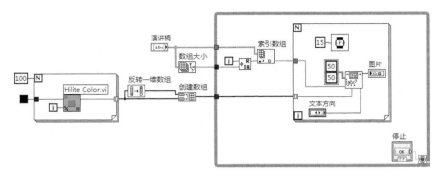

图 17-27 设计结果

（4）设计前面板

选择菜单栏中的【编辑】→【将当前值默认为初始值】命令，则保留"演讲稿"输入控件中输入内容。

（5）运行程序

运行 VI，VI 居中显示，结果如图 17-28 所示。

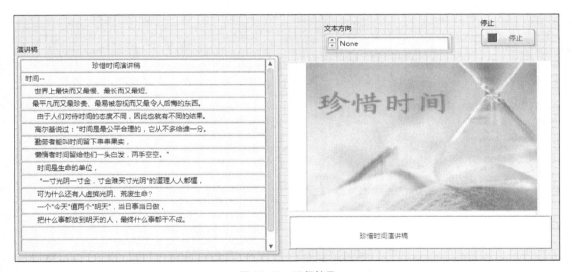

图 17-28 运行结果